仁摩サンドミュージアムの1年計砂時計（説明は168ページ参照）

砂時計の模型

無限ミキサー®

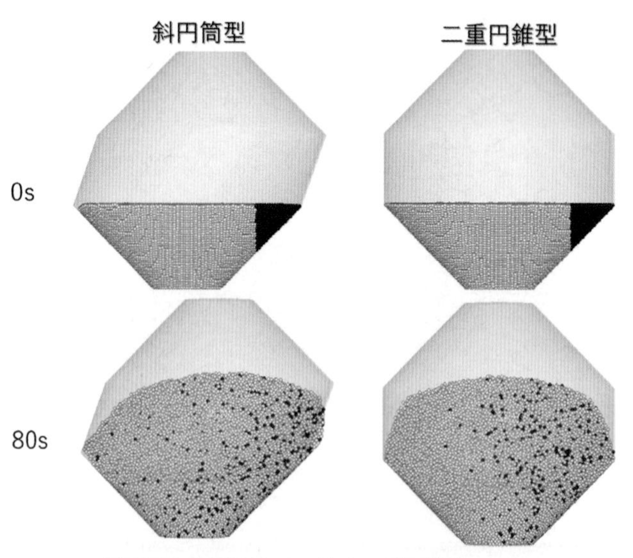

斜円筒型（無限ミキサー®）と二重円錐型のシミュレーション比較
（説明は192ページ参照）

基礎と現場から学ぶ
最新粉体技術

内藤牧男 編著

日本工業出版

はじめに

読者の皆さんは、職場で「粉」を扱う仕事に携わるまで、粉体（ふんたい）という存在に興味を持ったことは少ないと思う。固体微粒子の集合体である粉体は、一見すると固体であるが、取り扱いによっては液体のようにも、また気体のようにも挙動する。したがって、粉体を実際に使いこなそうとすると、ある種の戸惑いを覚える方は、多いように思う。また、このような不思議な挙動を示す粉体に魅力を感じ、もっと積極的に粉体を使いこなしたいと思う方もいるかもしれない。あるいは、粉体を取り扱う機械や粉体の計測装置などを扱う会社に就職し、これらの機器類の営業活動を始めた方もいるだろう。本書は、このように粉体に関連した多様な分野の人たちのために、「粉体を使いこなすための生きた知識」を身に着けて頂くことを目的として出版された。

粉体は、原材料として、あるいは粉体を液中に分散した状態（スラリーと言う）や、粉体を固めた造粒体、成形体などの集合形態として、さらには最終製品として、ほぼあらゆる産業に用いられている。その利用分野も、資源、エネルギーなどの基盤分野から、ライフサイエンス、IT、ナノテクノロジーなどの先端領域に至るまで、実に幅広い分野に広がっている。

粉体を製造し、それを多様な目的に応用するための技術を「粉体技術」というが、その歴史は極めて古く、人類の発展とともに粉体技術は進化したと言っても過言ではないだろう。古代人は、木の実などを石で砕いて粉体にして、それを食料に利用した。また、きれいな色の石を砕いて粉にし、それを動物の油などで練って、洞窟に絵を描いたことも知られている。これらのいわゆる「古代粉体技術」を出発点として粉体技術は成長し、その後、産業革命などを経て高度化することで、粉体技術は豊かな現代社会の形成に貢献してきた。

さらに、戦後の産業技術の急速な発展とともに、粉体技術を学問として発展させる産学の取組みが世界的に進み、我が国では「粉体工学研究会」が1956年に設立された。それを基礎として、粉体工学に関する学会は、現在、一般社団法人粉体工学会としてさらに発展し、ナノテクノロジーなどを支える先端分野にまで、その学術領域を広げている。その結果、粉体工学を網羅的にまとめた粉体工学の便覧やハンドブック、基礎的な粉体工学の入門書など、多数の教科書がこれまでに出版されている。しかし、粉体工学に関するこれらの基礎的な書籍を学ぶだけでは、実際に生じている粉体のトラブル解決や、粉体のプロセス設計に直接活用していくことは、極めて難しい。

実際に読者の皆さんが取り扱う粉体は千差万別であり、教科書で体系化されている「球形の均一な大きさの粒子の集合体」、すなわちモデル的な粉体だけではない。また、「炭酸カルシウム」という名前の粉体であっても、その産地、粒子の大きさとその分布などによって、それぞれがまったく異なる性質を示す。そこで実際の現場では、長年培われたノウハウと経験を頼りにして、粉体をハンドリングすることになるが、これまでに経験したことのないトラブルに出会うと、その解決手段が全く分からないことが多いと思う。これらの実際の課題の解決に資するため、粉体のトラブル対策や、粉体取り扱いのノウハウなどに関する実用的な書籍がこれまでに多数発行されている。しかし、これらの情報が役立つのは、ほぼ同じ事例が、実際の現場で生じているときに限られる。したがって、様々の課題への応用ができないことに無力さを感じた方もいるかと思う。

このように、粉体工学と粉体取り扱いに関する現場の技術・ノウハウは、粉体を自在に使いこなすための基礎として、それぞれ発展してきたものの、両者の間には、いまだに「大きな谷間」が存在している。そこで本書では、粉体工学と現場での技術・ノウハウ双方の「谷間」を埋め、双方の知見を融合して、生きた粉体技術を身につけてもらうことを目的とした。そのためには、以下の三つの内容を本書に盛り込むことが不可欠であった。

一つは、学の側から、粉体工学の本質を、難しい式などを使わずに、できるだけ読者に分かりやすく提供することである。二つ目には、企業が独自に保有する粉体取り扱いに関する技術・ノウハウの基礎的なところについて、分かりやすく開示頂くことである。実は、この点で企業に協力して頂くことが、今回の本書の出版に対して一番高いハードルであった。そして三つ目には、粉体工学の専門家と企業の技術者が、実際に連携して技術開発などを行った「サクセス・ストーリー」を、読者に詳細に紹介し、「成功体験」を読者と共有して頂くことである。この疑似体験は、読者が新しい課題に挑戦するときに、大いに役立つものと期待される。

以上の三つの要素を取り入れて完成させたのが本書である。本書の第１、２章では、粉体とは何か、分かりやすく説明するとともに、なぜ粉体が日常生活から最先端分野まで幅広く役立っているのか、その理由を私たちの身近な題材を例として具体的に紹介した。このことによって、粉体の持つ魅力を論理的に理解いただく工夫をした。それを基礎として、第3、4章では、実際に粉体を作り、使いこなすために現在幅広く利用されている粉体技術を紹介した。また、第5章では、粉体を使いこなすために不可欠な粉体の特性を知る測定評価技術を説明するとともに、今後の粉体プロセスのAI, IoTなどによる高度化の基礎となる計測技術等についても若干紹介した。

一方、第6章では、現場から学ぶ粉体技術のノウハウについて、㈱徳寿工作所の全面的なご協力を得て、粉体を製造する技術や粉体を大きさによって分ける技術、また粉体を均質に混ぜる技術などについて、各技術の基礎となる部分を、現場の視点に立ち、具体的に分かりやすく紹介した。さらに第7章では、粉体工学のシミュレーションの研究者との実際の共同研究によって、同社が高性能の粉体混合装置の開発に成功した事例を中心に紹介した。さらに、現在の粉体技術の開発において強力なツールになりつつある粉体シミュレーションについても、基礎的事項を解説しながら分かりやすく紹介した。

最後に第8章では、今後の持続可能な社会を実現するために粉体技術が重要であることを、私たちの生活に不可欠な製品の製造に使われている実際の粉体製造プロセスなどを中心に分かりやすく説明した。なお、本書全体を通じて、QRコードを積極的に導入し、文字だけでなく動画を通じて、生きた粉体技術を学ぶように工夫したことも、本書の大きな特徴と言えるだろう。

本書によって読者の皆さんが、粉体工学の基礎知識の習得だけでなく、最新の粉体技術を使いこなすための生きた知識を身につけて頂くことができれば幸いである。最後に、本書を発行するにあたり、執筆、編集に献身的にご協力頂いた編集委員、執筆者の方々、発行に際して全面的にご尽力頂いた日本工業出版㈱の方々をはじめ、企業の命ともいえる粉体技術のノウハウについて、その基礎的な部分を積極的に開示して頂いた㈱徳寿工作所に、この場を借りて深くお礼を申し上げる。今年2024年に、同社は創立100周年を迎えるが、同社が粉体技術を通じて、ますます社会の持続的な発展に貢献されることを期待する。

2024年2月　　著者を代表して　　内藤牧男

【執筆体制紹介】

■編著

内藤　牧男　　大阪大学　名誉教授

■編集顧問

谷本　友秀　　㈱徳寿工作所　取締役会長

■編集委員

朝日　正三　　㈱徳寿工作所　研究・開発部　部長

一色　和明　　㈱工業通信　顧問

加納　純也　　東北大学　教授

下坂　厚子　　同志社大学

白川　善幸　　同志社大学　理工学部長

谷本　秀斗　　㈱徳寿工作所　代表取締役社長

橋本　弘安　　女子美術大学　名誉教授

■著者　担当章、節

著者	所属	担当章、節
朝日　正三	㈱徳寿工作所　研究・開発部　部長	6章、7.2、8.2、8.3、8.4
石原　真吾	東北大学　特任准教授	7.4、7.5
大川原正明	大川原化工機㈱　代表取締役社長	8.5
門田　和紀	大阪医科薬科大学　准教授	3.1、3.2、4.5、4.6、4.7
加納　純也	東北大学　教授	7章
河村　順平	㈱ニップン 生産・技術本部　プラント部	8.1
久志本　築	東北大学　助教	7.1、7.2、7.3、7.5
下坂　厚子	同志社大学	5章
白川　善幸	同志社大学　理工学部長	3.4、4.1、4.2、4.3、4.8、4.9
丹野　秀昭	日本エリーズマグネチックス㈱ 代表取締役社長	8.7
内藤　牧男	大阪大学　名誉教授	1章、2章、8.8
根本源太郎	大川原化工機㈱　開発部　部長	8.5
橋本　弘安	女子美術大学　名誉教授	表紙・各章イラスト
藤　　正督	名古屋工業大学　教授	8.6
吉田　幹生	同志社大学　教授	3.3、4.4

【目　次】

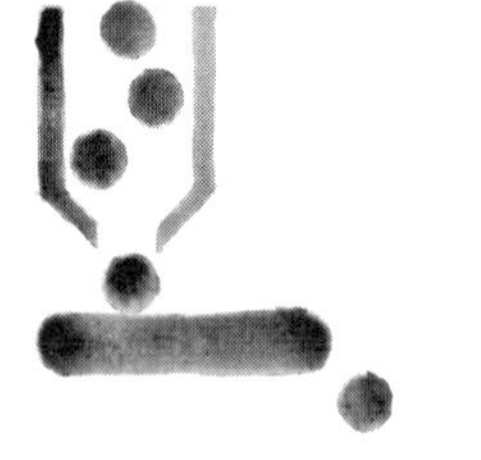

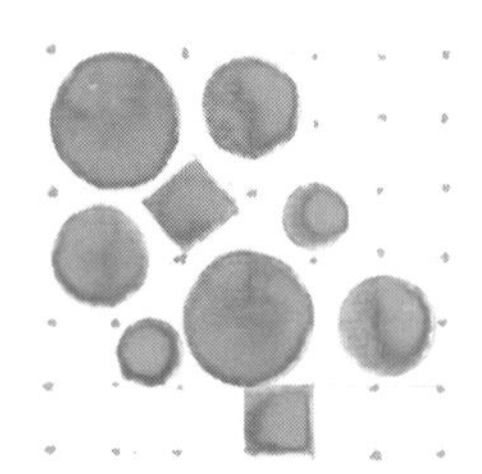

第 1 章
粉体とは？

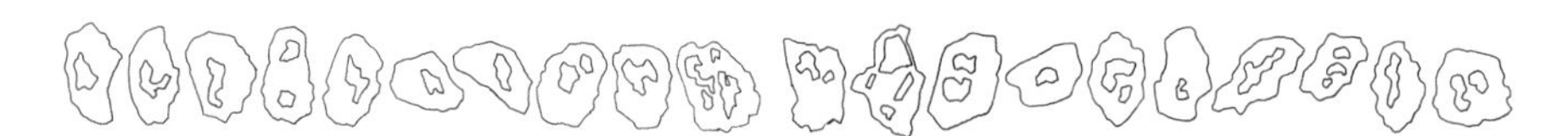

第１章　粉体とは？

ここでは、まず本書の主人公である「粉体」とは何か？について分かりやすく紹介する。具体的には、粉体という固体微粒子の集合体が、実は人類の発展にとって不可欠な存在であったこと、そして今や最先端の分野をはじめ、ほぼあらゆる産業において、粉体が幅広く利用されていることを中心に説明する。粉体が私たちの生活に不可欠なものであることを、本章でまず理解して頂きたい。

第1章 粉体とは？

1.1 人類は粉とともに進化した

1.1.1 生活の中の「粉体」

「粉」は、私たちの生活の中で日常的によく使用する言葉である。実際に、意識的にまわりを眺めてみると、色々なところに粉が使用されていることに気がつく。粉には、米やコーヒー豆など、一粒一粒が目に見える粒子の集合体や、砂糖や食塩など、顕微鏡でないと見えない程度に小さい粒子の集合体から構成されているものなど様々なものがある。また、粉が液体中に分散したもの、すなわち液体塗料やインクなども、粉が重要な構成成分となっている。

一方、固体状に見えるものの中にも、粒子集合体が重要な構成要素になっているものが、実は身近にたくさんある。例えば、家の壁や車のタイヤなどは、顕微鏡で観察してみると、粒子が充てんされた構造を観察することができる。また、陶器なども、高性能の顕微鏡で注意深く観察すると、粒子同士が密着した構造から形成されている。

このように、粉は私たちの生活に不可欠な存在であることが分かる。では、どうして粉は、幅広く使われているのだろうか？　その理由、すなわち「粉の魅力」を知れば、私たちは粉の役割を深く理解できるとともに、粉を自在に使いこなすことができるようになる。そして、私たちの生活は、より豊かなものになると考えられる。そこで本章では、まず本書の最も基本となる「粉とは何か？」から解説を始める。「はじめに」でも述べたように、本書は粉体工学と実際の粉体技術に携わる人たちがお互いに連携して、読者の皆さんに最新の粉体技術を分かりやすく説明することを目的としている。そこで、本書では、以下、粉を「粉体」と呼ぶことにする。

1.1.2　粉体技術の誕生

既に述べたように、人類は粉とともに進化したと言っても過言ではない。例えば、原始時代の人類は、洞窟の壁に動物の絵などを描いたことが知られている。このような絵は、色のついた石などを石で砕いて粉状にして、これを動物の油で練るなどして壁に塗りつけて描いたと言われている。また、木や草の実を、石などで砕いて粉状にすることで、食べられることを発見したという。

これらは、いずれも粉体の持つ特有の性質を、巧みに利用したものである。その詳細な説明は2章で行うが、以下に簡単に説明する。すなわち、粉体は本質的には静止した固体微粒子の集合体でありながら、適度な力を加えることにより、他の粉体と自由に混ぜることができる。同様に粉体を油などの液体中に均質に分散させることもできるため、絵を描くための顔料などを調製することができる。さらに、油中で粘った状態になった粉体が、洞窟の壁面に塗られた後も絵の状態でいるためには、顔料の粉体が壁面に付着し続けることが必要である。この性質を決めているのが、粒子の壁面への「付着力」である。粒子がある大きさより小さくなると、粒子自身の持つ重さ（重力）よりも壁面に作用する粒子の付着力の方が大きくなるので、粒子は壁面から落下しない。その結果、壁面の絵は、描かれた状態で維持されるのである。

また、木の実などを細かく砕くことにより、食物として加工し、口から摂取できるようになったのも、粉体が固体でありながら流れる性質を持つためである。その結果人類は、喉を経由して胃まで粉体状の食物を運ぶことができるようになった。さらに、体内に入った食物は、胃などで分解され、栄養分が吸収される。これも、固体単位重量当たりの表面積が増えたことにより、本来は実の中にあった栄養分を、その表面から効率よく分解、吸収できるようになったためである。これは、粉体が単位質量当たりの表面積が非常に大きいという性質を巧みに利用した結果である。なお、この値を学術的には「比表面積」と言う。その単位は、粒子の表面積を重さで割ったものとなるため、例えばm^2/kgの単位で表記される。粒子が小さくなれば、その比表面積も莫大に増えていく。以上の事例を知るだけでも、粉体の持つ特有の性質によって、人類は進化したと言ってもよいであろう。

さらに歴史が進んでエジプト時代になると、かなり近代的な生活であったことが最近明らかにされている。筆者が子供の頃には、ピラミッドは多くの奴隷の強制労働によってつくられたと教育された記憶がある。しかし、1990年代に入ると、ギザのピラミッド付近でピラミッド建造に関わったとされる住居跡や墓がみつかるとともに、豊かな生活物資や住居人のミイラまで発見された。このことは、ピラミッドの建設には、高い建築技術を持つ専門の技術者が寄与していたことを示している。また建設に関する労働者のチーム編成や作業記録も残っていることから、組織化された数多くの集団により建設が進められたものと考えられる。この組織化された集団を形成するというホモサピエンスの能力が、家族を単位とする小集団から構成されるネアンデルタール人と決定的に異なるものであったようである。すなわち集団の一人一人が協力して考える「集団脳」によって、ホモサピエンスは次々とイノベーションを生み出して進化したものの、ネアンデルタール人の集団は家族単位と小さく、その結果、新しい着想を生み出すことには限界があり、やがては滅びてしまったという説もある。

ところで、ピラミッドの建造においては、埋葬品を隠すために、各種細工が行われたことは良く知られている。その一つは、実は粉体の持つ流動特性を巧みに活用したものである。まず、**図1.1.1**にみるように、砂を充填した容器を複数用意する。次に、それぞれの容器中の砂の層を土台として柱を立て、巨大な石をその上に載せる。ただし、埋葬品を穴の一番奥に隠すために、掘られた横穴の途中に、天井近くまで届く長い柱を準備し、その上に石を載せる。そして、埋葬品を納めた後、今度は、砂を入れた容器の一番底に穴を開ける。ここで容器の底に穴を開けるために、底の下部には磁器の「ふた」をつけておき、図に示すようにそのふたに石を衝突させて破壊する。すると砂は容器の底から管を通じて順次排出される。そして柱は砂の土台を失うために、やがて石を支えられなくなる。その結果、巨大な石が天井の高さから地面に落下する。そうなると、巨大な石が横穴の通路を完全に塞ぐので、埋葬品を盗むことができなくなる。

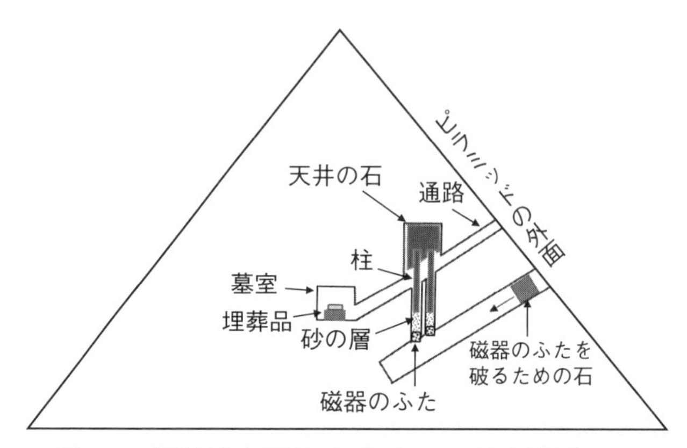

図1.1.1　粉体技術を駆使したピラミッドの盗人対策[1)]

また、「煉瓦」や「土器」も、古くから人類によって発明され使用されてきた。煉瓦は、粘土や泥などを型に入れて作製する。エジプト時代には、これらを乾燥させた日干し煉瓦や、焼成により焼き固めた焼成煉瓦が、建築材料などに使用されていた。一方土器は、練った土を野焼きしたものである。土器は、「人類が物質の化学的変化を利用して作製した最初の道具」であり、2万年ほど前から使用されている。土を混ぜてかたちをつくり、焼いて固める技術は、粉体技術そのものである。

このように、彼らは無意識のうちに粉体の機能を活用して生活に役立てていたのであろう。これらの「古代粉体技術」を基礎として、人類は現代の豊かな社会を築いたと言える。

<参考文献>

1)　神保元二著: “粉体の科学、最先端技術を支える「粉」と「粒」”, 講談社 (1985)

1.2　あらゆる産業発展を支える粉体

既に説明したように、固体微粒子集合体としての粉体は、基盤から先端に至るまでのほぼあらゆる産業分野において用いられている。その理由は、粉体に適度な外力を加えると、液体や気体のように自在に挙動することや、固体の単位質量当たりの表面積（比表面積）が膨大であることなどによる。例えば**表1.2.1**は、粉体が実際にどのような分野で使われているのかを、「粉体物性図説」等を参考にしてまとめてみたものである。表から明らかなように、粉体は資源、加工産業、集積産業、都市形成など様々な分野で幅広く使用されている。また、粉体は、化粧品などのように最終製品として使用されるだけでなく、原料や中間品としても幅広く用いられている。ここで中間品とは、最終製品を作るための製造途中段階のものを言う。例えば、粉体を液体中に分散させた状態のもの（これを泥漿やスラリーと言う）や、粉を雪だるまのように集合させて見かけ上大きい粒子にすることにより流れやすい状態にしたもの（これを造粒体や顆粒体と言う）などが、それに該当する。これらの中には、塗料やインク、さらには顆粒状の製剤などのように、製品として使用されるものもある。

ところで産業界や経済界の方々と懇談すると、「粉体業界の市場はどのくらいの規模ですか？」と質問されることが多い。それに対して筆者は、「粉体に関する市場は無限に広がっています。」と答えている。例えば粉体業界を、粉体を作ったり加工したりする装置産業に限定すれば、粉砕機、乾燥機、集じん機などの各装置とそのエンジニヤリングに関わる産業界だけの市場統計を取れば良い。古いデータではあるが、例えば矢野経済研究所が発行している「2006年度粉体市場白書」から引用すると、2005年度の我が国の粉体装置市場は1,229億円と報告されている。

しかし粉体の市場は、むしろ粉体別に見た方が適切のように思われる。例えば、こちらも古いデータであるが富士キメラ総研が発行している「2011年度微粉体市場の現状と将来展望」を見ると、微粉体52品目に対する2010年度の販売金額は約１兆円であると報告されている。このように、粉体の市場規模は、定義によって大きく変わっており、現在でもその傾向は基本的には同じであると思われる。

したがって、表1.2.1に示した粉体に対応する市場統計を足していったら、まさしく天文学的な数字になってしまうだろう。そのような意味で粉体業界の市場が無限に広がっているという回答は、現在でも実に正しいと言える。このことは、粉体に関する市場は、今後も持続的に成長していく可能性のあることを示している。粉体は、まさにあらゆる産業を支えていると言えるだろう。

表1.2.1　粉体が関係する産業と主な粉体材料

産業別	業種別	関連する粉体（原料、中間品、製品）
資源	農林、水産	種子、土壌、肥料、農薬、飼料、穀物、木材チップ
	石炭	石炭、炭塵、精製炭
	鉱業	原鉱、粉鉱、塊鉱、浮選、精鉱、粘土鉱物
加工産業	食品	穀物、デンプン、小麦粉、化学調味料、粉乳、砂糖、塩、抹茶
	繊維	糊材、艶消剤、染料、顔料
	紙、パルプ	木材チップ、パルプ、のこくず、充填剤、塗被材、バインダー
	ゴム、高分子	カーバイト、ポリマー、充填剤、顔料、イオウ、高分子ペレット、粉材
	顔料、充填剤	原料鉱石、有機顔料、無機顔料、カーボンブラック、コロイダルシリカ、印刷インキ、充填剤
	化学工業	岩塩、鉱石、石灰石、触媒、各種無機・有機薬品、肥料
	窯業	粘土、マグネシア、黒鉛、陶石、石灰石、金属酸化物、硅砂、アルミナ、釉薬顔料、セメント、ガラスビーズ、研削材
	鉄鋼	塊鉱、粉鉱、石灰石、鉱石ペレット
	非鉄金属	精鉱、ボーキサイト、金属粉
集積産業	金属製品、機械	金属粉、研削剤、研磨材
	電気機器	金属酸化物、蛍光材料、黒鉛、タングステン、モリブテン粉、シリカ、アルミナ、粒状カーボン
	電子材料、磁性体	酸化チタン、炭酸バリウム、酸化鉄、金属粉、粘土、チタン酸バリウム、フェライト、導電塗料、フェライトコア、ＬＳパッケージ
	塗料	顔料、増粘剤、粉体塗料、マイクロカプセル、トナー
	医薬品、化粧品	亜鉛華、デンプン、活性アルミナ、乳糖、タルク、顔料、錠剤、顆粒、散剤、ハミガキ、白粉
	雑貨	高分子ペレット、洗剤、火薬
都市形成	建設、建材	セメント、充填剤、骨材、砂、砕石、吹付材、土
	電力、ガス	フライアッシュ、粉炭
	その他	粉塵、廃棄物、原子力関係

1.3 最先端分野で活躍する粉体

最近、革新的なものづくり技術として、3Dプリンター技術とか3Dプリンティングと言う言葉を良く耳にする。任意形状の部材を家庭でも自由につくることのできる革新的技術として、世界中で普及が急速に進んでいる。しかし、この技術の原理自体は、それほど新しいものではない。セラミックスの分野においては、「ラピッドプロトタイピング」という用語で説明されている。製品開発において、試作品を速やかに製造する技術として開発された製造技術である。三次元CAD上で入力された形状データを用いて、機械加工することなく一層ずつ積層しながら複雑な立体モデルを三次元に積層造形する方法である。金型などを用いずに部品を製造できるため、従来の製造方法と比べて時間、コストの著しい削減を図る技術として普及が進んでいる。実際の製造技術としては様々な方法が挙げられ、光造形、粉体焼結、インクジェット、溶融樹脂押出法などが知られている。

例えば**図1.3.1**は、最も単純な3Dプリンターの例である。この方法は、微粒子を液中に分散させた粘性の高いスラリーをマイクロノズルから押し出し、二次元や三次元パターンの構造体を直接描画するものである。この技術では、造形に使用する装置だけでなく、出発原料の特性も極めて重要になる。この実験の場合、ノズル内では流動性が良いものの、押出された後には迅速に固化する性質を持つスラリーが必要となる。また、造形後にもその形状を保つだけの機械的強度が必要とされる。さらに、原料粉体によっては、造形品をさらに焼成して焼結体を作製することもあるが、造形品の乾燥、焼結過程で大きな収縮やクラックなどが発生しないようなスラリー調製も必要である。

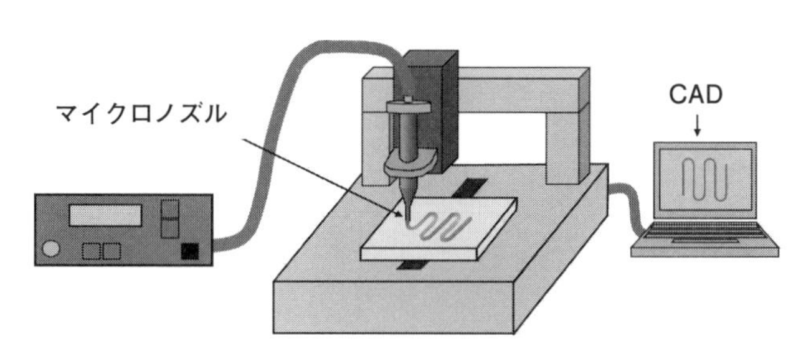

図1.3.1　単純な3Dプリンターの例

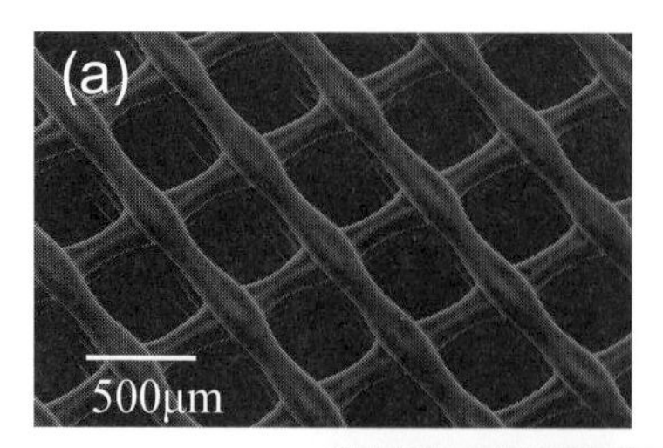

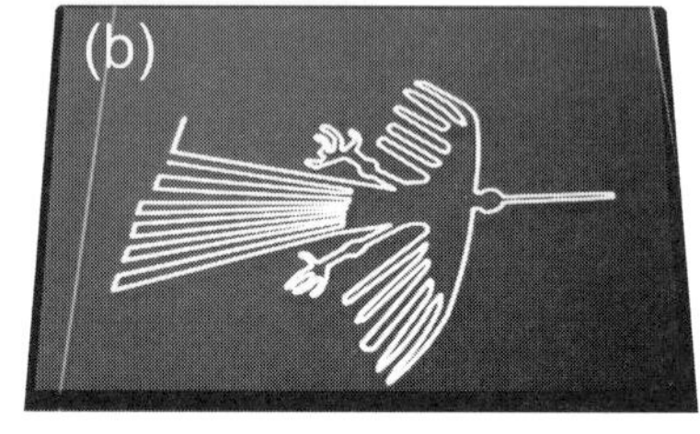

図1.3.2　前図に示す方法によって作製された各種構造体　(a)積層格子　(b)不規則形状の描画

図1.3.2は、このようにして作製された構造体の例を示したものである。ここで(a)は積層格子、(b)は不規則形状の描画の事例である。ここでは単純形状の例を示したのみであるが、3Dプリンターにおいては、極めて複雑な形状品も短時間に作製できるのが特徴である。しかし、この技術の確立に原料となる粉体やスラリーの特性制御が重要であることは、あまり報告されていない。今後、粉体技術の専門家とこの分野の専門家とが連携することで、さらに新たな発展が期待される。

一方、今後の人類の持続的発展に寄与する重要な技術として、エネルギーを有効に、かつクリーンに利用する観点からの技術開発も急速に進んでいる。その鍵を握る技術の一つが、蓄電技術である。大量のエネルギーを効率的に蓄えることができれば、太陽光や水力などで得られた電力を有効に利用できる。また、自動車に高性能の蓄電池を搭載することにより、環境負荷低減に貢献できる。電池は、基本的には二つの電極と電解液から構成されるが、電極を分解してみると、その内部はまさに粉体の集合体であることが分る。**図1.3.3**は、筆者の研究グループが作製したリチウムイオン二次電池の正極の拡大写真である。多くのリチウムイオンが電極中の活物質粒子内部から迅速に出入りできるように、微細な粒子が高密度で充填した構造が形成されている。

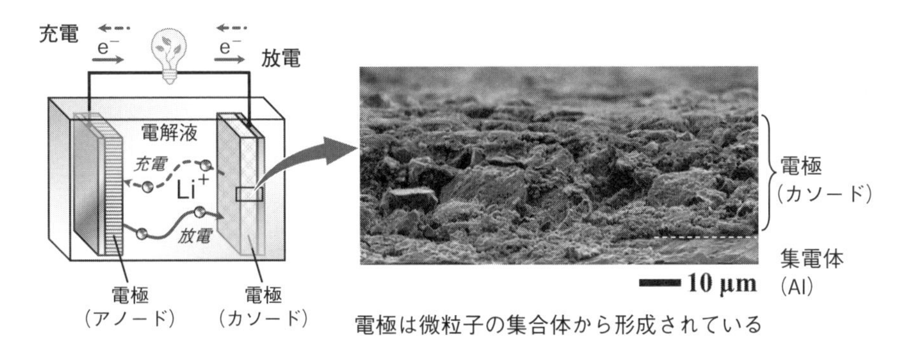

図1.3.3　リチウムイオン電池の電極微構造

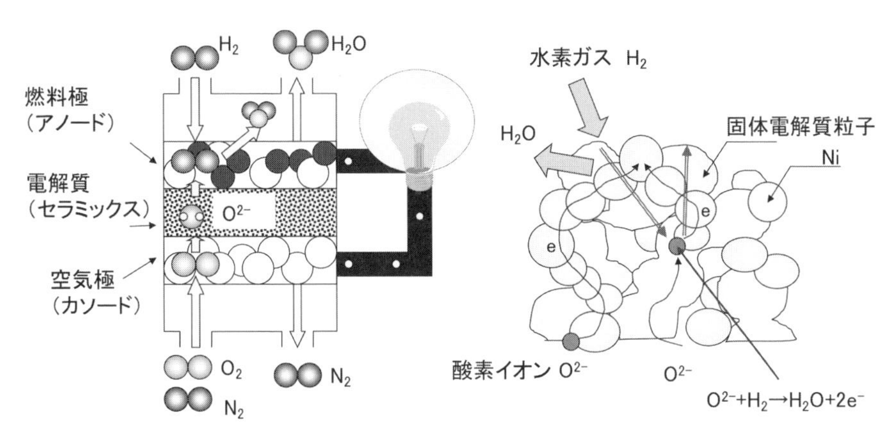

図1.3.4　固体酸化物形燃料電池（SOFC）の構造

同様に、クリーンな発電設備として、注目される燃料電池にも粉体技術が中核技術として貢献している。**図1.3.4**に示すように、燃料電池も電解質を挟む二つの電極から構成される。燃料電池は、電解質材料の種類によって分類されるが、図に示したタイプは固体電解質を使用していることから、酸素イオンが電解質内をすみやかに移動できるように、数百度の比較的高温場が必要とされる。また図中のスケッチは、燃料電池の燃料極を拡大したものであるが、ニッケル粒子と電解質粒子の組み合わせの場合、図に示したような構造になる。ここで重要なのは、水素ガスと酸素イオンが反応する領域であり、これを三相界面と呼ぶ。三相界面が多く存在すれば、発電性能も向上するため、この界面をいかに大きくするかが、電極構造設計の重要な指針となる。また、ニッケル、電解質それぞれが連結構造をとらないと、電子とイオンがうまく輸送されなくなる。このような高次の電極構造を制御するために、電極の出発原料であるニッケル粒子、または酸化ニッケル粒子と固体電解質粒子をどのようにうまく混合するのかが、目的とする微構造を設計する上で重要な粉体技術となる。

以上、ここではよく知られている技術分野を取り上げて紹介したが、粉体技術は、最先端のものづくり技術の分野から、持続可能な社会に貢献するエネルギー・環境分野に至るまで幅広く貢献していることが分かる。

1.4 芸術・文化を育てる粉体

粉体は、これまでに説明した産業分野への応用に加え、私たちの生活を豊かにする芸術・文化の領域においても極めて重要な役割を果たしている。ここでは、身近な具体例を挙げて、両者の関係を説明する。

粉体は、既に紹介した古代人が描いた洞窟の壁画に始まり、現在様々の芸術分野で使われている。日本庭園の枯山水は、水を用いずに石や砂などにより、山水の風景を表現するものである。色々な砂を用いて、人為的に曲線などを描くことにより、水の流れを表現することができる。これは、粉体が流動して様々なかたちをつくることを利用したものである。一方自然の中にも、粉にまつわる美しい芸術を見ることができる。例えば、砂漠の砂は、時として美しい風紋を描くことが知られている。実は、この風紋も砂漠を構成している個々の砂粒の力学的挙動の解析により、必然的に導かれる結果である。粒の大きさ、風速などの影響により、風紋の高さ、幅、周期などが決定されることが明らかにされている。

ところで、花火も夏の空を彩る芸術として毎年私たちを楽しませてくれる。花火と言えば、火薬の塊であるから、粉そのものであることは良く知られている。夜空にわずか数秒間だけ存在するために、空に向けて打ち上げる球状の容器中に、火薬の小玉を一日かけて詰めていく。この小玉が、空で点として光って見える火の正体である。点の色が瞬間的に変わっていくのは、小玉が何層もの火薬から構成されているためであり、その結果、球が外から燃えるのに伴い、その色は巧みに変わっていく。この小玉を作るのも実に大変であり、精巧なものになると、1日に約0.5ミリずつ造粒させるため、目的とする3センチの直径にするには、なんと約2ヶ月もかかると言う。現在、まだ国内の花火職人が多く活躍しているが、この世界も海外勢に押され、廃業する職人も増えている。我が国の優位性を保つためには、やはり他国に真似のできない優れた花火を作ることが必要と思われる。

さて本稿では、芸術と粉体技術との関係をさらに知っていただくために、日本画の素材として使用されている天然顔料と粉体技術とを融合して、創作活動を楽しもうという特定非営利活動法人(NPO)の活動について紹介する。このNPOは、「富士山からはじまる天然顔料と粉砕の研究会」という名称であり、2021年9月に設立された。具体的には、多様な粉砕技術を用いて富士山の溶岩などの天然素材から顔料をつくり、これを用いて絵画だけでなく様々の工芸品にも応用し、ものづくりを楽しむことを目的としている。

ご興味のある読者は、添付したQRコードよりアクセス頂ければ幸いである。なお**写真1.4.1**に示す写真は、天然物を各自が粉砕して絵具を調製し、絵画を楽しむ実習風景である。本NPOでは、このようなセミナーも国内外で実施しており、大きな反響を得ている。

写真1.4.1　天然物を粉砕して絵具をつくり、絵画を楽しむ実習風景

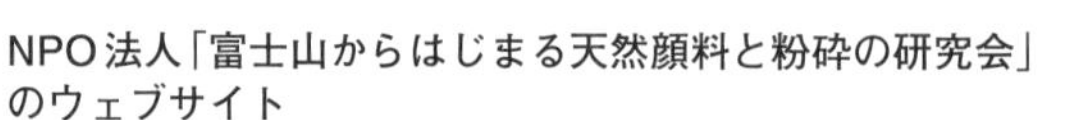

NPO法人「富士山からはじまる天然顔料と粉砕の研究会」のウェブサイト　　同インスタグラム

1.5 粉体は魔物か？

粉体は、材料として利用する上で非常に便利な形態である。しかし静止している粉体に、ちょっとした力を加えるだけで、いきなり空気を巻き込んで排出口から噴き出すことがある。これを、「粉体の噴流性」と言う。また、粉体を袋に詰めて山積みにしておくと、粒子同士がくっついてしまい、カチカチの大きな塊になってしまうこともある。これを「粉体の固結現象」と言う。ここで述べたのは典型的な事例であるが、粉体にまつわるトラブルは非常に多い。

このような粉体のトラブルに対して、「粉体は魔物である」と言う言葉を、昔は製造現場でよく耳にしたものである。しかし筆者が学生時代のときの恩師の言葉をお借りすると、粉体を魔物にしているのは、粉体のせいではなく、実は人間の認識の至らなさのせいであるとのことであった。すなわち、学術的に解明していけば、粉体はきちんと制御できるようになるとのことである。

粉体工学に携わる者として、頭の痛い言葉であった。前者の現象は、粉体が空気を巻き込んで見かけ上気体のように挙動するものであり、あらかじめ粉体の力学的性質を十分に把握しておけば、適切な対策を施すことができる。また後者は、粉体を構成している粒子の接触関係が、粒子の材質や与えられた湿度や外力の条件下で強固になることが原因であり、これも適切な保存条件を保つことなどで防止することが可能である。

粉体には、他にも「魔物」と思わせる性質が沢山ある。例えば、私たちがある材料を必要とする場合には、まずその名称（材料名、材質）を基に検索する。粉体の場合にも、同様のことをするだろう。しかし、粉体は材料名が同じでも、粉体を構成する粒子の大きさによって、その性質は大きく異なる。例えば粒子径が小さくなるにつれて、同じ名前の粉体でも、その流動状態はパチンコ玉のような挙動から、外力を加えないと流れないような状態にまで著しく変化する。

また、粉体を構成する粒子の大きさは一般的に均一ではなく、ある種の分布（粒子径分布）を持つ。そして粒子径分布が異なると、その性質は大きく変わる。極端な例では、粉体の中に粒子径の小さな微粒子を極微量加えると、粒子表面への微粒子の付着による凹凸が形成される。そして、これが粒子間付着力を激減させることにより、これまで詰め込みにくかった粉体が、水のように流れ出して型の中に密に充填できることもある。

さらに、粉体を製品として扱う際にも、粉体のちょっとした仕様の違いでトラブルが生じることが多い。例えば、コピーをする際に不可欠な粉は「トナー」と言われる。コピー機にトナーを入れたことがある方はご存じであるが、通常はカートリッジの中に黒い粉が入っている。このトナーと称する黒い粉体の粒子径を測ってみると、いずれの粒子も、ある粒子径分布の範囲の中に入っていることが分る。実はトナー粒子の大きさは、コピー機を作っているメーカーごとに微妙に異なるが、少しでも基準より大きいものが混入するとか、小さいものが入っていたりすると、コピーの画質が悪くなってしまう。

また研磨剤においても、粗い粒子が僅かでも混入すると、きれいな研磨面に傷がついてしまう。このように粉体は、固体粒子が無数に近い状態で存在するものの、その中に大きさが異なる粒子がごく僅かにあるだけで、製品の品質は大きく変わることがある。成績の良い集団の中にも、態度の悪い人が一人いるだけで、その組織は悪くなるとも言われるが、粉体も人間の集団と類似性があるのかもしれない。

以上のいずれの現象も、粉体の品質を十分把握していれば対応可能な現象である。一方、こういった粉体の微妙な品質制御は、ものづくりのノウハウにもつながるものである。第2章以降を読んで頂くことで、読者の皆さんが、粉体を「魔物」と呼ばないようになることを期待している。

第2章
日常生活から最先端分野まで粉体が使われる理由を知る

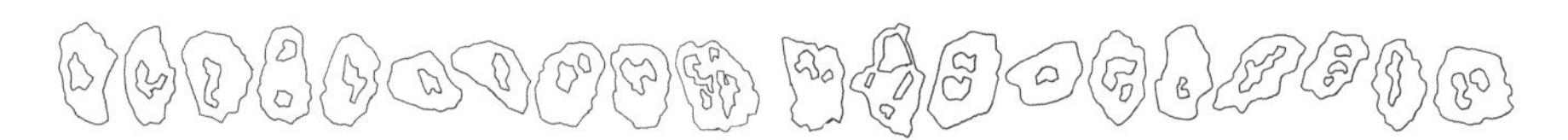

第２章　日常生活から最先端分野まで粉体が使われる理由を知る

本章では、粉体がなぜ私たちの生活に不可欠な存在なのか、その理由について考えてみたい。その答えは、粉体が「固体微粒子の集合体」という形態を持つことに起因する。ここでは、粉体を構成する個々の粒子の持つユニークな性質や、それが集合体となったときに現れる不思議な性質について紹介する。そして、粉体の持つこれらの性質が、日常生活から最先端分野にまで粉体を幅広く利用するうえで極めて有用であることを説明する。本章では、粉体の持つこれらの重要な性質をぜひ理解して頂きたい。

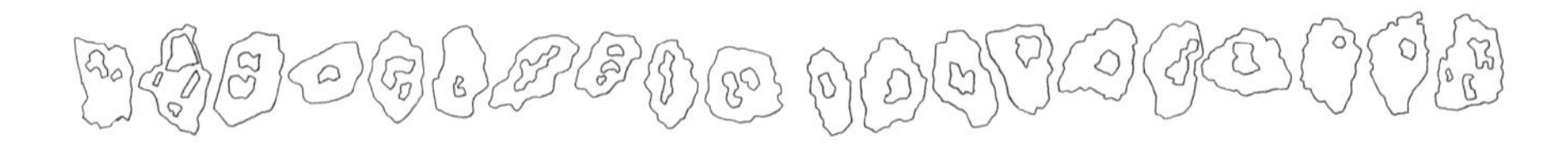

第2章 日常生活から最先端分野まで粉体が使われる理由を知る

2.1　粒子径を変えると現れる不思議な性質

2.1.1　粒子径を小さくすることで発現する粒子の特異な性質

粉体を構成している個々の粒子の大きさを変えると、同じ材質の粉体であるにも関わらず、その特性はさまざまに変わることは日常的にも経験することである。例えば、大きな塊の粉を砕くことによって小さくしていくと、粉はさらさらした状態から、容器などに付着しやすい状態に変化する。これは後述する2.3節で説明するように、粉体の力学的な挙動が粒子の大きさの影響を直接的に受けるためである。

そして、さらに粒子の大きさが小さくなると、これまでの科学では考えられないような奇妙な性質が現れるようになる。ここで粒子の大きさを「粒子径」というが、粒子径の定義や測定の詳細な説明については、第５章を参照頂きたい。ここでは、奇妙な性質が現れる理由について考えてみたい。

例えば**表2.1.1**は、立方体粒子の一片に存在する原子数が少なくなる（粒子が小さくなる）につれて、粒子表面に存在する原子数の割合が粒子全体を構成する原子数に対してどの程度増大するのか、簡単な計算によって求めた結果である。表から分かるように、抹茶や胡粉（ごふん）のような大きさの粒子では、粒子表面が占有する原子の割合は、粒子全体を構成する原子数に対して0.006%となる。ここで粒子表面に存在する原子は、粒子中に存在する原子とは異なり、粒子の外側に結合する相手を持っていない。したがって、粒子表面の原子は不安定であり、外の物質と容易に結合するため、粒子内部の状態とは明らかに異なる挙動を示す。しかし、粒子表面に存在する原子の割合がこの程度に小さい状態では、その影響はまだ無視できるであろう。

一方、粒子の大きさがナノサイズの領域に入り10nm（ナノメートル）程度（0.01μm程度）になると、粒子表面が占める原子数の割合は数%にもなる。このような状態になると、粒子の表面に存在する原子の影響が粒子全体の性質に対し

表2.1.1　粒子表面の原子数の割合と粒子径

一辺の原子数	表面の原子数	全体の原子数	表面の全体に対する割合(%)	粒子径と粉体の例
2	8	8	100	
3	26	27	97	
4	56	64	87.5	
5	98	125	78.5	
10	488	1,000	48.8	2nm
100	58,800	1×10^6	5.9	20nm コロイダルシリカ
1,000	6×10^6	1×10^9	0.6	200nm 二酸化チタン
10,000	6×10^8	1×10^{12}	0.06	2μm 軽質炭酸カルシウム
100,000	6×10^{10}	1×10^{15}	0.006	20μm 抹茶、胡粉

（注）$1\text{m}=10^6\mu\text{m}=10^9\text{nm}$

て無視できなくなる。その結果粉体は、通常の大きさの固体とは全く異なる性質を示すようになる。例えば、金の融点は約1,060℃であるが、その粒子径が小さくなると金の融点は低くなる。そして、シングルナノ粒子と言われる10nm以下になると、格段に低い温度で熔けるようになる。このように、ナノ粒子は粒子のサイズの微細化により従来の物質とは異なる特異的な性質を示す。そこで、この特性を巧みに利用することによって、先端産業への様々なイノベーションが期待される。ナノテクノロジーという学問において、ナノ粒子がキーマテリアルとして注目されるのも、実はこの理由からである。

2.1.2　粉体の性質が変わる粒子サイズの谷間

ところで、どの分野にも谷間と言われる領域が存在するようである。例えば、ロボットにおいても、谷間の存在が知られている。我が国では、人間に似たロボットをつくる研究が盛んに行われている。その場合、ロボットの外見が人間からかけ離れているときには、私たちはその存在を自然に受け入れることができる。しかし、人間に極めて似たロボットを設計すると、ある段階まで似てきた途端に、人はその存在を極めて不気味に感じるようになると言う。そういえば、人間に良く似たマネキンを見て、ぞっとした記憶がある。これは、ロボットが人間社会と調和する際に生じる、「人とロボットの谷間」であると言われている。

粉体を取り扱う技術にも、別の意味での谷間がある。その領域は、粒子径が100nm ～ 1μmのあたりを指し、「粉体を取り扱う上での困難さを意味する谷間」である。粉体を作製する方法は、大きく分けると、**図2.1.1**に見るように、石などを機械的に砕いて細かい粒子を得る方法と、原子、分子を積み上げて固体粒子を合成する方法の二つが挙げられる。ここで前者は、固体の粉砕に代表されるものであり、ブレイクダウン法とも言う。一方後者は、気相法や液相法による粒子合成に代表されるものであり、ビルドアップ法とも言う。

粒子を粉砕する方法には様々なものがあるが、大きな固体を1 μm程度に一度に細かくできる方法はない。したがって、少しずつ粒子を細かくしていくわけであるが、粒子のサイズがミクロン（μm）の領域に入ると、粒子の重さは極度に小さくなるため、粒子を破壊するのに必要な運動エネルギーを与えるのは極めて困難になる。したがって、粒子に機械的作用を与える粉砕により、1ミクロンより細かい粉を量産するのは極めて難しい。一方液中で粒子を合成する場合、原子、

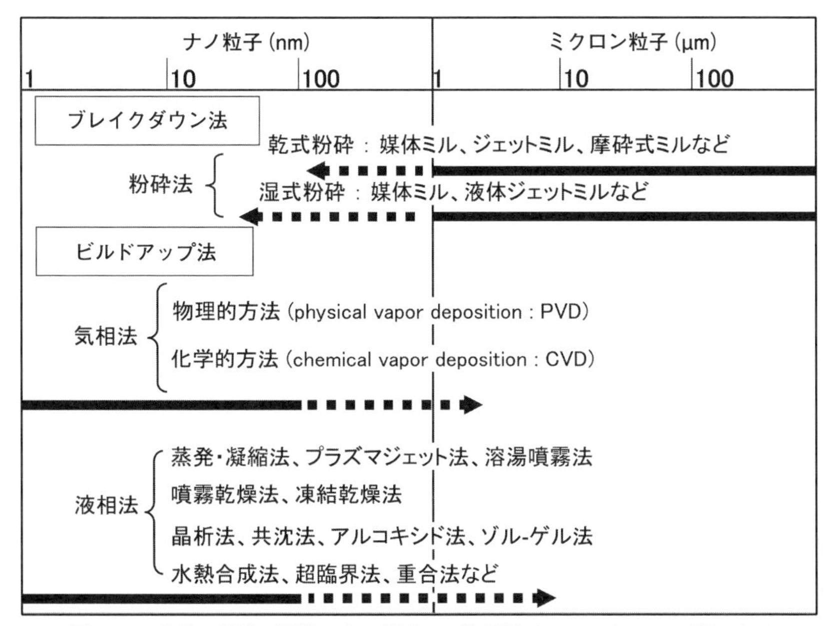

図2.1.1　粉体の製造が困難になる谷間は、粒子径が100nmと1μmの間にある

分子を積み上げて粒子を大きくするため、100nm程度までの粒子を作ることは比較的容易である。しかし、さらに雪だるまのように粒子を少しずつ太らせて、1ミクロン以上の大きさの粒子を量産することは苦手である。

その他、粉体を構成する粒子に影響を与える様々な作用も、この谷間の両端で大きく変わってくる。例えば、粒子に与える運動エネルギーは粒子の大きさの三乗に比例するため、粒子径がミクロン領域になると急激に減少する。それに対して、粒子サイズが小さくなると支配的になるのが、「ブラウン運動」である。およそ谷間を超えるあたりから、ブラウン運動の方が、上記の重力に起因する物理現象よりも支配的になる。また、可視光の波長域はちょうどこの谷間の当たりに来ることから、谷間より小さい粒子と大きい粒子とでは光との相互作用も大きく異なることになる。

ところで近年、ビルドアップ法とブレイクダウン法それぞれの研究が活発に進んだことから、粒子の製造技術においては、両者の谷間は明らかに埋められ、全体が連続的につながりつつある。これらの技術については、第３章で詳しく説明することにしたい。

2.2 膨大な表面積を持つ粉体

私たちの体も、実は膨大な表面積から構成されている。良く知られている例が、人の小腸内壁の粘膜である。粘膜には腸繊毛が密集しており、小腸全体では500万本以上もあると言われている。さらに腸繊毛は、微繊毛で覆われており、栄養分はこの微繊毛の表面から吸収されるという。その総表面積は、小腸全体で200m^{2}にも達するそうである。小腸は、長さが6mほど、太さが3～4cmくらいなので、それから見ると栄養分を吸収する面積は膨大であることが分る。

実は、粉体にも同様のことが言える。例えば**図2.2.1**は、角砂糖のような立方体の固体単位質量当たりの表面積（S_W比表面積という）が、固体サイズの減少によってどれくらい増えるかを示したものである。ここでは計算を簡単にするため、固体の密度は1g/cm^{3}とした。まず立方体の一辺が1cmの場合には、6つの正方形の面（面積1cm^2）から構成されるため、立方体の比表面積は6cm^2/gと計算される。次にその1辺を1cmの千分の一である1µmにしてみると、その比表面積は6m^2/gになる。即ち、同じ1グラムの粉体であっても、その面積は、粒子を微細化する前の面積に比べて1万倍の広さになる。

そして、さらにその一辺を10ナノメーター（10nm：1µmの百分の一）にしてみる。すると、その比表面積はなんと600m^2/gになる。まさに、1グラムの角砂糖に相当する粒子集合体の表面積がテニスコートの約3倍の広さになる。このような膨大な表面積は、小腸と同様に必要な物質を吸収するのにも大変便利であり、さらには固体表面と気体や液体との反応を促進するなど様々な目的に有効活用できる。

自然界にも、実は膨大な比表面積を持つものが多く存在する。例えば、ヤモリの足は接着剤がないのにもかかわらず、壁などに見事に張りつき、また自在に壁から離れる。ヤモリの指を顕微鏡で詳しく調べてみると、そこにはラメラと言うひび割れ構造があり、その内部に数十万本の剛毛が存在する。さらに、その剛毛の先端は数百の枝毛に分裂し、枝毛の先端は皿状の構造になっていると言う。ヤモリの足の表面積を測定した結果は報告されていないようであるが、人の小腸内壁のような膨大な比表面積を持っているものと思われる。そしてこの膨大な表面積によって壁との接触面は膨大な値となる。この膨大な接触面は、ヤモリの足と壁との間の付着力の増大に直接的に寄与するため、接着剤を用いなくてもヤモリ

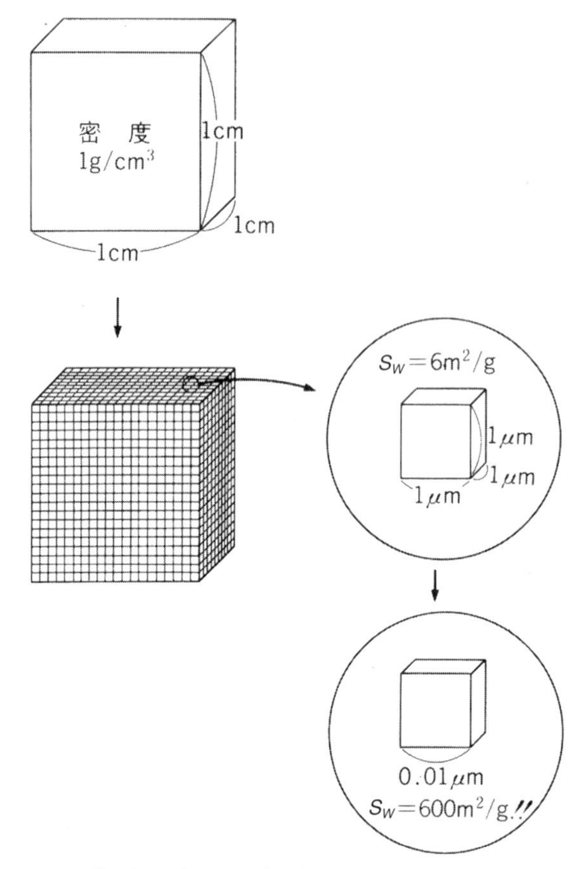

図2.2.1　固体を細かくしていくと膨大になる粉体の比表面積 (S_W)

を支えることができる。

単位質量あたりの固体表面積が膨大であるという粉体の性質は、ここで説明した事例だけでも、非常にユニークな特性を引き起こすことが分かる。実際に私たちが粉体を液体中に均質に分散できるのも、粉体を構成する粒子の膨大な表面が液体と十分に接触するためである。また、異なる種類の粉体を混ぜて加熱後、これらが良好に反応するのは、異なる粉体表面の接触面積が膨大になるためである。このように比表面積が大きいことは、粉体を材料として活用するうえで、欠かせない性質であると言えるだろう。

2.3 粉体と粒体の違いは？

これまで説明したように、粉体は固体微粒子の集合体であり、適度な力を作用することで、気体、液体、固体のように挙動するため、材料として応用するうえで大変便利な存在である。ところで、固体微粒子の集合体という定義だけであれば、パチンコ玉やビー玉のように、その集合体に力を加えなくても、テーブルの上に置いただけで自由に転がりだす存在もある。この粒と粒との間には、衝突による反発力以外には、お互い付着することもなく、これまで説明してきた粉体特有の挙動を示さない。このような存在は、一般的に「粒」あるいは「粒体」と言われる。そこでここでは、どのような定義を満たせば、粉体といえるユニークな挙動を示すのか考えてみたい。それによって、私たちの粉体に対する認識は、さらに深まるであろう。

粉体を構成する個々の粒子には、**図2.3.1**に示すように付着力（図中F）が作用する。付着力の種類には様々なものがあるが、通常の粒子に作用する付着力には、「ファン・デル・ワールス力」、「静電気力」、「液架橋力」の三種類の力が知られている。ここでファン・デル・ワールス力は、物体間では必ず作用する力であり、

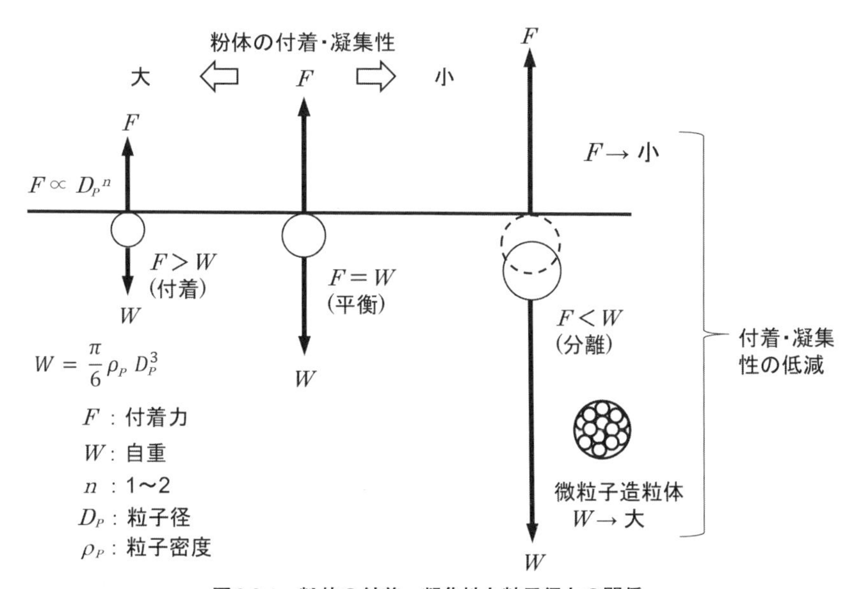

図2.3.1 粉体の付着・凝集性と粒子径との関係

その大きさは粒子径に比例して増加する。次に静電気力は、粒子の帯電に関係する力であり、近似的には粒子径の二乗に比例する。一方、液架橋力とは、粒子間の間隙部に水分が凝縮して液状の架橋を形成することにより生じる力である。湿度の高い我が国では、この付着力の考慮も必要になる。この力も、近似的には粒子径に比例する。

一方、地球上では粒子の重さによって、あらゆる物体には重力（図中W）が作用するが、その値は粒子径の三乗、すなわち粒子の質量に比例する。粒子径が大きい場合には、粒子径の三乗の値で決まる重力の方が付着力に比べて格段に大きくなるため、付着力の影響は無視できる。その結果、粉体はパチンコ球のように自由に流動し転がっていく。そして、このような状態にある粉体を、先ほど述べたように、私たちは「粒体」あるいは「粒」と呼んでいる。しかし、付着力と重力が等しくなる粒子径（平衡粒子径と言う）よりも粒子が小さくなると、今度は図にみるように付着力の方が支配的になる。その結果、粒子の壁面への付着や、粒子間の付着性が増し、粒子同士が付着、凝集、あるいは流れにくくなるなど、粉体の取り扱いは大変困難になる。

しかし、粒子の付着性はトラブルを引き起こす原因になるだけでなく、例えば洞窟の壁に壁画を描くには不可欠なものである。また、粉体が自由に飛散することを妨げる効果など、プラスの効果も多い。したがって工業的に粉体を利用するためには、この付着力をうまく活用して、粉体の運動状態を自在に制御することが必要である。例えば、粒子径の小さい粉体を流れやすくして、そのハンドリング性を向上させるためには、図2.3.1の右にみるように、粉体の粒子径を見かけ上増大させるか、粒子の付着力自体を低減することが効果的である。前者を実現するためには、粒子集合体を見かけ上大きい一つの粒子にする造粒操作を利用するのが、最も一般的なアプローチである。

一方、粒子間の付着力を制御することも重要な視点であり、既に工業的に実用化している事例も多い。例えば、粒子表面に微小な凹凸を形成させることによって、見かけ上のファン・デル・ワールス力は、格段に低下することが基礎研究より明らかにされている。これを基礎として、ナノサイズの粒子付着により微粒子表面に微小凹凸を作り、粉体の流動性向上などに応用する試みが、既に様々な分野で行われている。

自然の中には、これと同じ原理で粉体の流動性や分散性を向上させている事例

図2.3.2　石松子の粒子構造
((一社)日本粉体工業技術協会 提供)

が多く見受けられる。そのひとつが、花粉である。花粉は、通常風に飛ばされて他の花に辿り着く。したがって、その流動性や分散性が良いことが望まれる。**図2.3.2**は「石松子」と呼ばれる常緑ほふく草ヒゲノカヅラの胞子であり、(一社)日本粉体工業技術協会より「標準粉体」として販売されている。この粉体は花粉の類似物質として、マスクの性能試験などに使用されている。淡黄色の微粒子であるが、個々の粒子は四面体粒子で三面は平面に近く一面が球面状であり、その表面には網目状の凹凸が観察される。このような表面構造によりファン・デル・ワールス付着力は激減するものと思われる。花粉は、自然が生み出した流動性、分散性の高い粉体の代表例であると言えるだろう。

2.4 個々の粒子のデザインが新たな応用分野を広げる

これまで、粉の様々な作り方とその取扱い方法について基本的な事項を説明してきた。それを踏まえ、ここでは、粉を構成する個々の粒子の構造を制御する方法、すなわち粒子をデザインする方法について紹介する。実際に個々の粒子を自在にデザインすることによって、ハイテク産業をはじめとして、実に様々の産業分野での応用が展開されている。ここではその代表例として、異なる物質を組み合わせて複合粒子を作る方法について紹介する。

複合粒子には様々なものがあるが、これらは**図2.4.1**にみるように主に二つの構造に分類できる。一つは、粒子の表面に別の物質や微粒子を接合、コーティングさせた「被覆型複合粒子」である。もう一つは、複数種類の物質や粒子から構成される「内部分散型複合粒子」である。

複合粒子の利用目的は、図にみるように、粒子自体の機能を高める場合と、複合粒子を成形などの方法で集積することにより、材料の微細構造を制御して新材

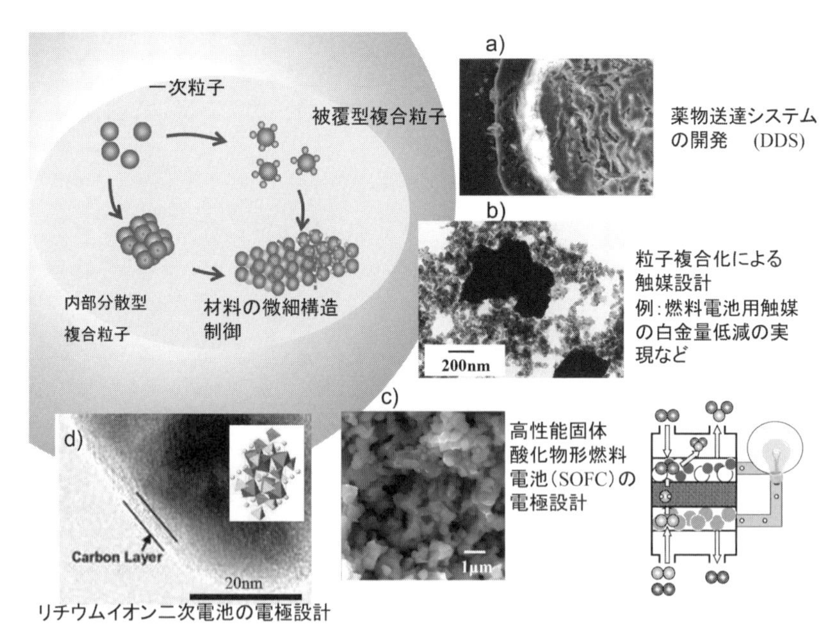

図2.4.1 粒子の複合化デザインによる新材料開発の例

料創製を目指す場合とに大別される。前者の例は、a）に示すように、薬物表面を何らかの物質でコーティングすることにより体内での薬物の放出特性を制御するドラッグデリバリーシステム（DDS）の開発や、b）に示す高機能触媒材料の開発などである。また後者については、c）にみる燃料電池の電極の微細構造制御や、d）に示すリチウムイオン二次電池の電極構造制御による高性能化など、多様な事例が挙げられる。

複合粒子の作製方法にも、様々なものが提案されている。図2.4.1には、粒子同士を組み合わせて複合粒子を作製する方法を示した。まず被覆型複合粒子の作り方で最も典型的なものは、図に見るように大きい粒子の表面に何らかの方法で、微粒子を固定化するものである。固定化の方法には、粒子間の化学結合を利用する場合や、粒子表面に機械的作用により微粒子を密着接合させたりする方法などがある。また、ここでは示さないが、気相、あるいは液相中のビルドアップ法により、粒子表面に微粒子や膜を析出させる方法なども挙げられる。

一方内部分散型複合粒子も、様々な方法によって作られる。図には、粒子同士を互いに接合することによって作製する事例を示したが、樹脂と微粒子を練り込んだ塊を作った後に、これを微粒子にまで粉砕することによって、このタイプの複合粒子をつくることもできる。また、液相中に複合化したい複数の物質を溶解し、それを同時に析出させて複合粒子を作製することも可能である。その他、金属とセラミックス粒子を長時間粉砕機にて処理すると、金属粒子が伸ばされ、さらに折りたたまれて、一つの粒子の中に金属とセラミックスが分散した複合粒子を作ることができる。このように、複合粒子の作製方法は、目的に応じて様々な方法が提案されている。

次に、複合粒子が私たちの生活に利用されている身近な例を紹介する。**表2.4.1**は、静電複写、すなわちコピーに用いられるトナー粒子の主成分の例である。トナーは、このような複数成分から構成される複合粒子である。その製法には、樹脂と微粒子を混練後に粉砕、分級して、粒子径が揃った複合微粒子を作る方法や、重合反応により高分子材料中に異種粒子が分散した微粒子を作る方法などが知られている。このようにして作られたトナーは、**図2.4.2**に示す原理により、コピーの画像に変化する[1)]。ここで原紙中の文字の黒い部分は、「露光」により光が当たらないので、この部分に対応する感光ドラム上には電荷が残る。次にトナーは帯電制御剤の働きにより、電荷のある部分に付着して「現像」が行われる。付着し

表2.4.1　二成分系トナーの主成分

成　分	使用される物質の例
熱可塑性樹脂	ポリスチレン／n-ブチルメタクリレート ポリエステル
着色剤	カーボンブラック ニグロシン
帯電制御剤	プラストナー用……フタロシアニン系染料 マイナストナー用……アジン染料
滑剤等	コロイダルシリカ 脂肪酸

たトナーは、「転写」によって、白紙上に元の画面となって付着する。そして「定着」工程では、トナーに含まれる樹脂が、着色剤を紙上に固定してコピーが完了する。なお、滑剤などは、トナーの流動性制御により、トナーが感光ドラムや紙上にうまく付着するよう補助している。トナーに含まれる各成分は、コピーの過程でそれぞれの機能を果たすため、我々は短時間できれいなコピーを得ることができる。複合粒子は、目には識別できないが、重要な役割を果たしている。

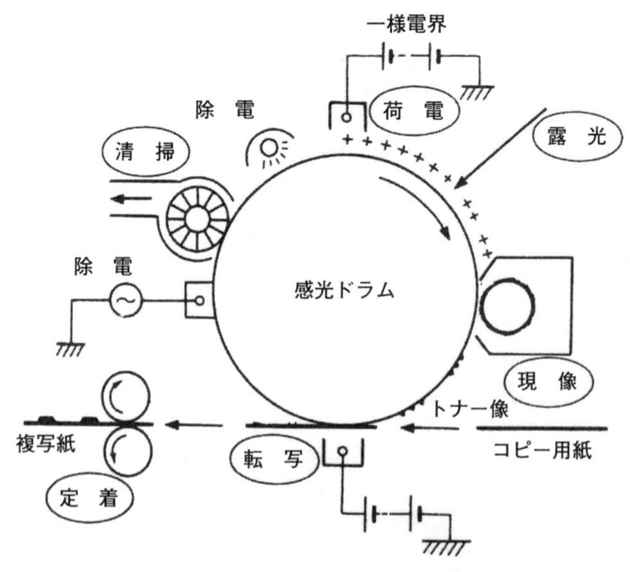

図2.4.2　静電複写機の原理[1)]

以上本稿では、複合粒子を例として、粉体を構成する個々の粒子のデザインが、私たちの生活を豊かにするうえで不可欠な存在であることを紹介した。次章以降では、このように個々の複合粒子をデザインする実際の方法について、ぜひ学んで頂きたい。

<参考文献>

1)　A. Fushida：*KONA*, No.4, 104 (1986)

2.5 ものづくりの基盤となる粒子集合体の構造制御

以上本章では、日常生活から最先端分野にまで粉体が使われる理由を説明するために、粉体の持つ特有の性質について紹介するとともに、それを基礎として、個々の粒子の構造を自在に制御することによって、粉体が幅広い分野で応用されていることを学んだ。実際に粉体を用いてものづくりを行う場合には、2.4節で説明した粒子の構造制御、デザインに加えて、粒子集合体の構造を制御することが極めて重要な操作となる。

既に説明したように、粉体に適度な外力を加えることによって、粉体は、気体、液体、固体のように挙動する。それは、まさに「粉体の三態」と言っても良いものである。**図2.5.1**は、粉体のこれらの特性を活用して粉体を自在に制御できる様子を、スケッチしてみたものである。例えば、粉体の「気体」としての性質を利用すると、粉体を気中に自在に分散、散布することができる。これを活用すると、粉体を壁に吹き付け塗装をしたり、気中に分散した粒子を吸入して治療に活用したりすることなどができる。

また、粉体の「液体」としての性質を利用した最も典型的な利用法は、異なる種類の粉体同士の混合である。ここで粉体を混ぜる相手は、別の種類の粉体だけでなく液体であっても良い。粉体を液体に分散させたものは、インク、塗料など様々な分野に応用されている。また、粉体の流動性を利用すると、図に示すように粉体の任意形状の容器への充填や、粉体の輸送などができる。

さらに、充填した粉体層に外力を加えると、粉体を任意形状に成形することができる。これは粉体の固体としての性質を活用したものである。また、粒子同士を固めて見かけ上大きな粒子（造粒体）にして、粉体のハンドリング性を向上させることもできる。ここでは、わずかな事例を紹介しただけであるが、粉体の持つ特性は、「ものづくり」に不可欠なものであると言うことができる。

本節では、この点をさらに説明するために、粉体の材料分野への応用事例について少し紹介する。一般に材料は、大きく分けて金属、プラスチックス、セラミックスに大別される。ここでセラミックスは、通常は金属元素と非金属元素の組み合わせによるイオン結合、あるいは共有結合によってできあがっており、化合物の種類は極めて多い。この材料は耐熱性や耐食性などに優れるが、その内部を顕微鏡で詳しく観察すると、無数の細かい粒から構成されていることが分る。した

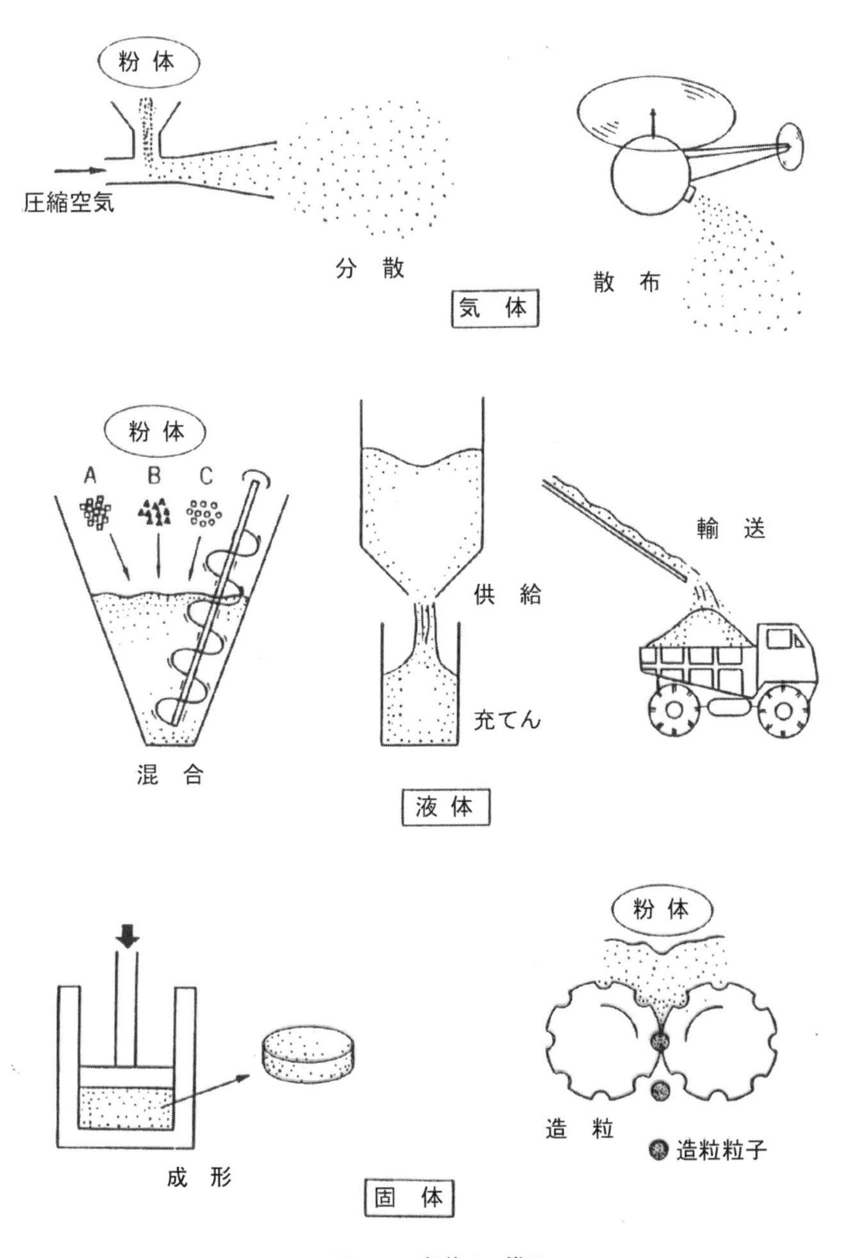

図2.5.1 粉体の三態!?

がって、その粒の組成、大きさ、かたちや粒の表面（粒界や界面と言う）などを微細に制御することにより、電気的、磁気的、光学的などの多様な機能を付与することができる。20世紀になると、このセラミックスの持つ機能を積極的に引出し､新材料として利用しようとする研究が活発に展開した結果､1930年代にフェライトが、40年代後半にチタン酸バリウムの誘電性が見出されるなど、多くの開発が進んだ。

セラミックス材料は、焼成によって、粒子同士が焼結し、強く接合したものであるため、その製造には「粒子集合体の構造制御」が不可欠になる。**図2.5.2**は、先進セラミックスの製造工程の一つをモデル的に示したものである。工業的に使用するセラミックス材料は、人工的に合成された高品質の原料粉体を使用する。このような粉体から作製された高機能材料を、「先進セラミックス」とか「ファインセラミックス」と言う。この製法には様々なものがあるが、図に示した方法は最も一般的なものである。原料粉体の粒子径は小さいので、これを押し固めるなどして直接的にかたち（成形体）をつくることは困難である。そこで、まず粉体を液体中に分散させてスラリーとし、このスラリーから微小な液滴を飛ばして短時間で乾燥することにより、造粒体を作製する。液滴を飛ばして粉体を

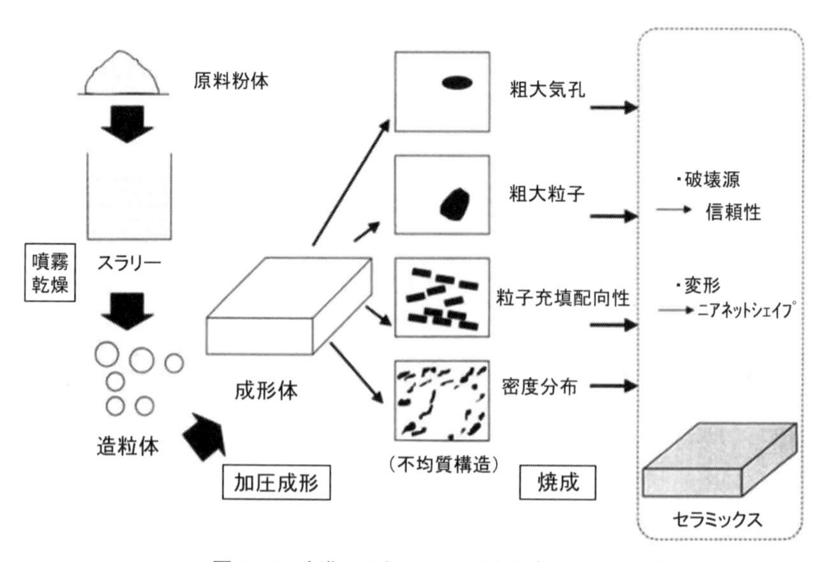

図2.5.2　先進セラミックスの製造プロセスの一例

乾燥する「噴霧乾燥」操作には、スプレードライヤーという乾燥機などを使用する。この操作によって、付着性の強い粉体を見かけ上大きい粒子にして、型の中に詰めやすくする。成形は、通常型の中に入れた粉を押し固めて作製する。この段階では、成形体は粉体の固まりであるが、これをさらに電気炉の中で高温焼成することにより、粒子間に強い接合を実現する。その結果、最終的に焼き固められたセラミックスは強度の高い材料（これを焼結体と言う）となる。これは粉体の比表面積が大きいことを利用した粉体の制御方法である。粉体の性質を十分に活用することにより、このような工業材料を量産することができる。

以上のことは、粒子集合体である粉体の精密な構造制御が、最終的なセラミックスの特性向上に重要な役割を果たすことを示している。例えば、図中の成形体中にごくわずかな「粗大気孔」や凝集体などの「粗大粒子」が形成されると、焼成後に、その部分が「不均質構造」として焼結体中に残り「破壊源」となる。その結果、セラミックスは低強度で破断するというトラブルが生じる。また、成形体を焼成すると、粒子の充填構造に起因する成形体中の密度分布や、形状に特徴をもつ粒子の充填による配向構造の形成などの不均質構造によって、焼成後の焼結体のかたちがひずんだり、あるいは焼成後に割れてしまうような問題も生じる。

このように、成形体中の粒子の充填構造を精密に制御することが、最終的な製品であるセラミックスの品質向上に直接的に影響する。そこで、粗大気孔などを成形段階で制御することによって、焼成後の焼結体中の破壊源の形成を抑制することで、高強度かつ信頼性の高いセラミックスを製造することができる。また、成形体中の充填構造を精密に制御することによって、焼成後、目標とする製品形状の焼結体を製造することも可能になる。焼結体を目的とする寸法、形状とするために、通常の製造プロセスでは、焼結体作製後に、さらに加工などコストのかかるプロセスが使用される。しかし、焼成後のセラミックスの加工コストが低減すれば、セラミックスの製造コストは格段に低減することになる。このように、粒子集合体の精密構造制御は、材料の品質向上と製造コスト低減に対して、直接的に寄与する重要な基盤技術であると言えるだろう。

第3章
粉体のつくり方入門

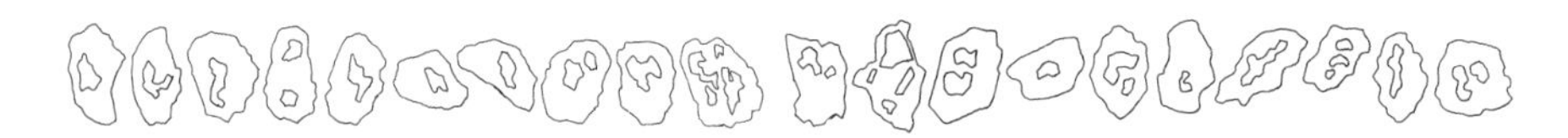

第３章　粉体のつくり方入門

第２章で説明した粉体の持つ重要な性質を理解したうえで、本章では粉体を使いこなすために重要な基礎知識として、まずは粉体のつくり方について、その概要を説明する。粉体のつくり方には大きく分けて岩石などの固体に力を加えて砕く方法と、その逆に原子、分子を集合させてつくる方法の二つがある。ここでは、その作り方の基本的な内容を中心に説明する。

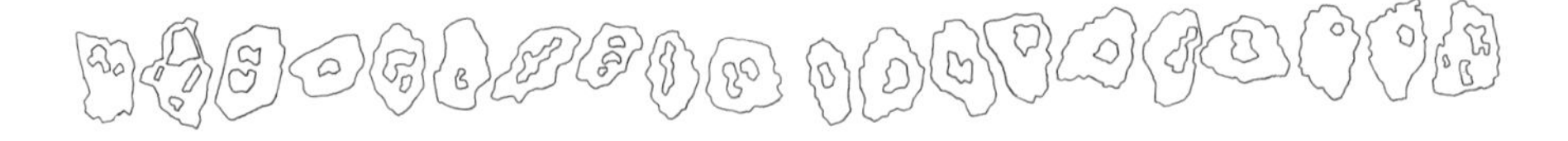

第3章 粉体のつくり方入門

3.1 粒子の合成法

粒子を合成する方法は、ビルドアップ法と呼ばれ気相中あるいは液相中で、原子・分子を集合させ、核生成・成長を経て、粒子を作り上げていく方法である。この方法は、粉砕などのいわゆるブレイクダウン法とは異なり、原子や分子が衝突、合体を繰り返して粒子が徐々に成長していくため、100nm以下のナノレベルでも粒子径や粒子形状といった粒子形態を精密に制御できる技術として工業的にも広く用いられている。その一方で、数μm以上の粒子を均一に合成することは難しく、特別な製造技術や製造プロセスを要する。比較的小さな粒子を成長させて、精密に制御できる点では優れているが、製造コストはブレイクダウン法に比べると高くなる。したがって、ビルドアップ法による粒子合成では、精密品や高機能な粉体を製造するために利用されることが多い。ここでは、気相中および液相中での粒子合成法について説明する。

気相中で粒子を合成する方法としては、気相反応析出法のCVD法と物理的凝縮法のPVD法が挙げられる（**図3.1.1**）。いずれの方法においても、気相からの粒子生成となるために、熱源の種類によって分類される[1]。

加熱等で化学反応により製膜

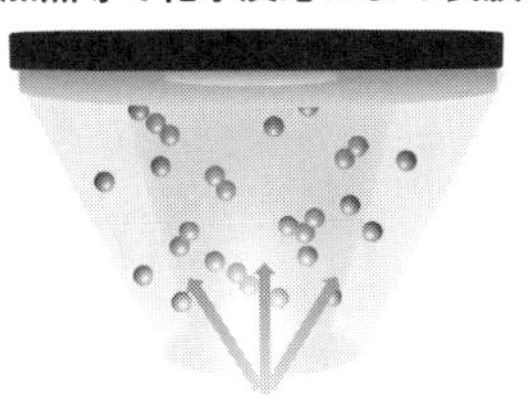

膜の原料になる
ガス（気体）を供給

気相反応析出法
（CVD法）

薄膜が基板に積層

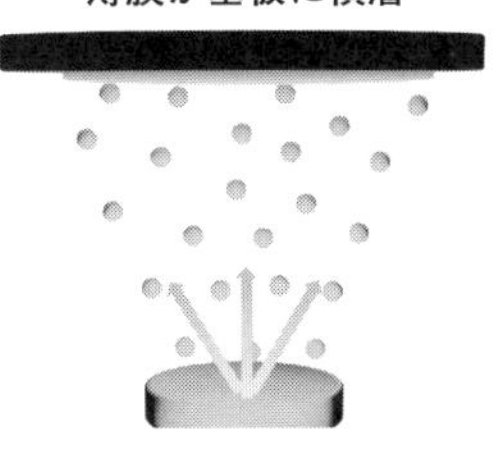

膜材料を物理的に
バラバラにする

物理的凝縮法
（PVD法）

図3.1.1　気相反応析出法と物理的凝縮法

CVD法では、気相中で化学反応させて固体を析出させることが可能なため、生成された物質の粒子径は比較的揃っており、なおかつ高純度なものが得られる。例えば、様々な分野で利用されているカーボンナノチューブは、CVD法によって作製できる。高温・不活性ガスの存在下において炭化水素ガスを遷移金属触媒上で反応させることによって大量に合成成長させる担持触媒法と、基板を用いず、触媒を容器に満たしたガスの中に浮遊・流動させ、化学反応によってカーボンナノチューブを成長させる気相流動法がある。炭素源となるガスを容器内に供給し続けることで、カーボンナノチューブを連続的に生成することが可能で、高純度のものを効率よく合成できる量産に適した手法として利用されている。CVD法を利用した微粒子生成プロセスは、その熱源の種類である熱、プラズマ、光などに分類できる。熱反応を利用した方法では、あらかじめ高温にしておいた基板を準備し、原料ガスを適当なキャリアガスによって容器に導入し、化学反応を起こさせ目的の薄膜を作製する。基板を周囲から反応容器ごと加熱するホットウォール型と基板だけ温度を上げて基板上で反応させて薄膜を作製するコールドウォール型がある。プラズマを利用した方法では、原料となるガスをプラズマ状態にし、そのプラズマ中で加速された電子が原料に衝突し、微粒子を生成させることができる。太陽電池や液晶ディスプレイなどの薄膜を作製する方法としてよく利用されている。光エネルギーを利用した方法では、主にレーザーを利用して薄膜を作製する。反応ガスにレーザー光を照射し、化学反応を生じさせることで微粒子が生成する。原料となる気体を振動励起させる炭酸ガスレーザーや電子励起させる紫外線レーザーなどが利用される。レーザーによる光CVD法では、基板上にレーザー光を集光し、そのレーザーをスキャンすることにより基板上に目的のパターンを持つ薄膜を作製することができる。

PVD法では、対象となる物質を融点近くまで加熱することで、その物質を蒸発させ、そのガス化した物質を冷却することによって、蒸気分子が過飽和な状態になり、それぞれの分子が衝突・合体および蒸発を繰り返して、微粒子が生成する。この操作のため、PVD法で作製する粒子も高純度のものが得られる。PVD法は主に薄膜作製技術として利用され、代表的なものとして真空蒸着法とスパッタリング法が挙げられる。CVD法では気相中での化学反応によるものであったが、PVD法では状態変化による凝縮を利用した方法である。真空蒸着法は、電子顕微鏡で粉体の画像を撮影する際によく利用される。撮影する対象が非導電性の試料である場合、試料の表面に薄い金属層を堆積させることによって、導電性を向上させ、帯電を防ぎ鮮明な画像を得ることができる。スパッタリング法も物質表面に被膜を形成するコーティング技術として利用されている。スパッタリング法では、真空状態の密閉空間に皮膜される物質とコーティング剤となる物質を用意する。この状態でアルゴンガスを容器に導入し、放電することでイオン化したアルゴンがプラスの電気を帯びているため、マイナス電極のターゲット材料に急速に引き寄せられ激しく衝突し、コーティング対象の物質に付着しながら堆積していき、薄膜が形成する。スパッタリング法でコーティングする方法は、比較的安定した状態で粒子を堆積させることができる。膜厚の制御が行いやすいのが特徴であり、量産にも対応しやすく、自動車部品や半導体など様々な分野で利用されている。

液相プロセスによる微粒子の合成の最大の特徴としては、広範囲で粒子径制御が可能であり、結晶形態や結晶形状を分散させたままそろえることができる点にある[2)]。大きく分類すると、沈殿法と溶媒蒸発法に分けられる。沈殿法では、金属塩溶液に沈殿剤を添加あるいは加水分解することで溶液を過飽和状態にさせて、微粒子を沈殿させることで得られる方法である。写真を現像する際に利用されるフィルムには臭化銀が含まれているが、これを作製するために利用される方法がまさに沈殿法である。

高濃度の硝酸銀とハロゲン化アルカリやハロゲン化アンモニウムを同時に添加すればハロゲン化銀が沈殿する。この際に、濃度を制御することで、粒子径や粒子形態がそろった臭化銀が得られる[3)]。

また、セラミックス材料を作製する際には、沈殿法の中でも加水分解を利用したアルコキシド法あるいはゾルゲル法が良く利用される。**図3.1.2**にゾルゲル法

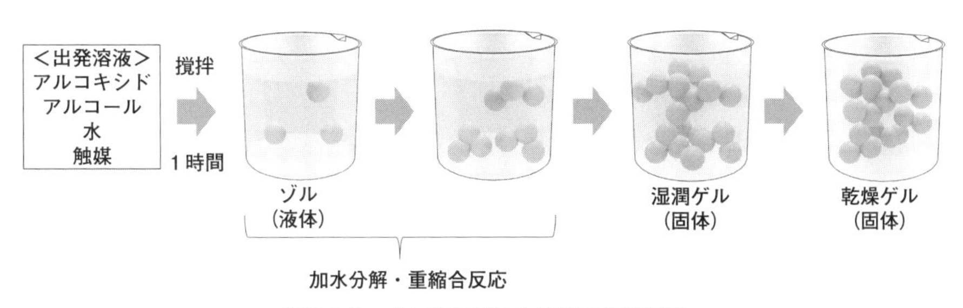

図3.1.2 ゾルゲル法による粒子作製技術

による粒子作製技術の一例を示す。この方法において、出発原料である金属アルコキシドは、アルコール水溶液に溶かすことで加水分解し、アルコールと酸化物あるいは水和物に分解する。金属アルコキシドは、溶媒に可溶であるため再結晶や蒸留によって容易に精製でき、高純度の生成物を得ることができる。ゾルゲル法では、低温でセラミックスを合成することができるため、1,000℃以上の高温に加熱した場合に起こりやすい不純物の生成を防ぐことができる。沈殿法による粒子合成としては、その他にも液相還元法、水熱合成法、逆ミセル法など多く存在する。水熱合成法は、オートクレープを用いて高温高圧下の状態に水溶液または有機溶媒中を密閉し、シリカやケイ酸塩材料および遷移金属酸化物や水酸化物系などの原料を用いて微粒子を生成する方法である。単分散のナノ粒子を作製することが可能で、添加剤の効果によって、粒子の成長を抑制できるため形態の制御についてもすぐれた方法である。

親水基と疎水基を1つの分子中に持つ界面活性剤は、水中である濃度以上になると**図3.1.3**に示すようにミセルと呼ばれる集合体を形成する。それに対して、逆ミセル法は、有機溶媒中に存在する界面活性剤が親水基を内側にして、わずかに存在する水をその親水基の集合部分に取り込んで、その中で化学反応を行い、ナノ粒子を作製する方法である。逆ミセル法で最も利用されるのが、二本の分岐した炭化水素鎖を持つジオクチルスルホコハク酸ナトリウム（AOT）である。AOTによる逆ミセル法では、分散・合一を繰り返しながら内包物の交換を行うため、AOT逆ミセル内は粒子合成の反応場として利用される。特に、AOTの逆ミセルについてはナノスケールで精度よく制御可能なため、その内部で合成した粒子は、シングルナノサイズで凝集せずに生成させることも可能である。そのため、セラミックスや医薬品等の粒子合成場として注目されている[4)]。

溶媒蒸発法としては、噴霧熱分解法、静電噴霧熱分解法、減圧噴霧熱分解法などが挙げられる。噴霧熱分解法では、分子レベルで混合した溶液を微小な液滴と

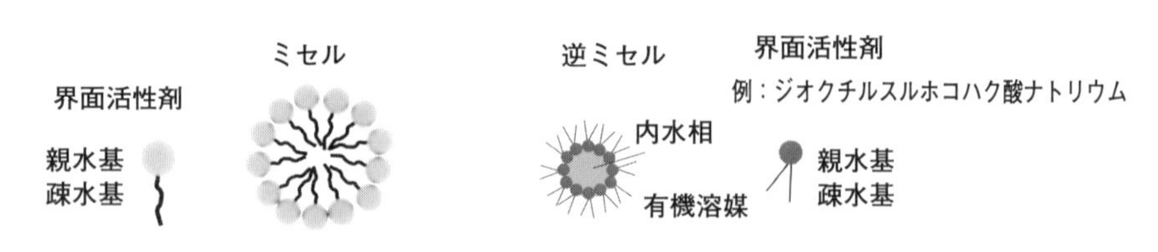

図3.1.3　逆ミセル法による粒子作製技術

して噴霧させてその熱分解反応によって目的の粒子を作製する。この方法によって、酸化物、硫化物、金属などの微粒子が作製されているが、特に多成分系の微粒子作製に非常に向いている技術である。静電噴霧は、液柱の不安定性によって液滴が発生し、適当な静電気力を維持しつつ、この現象が連続的に起こることによって、比較的均一な液滴が供給される。この時に液体に働く力としては、表面張力と電気力が作用し、これらの合力が推進力となって、安定したコーンが形成され、その先端から安定した液滴が連続的に発生する。この静電噴霧によって発生した微小な液滴を用いる熱分解法は静電噴霧熱分解法と呼ばれる。この方法を使って、金属硫化物のナノ粒子が合成された例もある。噴霧液滴をガラスフィルターに通し微小液滴を得る減圧噴霧熱分解法も溶媒蒸発法の一つとして、ナノ粒子合成などで利用されている。また、一般的な噴霧乾燥法は、溶媒蒸発法の1つに分類されるが、こちらは分子レベルに溶解させた物質だけでなく、スラリー状態の懸濁液から液体を除去する操作であるため、造粒法や乾燥法として取り上げることとする。

上述のビルドアップ法によって粒子合成する方法は、気相および液相中に関わらず成長法と言われ、物理的な冷却あるいはガスや溶液の化学反応によって、原子もしくは分子状の凝縮性物質から核生成と成長によって粒子を成長させていく方法である。そのため、ナノからマイクロオーダーによる粒子を作製することができ、粒子径や形態の制御も粉砕による方法よりも比較的容易にできる。しかし、実際の製造や工業レベルでこの粒子制御を行うために、粒子の生成機構を把握することは非常に重要である。

<参考文献>

1) 粉体工学会編：“粉体工学叢書第2巻，粉体の生成”，日刊工業新聞社（2005）
2) 高井（山下）千加：“粉体工学会誌” **60**，219-220（2023）
3) T. Sugimoto : *J. Cryst. Growth*, **34**, 253-262 (1976)
4) N. M. Correa, J. J. Silber, R. E. Riter, N. E. Levinger : *Chem. Rev.*, **112**, 4569-4602 (2012)

3.2 固体を砕いて粒子を作る

固体を砕いて、粒子を小さくしていく方法は、粉砕あるいはブレイクダウン法と呼ばれている。粉砕は、固体を破壊する操作であるため、装置がなくても簡単に行われる。大昔にヒトが小麦を食べられるように脱穀・粉砕したことが起源ではないかと言われている。エジプト文明の壁画にも、小麦を石で粉砕している様子が描かれ、この壁画もまた色のついた石などを砕いた粉で描かれている。日本でも縄文時代には石器を使って脱穀・粉砕が行われていたのではないかと言われている。これらを踏まえると、粉砕技術は、最も古い単位操作の一つであると思われる。

現代における粉砕工程の事例として、医薬品の製剤工程について利用される粉砕について取り上げる。製剤に含まれる有効成分の原薬は、錠剤や顆粒剤に均一に含まれる必要がある。原薬や添加剤は、適度な粒子径にすることにより流動性や混合性が増すため、含量均一性に優れた製剤化が可能となる。また、医薬品に含まれる有効成分を粉砕によって微粒化することで、比表面積が増大し、溶解速度の増加が期待できる。さらに、原薬を添加剤などと粉砕すると、微粒化および非晶質化が生じる。微粒化によって溶解速度を増加させることができるが、非晶質化させると溶解度も上昇することができる。これらによって、難水溶性の化合物の吸収性の改善に期待が持たれている。このように、粉砕という操作であっても、最終的に得られる粒子がどのように使用されるか、その目的に応じた粉砕方法で行うことが重要である。さらに、その物質の物性に応じた粉砕手法を取る必要もあるだろう。無機物と有機物では、その物質固有の硬さも異なるため、同じ方法を取ったとしても最終的に得られる粒子径や粒子径分布などは違ってくるのは当然である。前章でも記載したが、ビルドアップ法と比べるとブレイクダウン法では大きな粒子から徐々に微粒化していくため、1μm以上の粒子生成に対しては比較的容易に生産できる（第2章の**図2.1.1**参照）。特に、ブレイクダウン法では、大きな粒子から粗砕、中砕、微粉砕、超微粉砕というように装置や方法を変えて粒子を小さくしていくプロセスが一般的である。ここでは、粉砕操作に関する基本的な事柄を紹介する。

粉砕は、固体物質に機械的なエネルギーを加えて粒子を小さくする操作であるが、この加える力の方向と速さによって、衝撃、圧縮、摩砕、せん断の４つに大別される。通常、大きな固体物質を砕こうとすると、その物質を壁にぶつけたり、ハンマーなどで叩いたりするが、これを衝撃という。砕いた固体物質が細かくなってくると、それに押し付けるように力を加えてより小さな粒子にしようとするが、これを圧縮という。また、固体物質を押し付けながら、擦り切るように力を加える操作は、摩砕と呼ばれ、物質の内部構造に対して平行に力を加えて、破壊する方法をせん断という。

一般的に粉砕によって大きな岩や固体を一気に1μm程度の粒子群に細かくすることはできない。岩のような大きな固体を砕く破砕と呼ばれる操作と、砕いて小さくなった固体を破壊して小さい粒子にする粉砕という2つに大別される。粉砕によって固体を小さくしていくと、同じ物質でもその表面に現れてくる面積がどんどん大きくなり、それに伴い粒子同士が凝集し、粉砕操作自体が難しくなる。したがって、粉砕によって粒子を小さくするためには、水や溶媒に粒子を分散させてその中で粒子を粉砕する湿式粉砕が利用されている。乾式中と湿式中で同じ粒子を粉砕しても、雰囲気によって粒子の粉砕は大きく影響を受ける。その一つの要因として、物質の強度は雰囲気によって変化することが挙げられる。**図3.2.1**に一般的に使用される乾式および湿式粉砕の装置およびその機構の概略図を示す。乾式粉砕では、通常空気や窒素といったガス雰囲気下で行うのに対して、湿

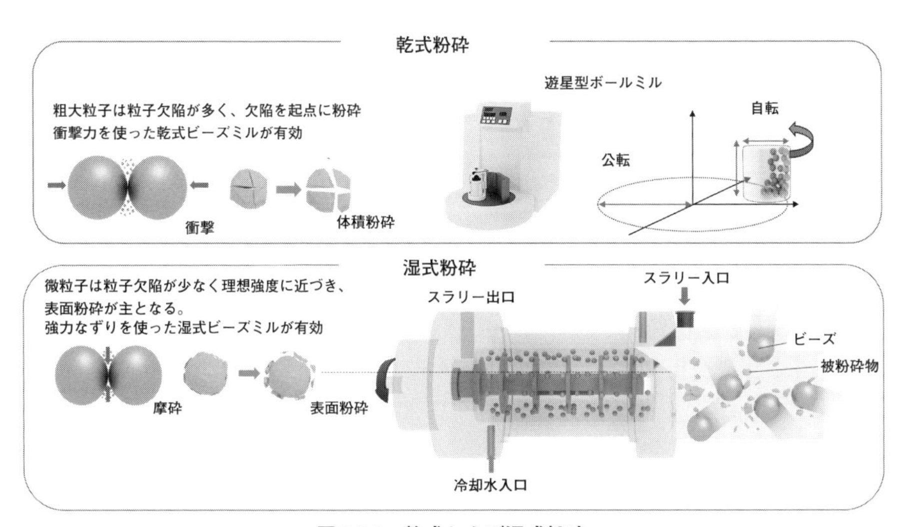

図3.2.1　乾式および湿式粉砕

式粉砕は水や有機溶媒中で行う。乾式で粉砕すると、生成される粒子の表面が増加し活性部分も増加する。そのため、粉砕された粒子同士が凝集し、無機物では0.1μm程度以下のナノ粒子、医薬品などの有機物では1μm以下のサブミクロン粒子を安定して生成することは非常に困難である。このような場合、湿式粉砕が用いられる。湿式粉砕では、生成された表面は溶媒に囲まれるため、粒子同士の凝集が乾式に比べると抑制される。さらに、界面活性剤や高分子などを利用すると、さらに凝集を抑制することができるため、乾式に比べると微細な粒子が得られる。特に、媒体のボールもビーズと呼ばれるようなものを利用すると、サブミクロンサイズの粒子を得ることができる。

ここから実際に粉砕によって何か粒子を得ようとするときに注意すべき項目について取り上げる。粉砕によって粒子を得るためには、それに要する仕事量（エネルギー）および速度論、そして得られる粒子の粒子径分布および粒子形状が特に重要となる。粉砕に使われる仕事量は、粉砕前後の粒子径および粒子径分布の差や変化と関係づけることができる。この関係の代表的な法則として、リッチンガーの法則、キックの法則、ボンドの法則が挙げられる。粉砕に要するエネルギーは新たに生成する粒子表面積に比例するというのがリッチンガーの法則である。これは、物質を粉砕することによって、その物質には新たな表面が現れるが、粉砕によって消費されたエネルギーがこの新しく生成した表面積に比例するという考えに基づいたものである。それに対して、一定量の粒子群をある一定の粒径比に粉砕するのに要するエネルギーが一定であるというのがキックの法則である。これはつまり、粉砕される物質に対して幾何学的に相似となるように変形させるために必要な仕事量はその粉砕される物質の大きさや粒子径に関係なく体積に比例するという考えに基づく。リッチンガーの法則およびキックの法則はいずれも粉砕するときに生じる破壊について理想的なモデルを基に考えられており、リッチンガーの法則では粉砕前後について、キックの法則では破壊直前について注目されている。一方、粉砕を無限に大きい粒子を粒子径がゼロの無限個数の粒子にする途中の現象としてとらえ、リッチンガーおよびキックの法則の中間的な考え方を示したのがボンドの法則である。具体的には、粉砕の開始段階では、粒子に加えられた歪エネルギーは粒子の体積に比例するが、粒子内に亀裂が発生した後には生成した破断面積に比例すると仮定したのがボンドの法則である。一般的にリッチンガーの法則は微粒域の粉砕に使用され、キックの法則は粗粒域でよく使用されている。ただ、ボンドの法則についてはこれら２つに比べてより実践的な場面で使用されるが、それは大量の実際のデータを背景に、粉砕機設計に適用できるように整備されているためである。

粉砕を進めていくと、得られる砕成物の粒子径はどんどん小さくなり、粒子径分布も小さい側へと移っていく。そこで、粉砕機に供給した物質と、それが粉砕されて得られた中間的な大きさの粒子とさらに小さくなった微粒子の質量に注目し、粉砕時間に対する質量変化を示すと、**図3.2.2**のようになる。この図からも分かるように、粉砕速度論は、任意の粒子径の質量変化に着目したものと粒子径分布に着目したものに分けられる。

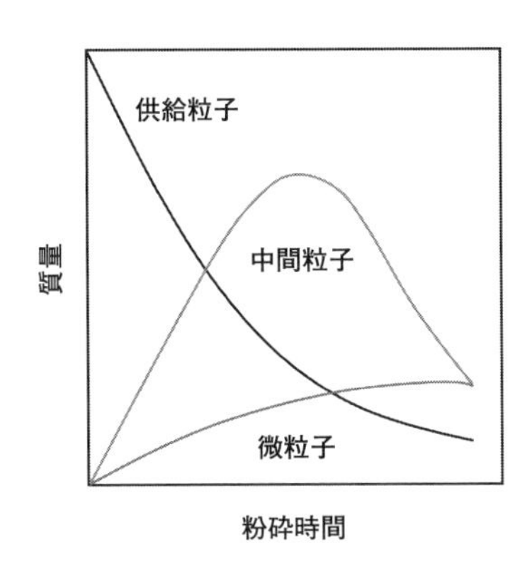

図3.2.2　回分粉砕における任意粒子径の質量変化

3.3 作った粒子を大きさによって分ける

世の中で販売されている商品の多くは、販売時にサイズが明確に表示され、それが厳格に守られている。例えば、鉛筆1ダース（12本）のセットを購入する際に、「鉛筆：軸径8mm×長さ176mm」と記載があれば、12本ともmm単位で同サイズの鉛筆である。一方、粉体も「粒子径：5μm」などと表示され、販売されている場合もあるが、これはあくまで粒子径の代表値であり、粒子径範囲 1～10μm などと粒子径のバラつきも商品に記載されている場合が多い。粉体の商品の中でも、粒子径のバラつきを極力小さくしたものもあるが、それらは数十グラムで数万円などと非常に高価である場合が多く、その商品数は比較的少ない。このように粉体商品が一般的には同一の粒子径のみで販売されていないのは、粉体の粒子径がミクロンオーダー以下であることにより、3.1節の合成や3.2節の粉砕で粒子を作製した際、その粒子径を同一に制御すること、ならびに、作製粒子から特定の粒子径のみをμm単位で選り分けることが非常に難しいためである。粉体を粒子径で選り分ける操作を粒子径分級、あるいは、単に分級というが、粉砕で作製した粒子の場合は、粒子形状が非球形であるため、第5章で示されているように複数の「粒子径」の定義が存在すること、ならびに、粉体挙動は形状の影響を受けることにより分級はさらに困難となる。分級が難しいのであれば、いっそのこと分級しなければ良いのでは？と思うかもしれないが、粉体は粒子径により挙動が大きく異なるため、粒子径をある程度揃えた状態でハンドリングしないと製品性能に大きく影響を与える。よって、ある程度の粒子径幅を許容する形でも粉体の分級を行うことは重要である。

上述したように粉体は粒子径により粉体挙動が異なるため、その挙動の違いを利用して分級を行う。分級方法として、①ふるい分級、②重力分級、③遠心力分級、④慣性分級などがある。①ふるい分級はふるい網目を粒子が通過するかによって分級する方法で、多くの産業分野で広く用いられる。数十μm以上の粉体は、粒子の付着性が低く、粒子同士の凝集や粒子の網への付着も少ないことから、ふるい分級は比較的容易である。一方、数十μm以下の粉体のふるい分級は、粒子の付着性を軽減するため、ふるいに超音波を付与して操作、あるいは、液体中に粒子を懸濁させて湿式で操作を行う。②重力分級、③遠心力分級は、粒子の重力場あるいは遠心力場での移動速度（主に沈降速度）が粒子径により異なることを利用して分級する方法である。この移動速度は、粒子径だけでなく、粒子と流体（気体あるいは液体）の密度差にも依存し、密度差が大きくなるほど移動速度も大きくなる。常温において、液体密度のオーダーは粒子密度（固体密度）と同じく10^3kg/m^3程度であることが多いのに対し（例：水の密度：1.0× 10^3kg/m^3）、気体密度のオーダーは液体と比べて1,000分の1程度が多いため（例：空気の密度：1.2kg/m^3）、同じ粒子径・密度を持つ粒子の移動速度を液体中と気体中で比較すると、気体中の方がかなり大きい移動速度となる。よって、気体中では移動速度が大きすぎて取り扱いにくい粒子は液体中（湿式）で操作する方が分級しやすい。一方、数μmの粒子は気体中であっても移動速度が小さすぎて分級の効率が悪化するため、移動速度の増加のために遠心力場を用いる場合が多い。④慣性分級は、粒子を含む流体の流れ方向が急激に変わる場合、粒子径が大きいほど慣性も大きいことにより流体の流れに追随できなくなることを利用して分級する方法である。また、代表的な分級装置としてサイクロン（**図3.3.1**）があるが、本装置は旋回流を装置内に導入することにより遠心力を粒子に作用させるだけでなく、その旋回流の方向を装置下部で急激に切り替えることによる慣性差を利用する仕組みも持つため、遠心力分級と慣性分級を組み合わせた装置であると言える。

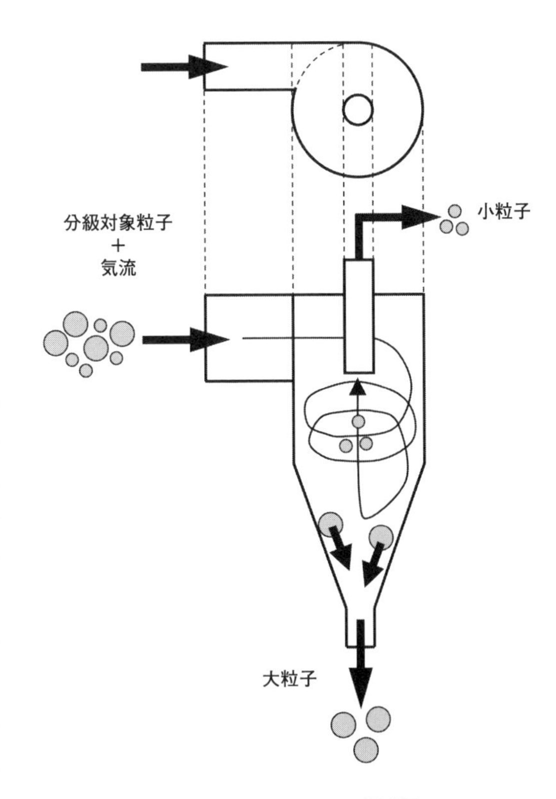

図3.3.1　サイクロン概略図

基本的に一条件の分級操作では特定の粒子径を境に大粒子側と小粒子側の２つに分けることしかできないため、特定の粒子径範囲を持つ粉体を得るには二条件以上での分級操作が求められる。また、装置の設計は粒子が完全球形で、周辺に存在する他の粒子と相互作用をしないことなどを仮定した条件を基準に行われていることが多いため、実際に分級操作を行うと、大粒子側と小粒子側にそれぞれ混ざり込みが生じ、全量を特定の粒子径で完全に分級することはほぼ不可能である。よって、この混ざり込みを含めた分級結果を評価する必要があるが、それには各粒子径が大粒子側に分級された割合を粒子径に対してプロットした部分分離効率が広く用いられる。部分分離効率が50%の粒子径は50%分離粒子径といい、大粒子側と小粒子側に同量分級されたことを意味する。

3.4 様々な構造の粒子をつくる

粉体プロセスを用いて作られた材料やデバイスに機能を付加しようとしたとき、構成要素である粒子内部の結晶構造や各粒子の複合構造を、発現させようとする機能に合わせて作ることは重要な技術である。そこではじめに個々の粒子の結晶構造、特にここでは多形制御と粒子の形の制御方法について概説する。

一般的に平衡状態において、固体粒子の結晶構造は、温度と圧力で一つに決まるが、実際の製造プロセスでは多くの場合は非平衡プロセスを含むので、準安定な構造、例えば結晶多形が出現することがある[1)]。ここで結晶多形とは、成分は同じであるが結晶構造が異なるものをいう。同じ物質でも結晶構造が異なれば、溶解度のような物性が変わるため、医薬品などでは注意すべき項目になる。晶析のような湿式の分離プロセスを用いて粒子を作製する場合、溶液の冷却速度、溶媒の蒸発速度、添加する貧溶媒の種類とその投入速度などが操作因子となり、これらは過飽和度という非平衡因子と関係する。結晶の形態（結晶構造、結晶形状、粒子サイズ）は過飽和度で決まるため、これらの操作因子を制御して所望の結晶系を持つ粒子を作ることになる。また、構成分子が大きい場合や不純物の混入により結晶を構成せず、アモルファス（非晶質）になる場合もあり、品質管理においても形態制御は重要である。さらに粒子の形状に特化した技術としてエマルションを利用した球形晶析法がある[2)]。例えば有機溶媒に溶質を溶かし、それを水に滴加することで形成される液滴内で物質を析出する技術であり、液滴が球形になるため析出物もハンドリングしやすい球状になる。

湿式プロセスに限らず、乾式プロセスにおいても粒子の形態制御ができる。ボールミルのような粉砕機を用いて結晶構造を変化させることができる[3)]。本来、粒子の微細化に用いられる粉砕機は、圧縮応力やせん断応力によって粒子を砕くわけであるが、この力は物質によっては構造変化や化学反応に利用できる。この操作はメカノケミカルプロセスと呼ばれ、酸化物、硫化物の合成や合金化、非晶質化に利用できる。ミルの回転数や粉砕時間が操作因子となるため、溶液の合成プロセスとは異なり、試料の一部を反応させたり、構造変化させたりすることができるため、この特徴を活かした材料開発ができる。

続いて複合化についてであるが、複合化は数種の素材を組み合わせて、物理的・化学的に異相や接合面を形成させ、高機能化材料を生み出すプロセスである。複合方法は上記の個別粒子の形態制御と同じ方法で行われることが多い。例えば、コア粒子にコアとは異なる物質を晶析プロセスで析出させ、コア―シェル型の複合粒子を作製できる。**図3.4.1**に示す複合粒子は、コアのデンプン粒子表面にアミノ酸であるグリシンを析出させコーティングした例である。グリシン水溶液が付着しているデンプン粒子を、グリシンにとって貧溶媒となる2-メチル-1-プロパノール中に投入することで、グリシン溶液と2-メチル-1-プロパノールの相互拡散が生じ、グリシンの溶解度が低下する。そしてデンプン粒子の表面にグリシンが析出し、複合構造が形成される（**図3.4.2**）。他にも液中の環境をうまく利用した複合化例として、静電吸着複合法がある。この方法は、多くの粒子が液中で帯電する特性を活かし、例えば複合化させたい2種類の物質を液中で逆帯電するように調整し、静電気的に接合させる方法である。一方の粒子を他方よりも小さくすれば、大きい粒子の表面に小さな粒子が集積し、小粒子で被覆することができる。

乾式プロセスを用いた複合化では、イメージとして粉砕やメカノケミカル反応よりは弱い力で異種粒子間に応力を加えることで、それぞれの粒子形態を変化させることなく接合させて作製する。粉砕を伴いながら複合化させる場合もあるが、基本的な考え方は機械的接合による複合化である。このような乾式による粒子の複合化装置は様々な種類が市販されている。どんなマテリアル同士を、どの程度、

図3.4.1　デンプンを分散させたグリシン水溶液を2-メチル-1-プロパノールに分散させて作製した複合粒子

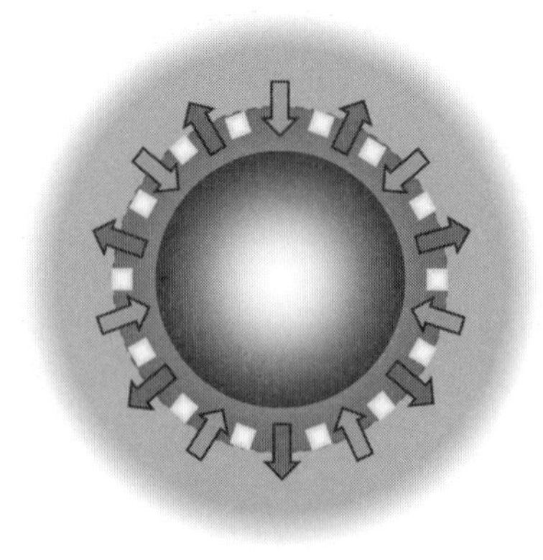

図3.4.2　溶液の相互拡散によって、デンプン粒子表面にグリシンが析出するイメージ図

どれくらい接合・複合化させるのかで適切な力のかけ方が異なり、したがって、最適な装置の選択が必要であろう。複雑な複合化や条件の最適化が難しい面もあるが、溶媒を必要とせず複合化ができるところは非常に魅力的である。

<参考文献>

1) 滝山博志：“晶析の教科書”, S＆T出版 (2020)
2) Yoshiaki Kawashima：*Spherical Crystallization as a new platform for particle design engineering*, Springer (2019)
3) 井上義之：“粉体技術”, 11, 654-659 (2019)

第4章
粉体のつかい方入門

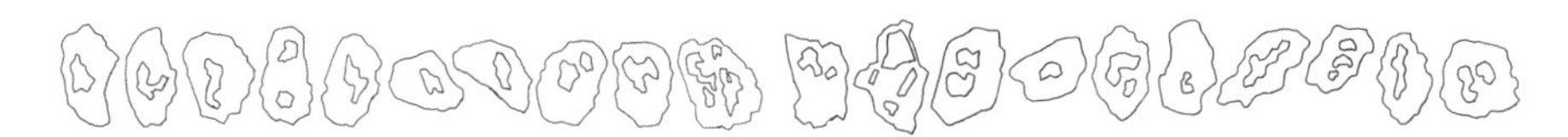

第４章　粉体のつかい方入門

本章では、粉体を利用する上で不可欠な粉体のつかい方について、その基礎的事項を説明する。一粒一粒の粒子の大きさが極めて小さい粉体を使いこなすために、まず粉体の基本的な挙動を紹介したのち、粉体の具体的なつかい方について、代表的な手法を分かりやすく説明する。粉体を構成する個々の粒子の分散のさせ方、粉体同士の混ぜ方から、これらを集合させて材料をつくるための手法など、粉体をつかいこなすために不可欠な基礎知識を本章においてぜひ習得して頂きたい。

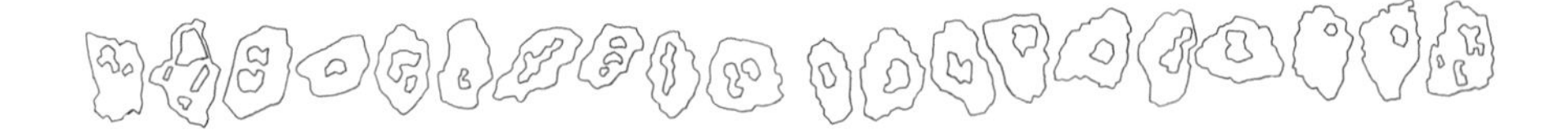

第4章 粉体のつかい方入門

4.1　粉体の基本的な挙動を知る

粒子が気体や液体などの媒体中に存在するとき、その挙動は粒子間の相互作用と粒子の大きさ、密度によって、規則的に運動する場合とランダムな動きをする場合に大別できる。この粒子の動きを現象論的に理解するために、まずは基礎に立ち返って、真空中の孤立粒子の運動を考えてみよう。これは媒体の影響を無視することに相当する。

重力下において、質量mの球形粒子を真空中で落下させた場合の軌跡を**図4.1.1**に示す。粒子は重力で加速されるため、時々刻々速度を上げて一秒あたりの移動距離を伸ばしていく。このとき、粒子の速度は時間に比例して大きくなる。一方、気体や液体の媒体中を重力によって落下するときはどうなるだろう。媒体中を運動する粒子は、粒子と媒体との相互作用によって粒子はその運動を阻害され、流

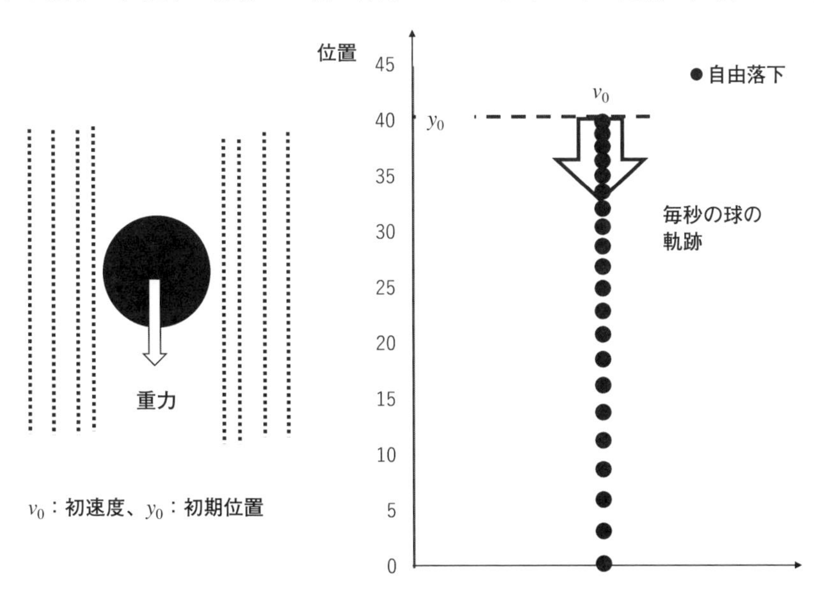

図4.1.1　真空中の質量mの粒子の自由落下運動

体抵抗を受けることになる。流体抵抗が粒子の速度に比例すると仮定した場合、その移動距離を時間の関数として**図4.1.2**に示した。比較のために示した真空中の粒子の移動距離と比較すると、同じ時間に移動した距離に大きく差があることが分かる。媒体の影響を示す分かりやすい結果である。これを速度で比較したのが**図4.1.3**である。上述したように、真空中では重力による加速のために粒子は時間の経過とともに速度を増す一方、媒体中の粒子は時間の経過とともにある一定の速度（終端速度）に収束していく。これは、粒子が受ける流体抵抗が速度を

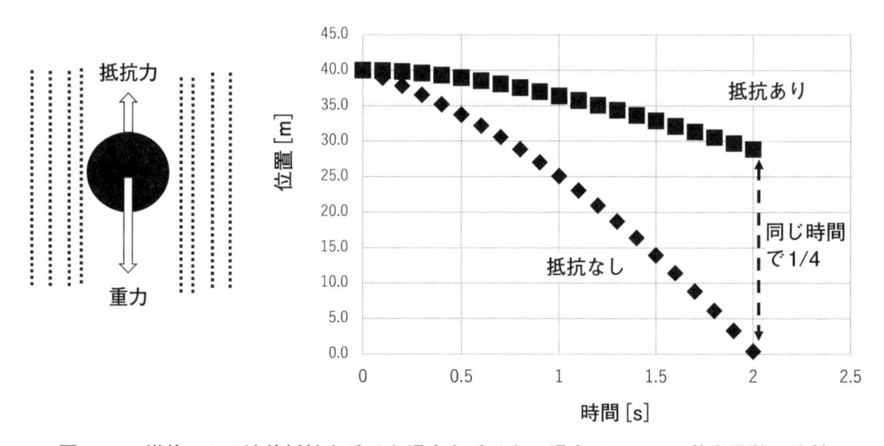

図4.1.2　媒体からの流体抵抗を受けた場合と受けない場合についての移動距離の比較

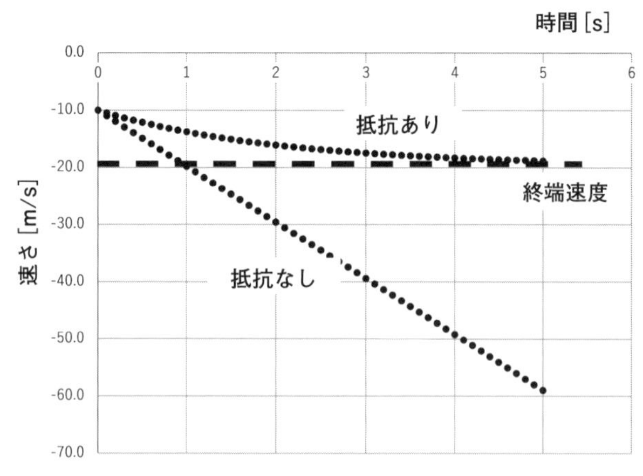

図4.1.3　媒体からの流体抵抗を受けた場合と受けない場合についての速さの比較

増すごとに増加していき、重力とつりあうことによって合力がゼロになる、つまり正味粒子に力が働かなくなることを意味する。以上のような比較は、粒子と流体間の相互作用を簡略化したうえでの議論であり、実際はもっと複雑である。そこでもう少しだけ踏みこんで考えてみよう。

流体中に物体が置かれ、それらの間に相対速度がある場合、物体は流体から流れの方向に流体抵抗を受ける。この流体抵抗を流れの相対的な値すなわち無次元数で表わしたものを抵抗係数という。この粒子のサイズ（流れに対する断面積）や相対速度に対してどの程度抵抗を受けるのかを表す抵抗係数は、レイノルズ数の関数として表される。レイノルズ数とは、流体の運動に対する粘性の影響を表わす値である。球形粒子の抵抗係数について実験的に求められたレイノルズ数依存性を**図4.1.4**に示すが、媒体の流れ場に対して大きく影響を受けることが分かる。このように、媒体は粒子の運動に大きな影響を与え、またこの影響は媒体によって粒子の運動を制御できることを示している。

以上の話は、粒子径が大きい範囲で粒子が媒体中でもある程度の時間で沈降していく場合に相当するとお考えいただきたい。数ミクロン以下の微粒子では、媒体分子が自身の熱運動により微粒子に不規則に衝突し、その結果、微粒子がランダムな運動をするようになる（**図4.1.5**）。この運動は、液体中の花粉の挙動としてよく知られているブラウン運動である。以上の議論から、粒子のサイズによって運動の様子が変化していくことが分かる。粒子に働く力として、重力、静電気力、付着力、媒体からの相互作用力などあげられるが、粒子のサイズによってど

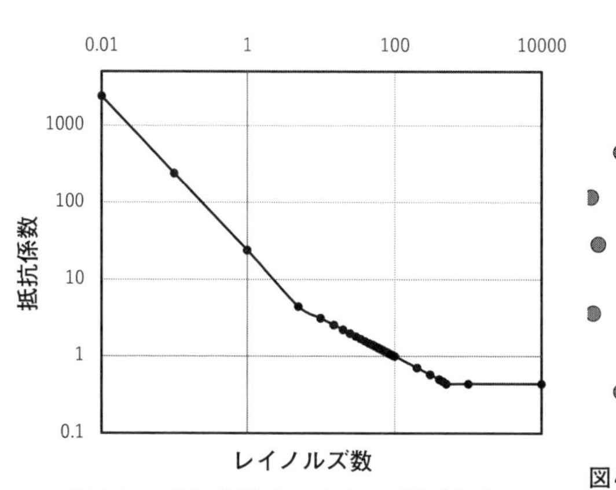

図4.1.4　抵抗係数のレイノルズ数依存性

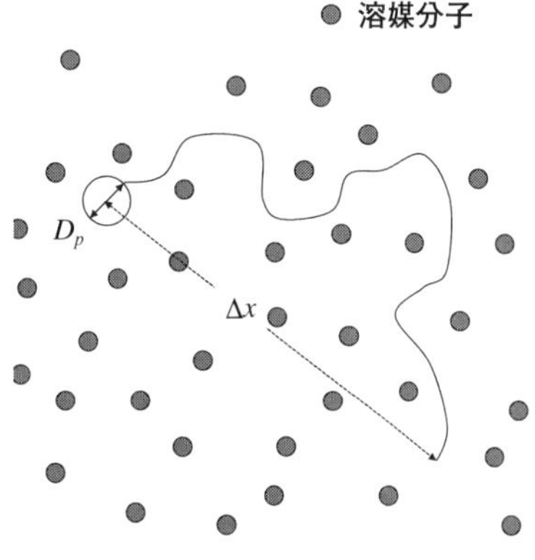

図4.1.5　粒子径 D_pの粒子が示すブラウン運動の軌跡

の力が支配的になるかで粒子の挙動が変化する。扱う粒子サイズや密度によって粉体プロセスで注意しなければならないことが変わってくることになる。

ここまでは一つの粒子に注目した話の展開になっていたが、粉体は粒子集合体であるので、多粒子になった場合の現象についても触れておこう。粒子濃度が低く、粒子間が十分に離れていれば、粒子群となっても各粒子は上記の挙動をすると考えればよい。しかし、媒体を介しても、粒子間相互作用が無視できない距離、つまり粒子濃度が高くなると各粒子が他粒子の影響を受けて運動するようになるため、粒子の挙動に変化が生じる。例えば**図4.1.6**のように、粒子が沈降するとき、ある粒子の沈降によりその周りの媒体が上昇流を作り、続く粒子がその影響を受けて速度を遅くする場合がある。また、粒子群がまとまったように沈降するために個々が沈降するより、速くなる場合もある。他にも、粒子間距離が小さくなることによって粒子間衝突が起こるようになるなど、個別の運動とは異なる挙動が見られるようになる。このように粒子間相互作用があらわになる沈降を、干渉沈降と呼ぶ。この挙動から、沈降分離などのプロセスにおいて、粒子濃度は重要な因子になることが分かる。

粒子の分散媒体としての気体と液体の差異は、両者の間の圧倒的な密度差にある。これは先のブラウン運動の話にも関係するが、媒体の密度は微粒子と媒体分子との接触頻度に違いが出てくることを意味する。媒体の密度の違いによって、ハンドリングや分離におけるメリットとデメリットがあるので、プロセス設計において適切な選択を行うことが肝要である。

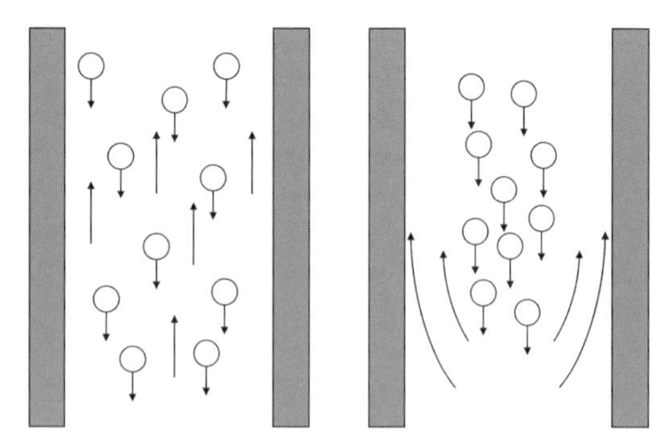

図4.1.6　干渉沈降のイメージ

4.2 粉体を気中に分散させる

粉体を気相中で分散させるには、小さな粒子でなければ沈降してしまうので、先ずは微粒化が必要である。微粒化したとしても気相中に分散した微粒子（エアロゾル）は、本来不安定であり、粒子は相互の衝突・接触によって凝集し、場合によっては沈降する。したがって、エアロゾル状態を保つには 分散操作が必要となる。

微粉体の気相中における分散は乾式分散とも呼ばれ、微粒子の分級、集塵、輸送、供給など粉体プロセスにおいて極めて重要である。気相中における微粒子の分散にかかわる現象としては輸送や装置内での付着・凝集、沈着・再飛散、さらに静電気帯電現象がある。対象とする粒子群に、凝集体が存在する場合、これを分散するには､凝集粒子を構成する一次粒子間に働く付着力よりも大きな分離力･分散力を凝集粒子に作用させる必要がある。この分散力を凝集粒子に作用させる方法は、その機構により分類することができる。一つは、空気の流動により生じる力を利用する分散法、もう一つは媒体を介さず凝集粒子に直接外力を与える方法である。例えば前者に分類されるベンチュリー型分散機は、中央部に絞り部が設置され、その両側に異なる広がり角の流路を接続した形状となっており、供給

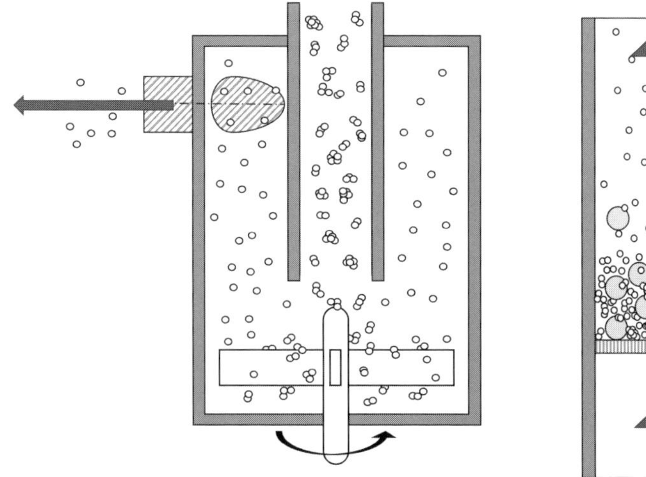
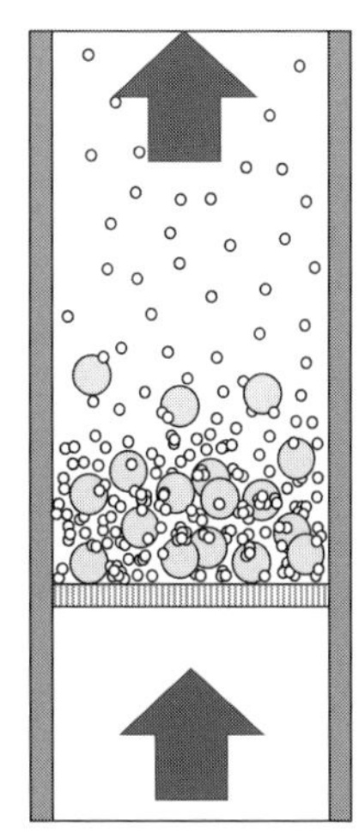

図4.2.1　撹拌翼を用いた分散と流動層を用いた分散[1)]

部から圧縮空気を導入すると、絞りを過ぎた部分で高速化された流体による負圧で粒子を吸引し、凝集粒子は気流による加速・減速により生じる力およびせん断力を受け分散する。後者は、流動層や粉砕用のミル等を利用して凝集粒子に直接機械的な解砕力を与え凝集を壊し、一次粒子を分散させることができる。他にもオリフィスを設置した分散機やミキサーなどの分散機がある。**図4.2.1**に撹拌翼を用いたミキサーと流動層型の分散機の模式図[1)]を示す。

種々の分散装置を用いて連続的な分散を行う場合、共通してみられる事象として、粒子濃度あるいは流量を高くすると分散が良くなくなることや、粒子の滞留時間が長くなると分散が良くなくなる場合があることが知られており、条件設定には注意が必要である。

<参考文献>

1）　粉体工学会編集：“粉体工学ハンドブック”，朝倉書店（2014）

4.3　粉体を液中に分散させる

液中に粒子を分散させることは、媒質の密度が高く、多くの分散媒分子が粒子表面に付着し、安定化させるため、気相中よりは比較的容易である。ナノ粒子のように、比表面積が大きな粒子は、表面特性が大きく影響を及ぼすため凝集しやすい。したがって、ナノ粒子は液体中で保管する場合が多い。しかし、液相であるが故の問題もあるため、注意が必要である。粒子が分散した懸濁液中に、凝集粒子が存在するときは、気相中と同様にミキサーなどを用いて凝集粒子を解砕する必要がある。解砕後に一つ一つバラバラになった一次粒子の分散状態を安定に維持するためには、界面活性剤などを添加したり、pHを変化させ静電気的に粒子間に反発力が生じるようにさせたり、粒子間接触を阻害する工夫を施すことが一般的である。

実験的に液中の粒子の分散状態を評価する方法はいくつかあるが、理論的な評価法としては、5.5でも紹介するDLVO理論が有名である。この理論では、静電気力やファンデルワールス力などの力を基に、粒子間、粒子媒体間の相互作用を考慮して、粒子の分散状態を定性的に評価できる。この理論では、粒子間のポテンシャルエネルギーは粒子間の距離の関数として表される。典型的な例としては粒子間が接近したところではエネルギーの極小値をもち、それより距離が離れたところで極大値を持つ場合がある。粒子の分散状態をこのポテンシャルプロファイルを基準に考えてみよう。分散状態にある系内で、粒子が近づくとき、極大値が高いほど反発が大きく凝集しにくくなる。この極大値が低くなれば、粒子が近づく確率が増える。極大値がゼロであれば、明らかな凝集系である。一方、極小値が無くなり、粒子同士が近づくほどエネルギーが大きくなるようであれば、この系は完全に分散することになる。

粒子間の静電反発に直接働きかける方法としては、pHを変化させることと電解質の添加があげられる。pHの場合は、水素イオンと水酸化物イオンが、電解質の場合は、電解質の陽イオンと陰イオンが粒子表面の帯電量と粒子の周囲の電荷分布に影響を与える。pHやイオン濃度を調整することで、表面電荷を見かけ上ゼロにすることができる。この pH やイオン濃度を電荷零点といい、粒子の表面特性で決まる値である。電荷零点は、粒子のゼータ電位がゼロとなるpHやイオン濃度として定義される等電点とは区別されるが、表面に特異吸着イオンが存在しない場合、両者は一致する。分散状態を実現したければ、この等電点からできるだけ離れるように溶液調整をすればよいことになる。

他にも、界面活性剤や高分子などの分散剤を添加して、粒子間の表面の改質を行い、凝集を防ぐ方法がある。液体への分散は、粒子表面と分散媒である液体との濡れ性によるので、界面活性剤により表面改質を行い粒子表面の親媒性を増せば分散を維持できる。また粒子の表面に分子量が大きい高分子を吸着させると、高分子が立体障害となり、粒子同士の接近が妨げられる。以上のように、粒子の液中分散にはいくつかの方法があるが、扱う粒子や後工程を考慮し、適切な方法を選択すべきである。

4.4　粒子同士をうまく混ぜる

粉体プロセスで作られる製品は、複数種の粉体が含まれる場合が多い。その際、目的通りの反応、効果、味などを達成するためには、各粉体が混合操作により空間的に均質化されていることが重要となる。液体の混合では、水と油のような親和性が悪い液体同士でも、激しい撹拌を行うことにより一時的ではあっても比較的簡単に均質化される。また撹拌を継続することによりその均質化は比較的維持可能であるが、粉体の混合では同様にはならないので注意が必要である。粉体の場合は、仮に均質化された状態から撹拌を加えると、その均質化が維持できるどころか粉体の種類によっては各粉体の局在化が進行する場合があることが知られており、この局在化状態を偏析という。有名な例として、SavageとLunの傾斜樋での粒子流動による偏析[1)]がある。この実験は、**図4.4.1**に示すように一定の角度傾斜させたU字型の樋（長さ1.0m、幅75mm、底面のみ粗さあり）の上方から粒子径が約1.6mm（大粒子）と約0.94mm（小粒子）の２種類のポリスチレン球

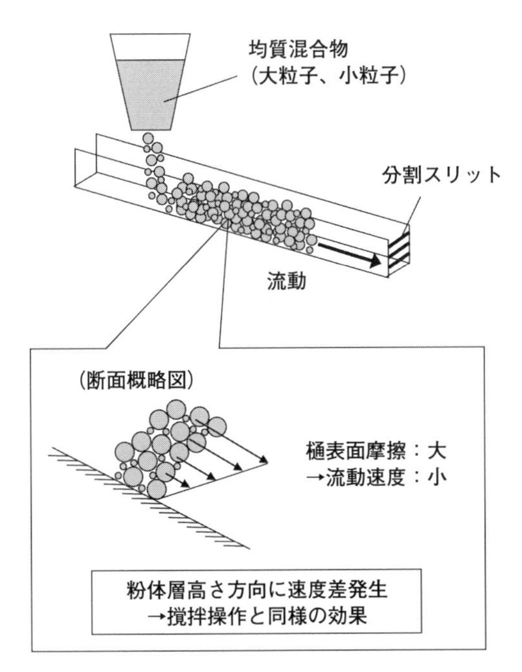

図4.4.1　SavageとLunの傾斜樋を用いた粒子流動実験装置概略図

を均質化した状態で樋に流し込み、下流側の樋の出口の部分で高さ方向に最大5分割のスリットを設けて回収することにより粉体層の各高さ位置での大粒子と小粒子の割合を調べたものである。一般に、撹拌操作は操作に伴い発生するせん断力などにより空間的に速度差を生じさせる効果がある。粉体が樋を流れるこの実験では、粉体層中での高さ位置が低い粒子ほど粗さを有する樋底面との摩擦の影響により粒子流動速度が減少するため、粉体層の高さ方向で粒子流動の速度差が発生し、撹拌操作と同様の効果が生じる。SavageとLunは、小粒子の体積割合が15%以下の場合、樋の角度を粒子安息角よりわずかに大きい角度に設定すれば、傾斜樋に粉体を流すだけで大粒子と小粒子は上下層にほぼ完全に分離することを示した。この例からも粉体の均質化の維持は非常に難しいことがわかる。また、この分離の際には上層側に大粒子、下層側に小粒子となるため、両粒子が同じ密度である点を考慮すると重い粒子が上層側に偏析する状態となる。このように普段の経験からは予測しにくい結果となるのは、小さい粒子が大粒子の間を潜り抜けて下層側に達する粒子間パーコレーションが生じるためである。加えて、粉体の偏析は粒子径差がある場合だけでなく、密度差がある場合にも生じることが知られている。例えば、容器内に粒子密度が大きく異なる粉体を均質化した状態で投入後、粉体層に振動を加えると、偏析パターン（密度大の粒子が下層に多い層構造と逆の層構造）が振動条件により異なる現象[2)]などがある。

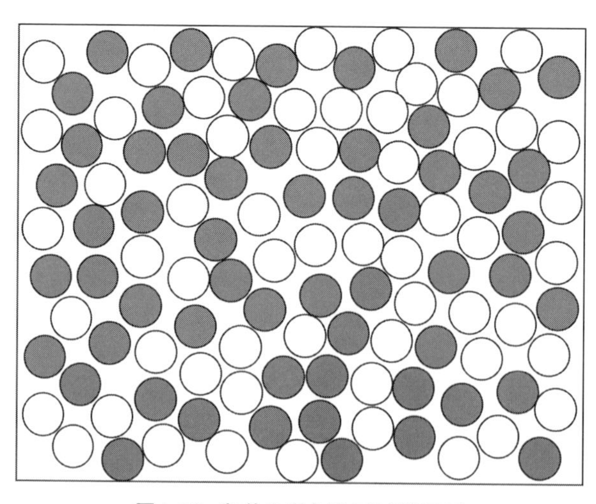

図4.4.2　粉体の完全混合状態概略図

粉体の混合の主なメカニズムは①対流（移動）混合、②拡散混合、③せん断混合の３つ[3]である。①対流（移動）混合は、容器自体の回転、攪拌翼の回転あるいは気流の導入などにより、粉体層内の粒子を容器内で大きく移動させることによる混合である。②拡散混合は、流動中に近接粒子との入れ替えによる局所的な混合である。③せん断混合は、流動中に粉体層へのせん断力により発生したすべり面でのすべりや、すべりに伴う粉体層の伸長運動による混合である。代表的な混合機として、ダブルコーン形ミキサー、V字形ミキサー、リボン形ミキサーなどがあり、①～③の混合メカニズムを組み合わせた装置機構となっている。上述したように、粉体の均質化の維持は液体の場合と比較して難しいため、混合状態の適切な評価が重要である。また、**図4.4.2**に示すように粉体の完全混合状態は、各粒子同士がそれぞれ交互に位置する状態ではなく、ランダムに位置する状態である。したがって、混合状態の評価は完全混合状態を基準として、所定の空間スケールにおける着目成分濃度の標準偏差値や分散値（標準偏差値の２乗）を用いた統計的な手法が用いられる。また、混合評価を正しく行うために、評価用のサンプルを偏析が生じないように取得することも重要である。

<参考文献>

1） S. B. Savage, C. K. K. Lun：*J. Fluid Mech.*, **189**, 311-335（1988）
2） 大山恭史, 内舘いずみ："粉体工学会誌", **35**, 218-221（1998）
3） P.M.C. Lacey：*J. Appl. Chem.*, **4**, 257-268（1954）

4.5 細かい粒子を集めて使いやすい粒にする

粒子を小さくすると、同じ質量当たりの面積が増大し、付着性が大きくなることで凝集する。したがって、粒子を小さくすると実際に使用する際には、扱いにくいため、様々な場面で微粒子のハンドリングが問題となってくる。そこで、小さな粒子や粉を扱いやすくするために、均一な形と大きさの粒を作り出す造粒操作が行われる。文字通り"粒"を造る操作のことであり、子供の頃に砂場でさらさらの砂に水分を含ませ、団子を作る砂遊びを経験した方は多いのではないかと思う。造粒は、粉や粒子では扱いにくいものを、徐々に凝集や被覆によって大きくしていく方法である。

造粒することで、粒子間の接触点が少なくなり、付着や凝集性が改善され、流動性がよくなる。例えば、医薬品の製造においては、造粒することで、粉体の流動性が改善し、有効成分の偏析を防ぎ、製剤の均一性が保たれる。さらに、その他の製品においても造粒操作は、輸送や貯蔵時において、流動性が良くなるだけでなく、微粉を抑え汚染を防止する効果もある。

造粒は、成長による方法、圧密による方法、液滴発生による方法の3つに大別できる[1)]。成長による造粒とは、主に湿式造粒として知られており、原料となる粉体を流動させた状態で、バインダーを適度に液体状で加え、粒子を凝集成長させていく（**図4.5.1**）。固体粒子に液状の結合剤を入れると、結合剤を含んだ液体が粒子の表面に広がり、粒子表面を濡らす。その濡れた結合剤の一部は、毛細管

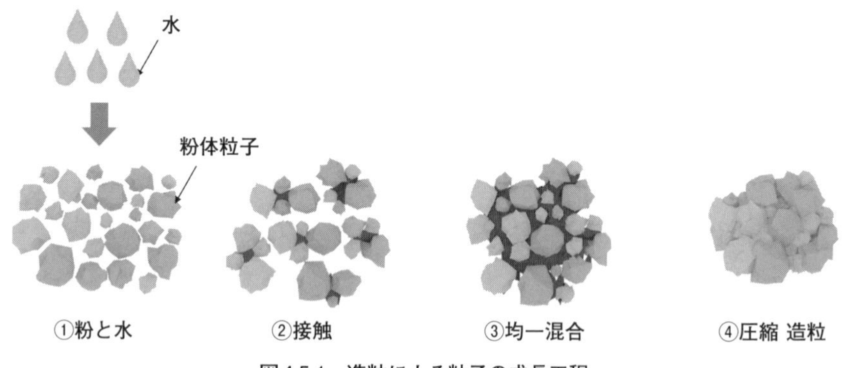

図4.5.1 造粒による粒子の成長工程

作用で粒子同士の空隙や粒子中の細孔から内部へ浸透する。液体が広がる速度と浸透力は主に液体および固体粒子の表面張力、あるいは固体粒子と液体の間に存在する界面張力によって決まる。湿式造粒では、造粒する際の粒子同士を結合させる液架橋が重要な役割を果たす。液体が物質に浸透することで湿潤状態の物質を形成し、液体中の分子が相互作用し、液架橋が形成される。この液架橋によって、粒子同士を結合させ、粒子の集合や固体化を促進することができる。その他にも、液架橋は粒子の成長制御や顆粒の硬さなどを保持するために重要である。湿式による造粒法は、特に医薬品製造において粉体を顆粒にする操作として多用されており、撹拌造粒、転動造粒、流動層造粒、押出し造粒など多くの方法がある[2)]。

撹拌造粒は、原料となる粉体を容器に投入して、回転するブレードで撹拌しながら水や結合剤を添加して、球形の粒子に凝集させる方法である。この方法では、撹拌することにより強いせん断力と圧縮力を受けて、粉体に対して混合や分散を行い、遠心力で造粒容器の内壁に衝突運動等で転動しながら粒子を凝集させる（**図4.5.2**）。

転動造粒は、回転体による遠心力を利用した、粉体の転動を用いた造粒方法である（**図4.5.3**）。金平糖の製造過程はこの造粒方式で製造されており、粉体を回転する装置内で転動させ、結合液を噴霧することによって、雪だるまが成長するように造粒体へと成長する方法で、球状造粒体が得られることを特徴としている。

図4.5.2　撹拌造粒

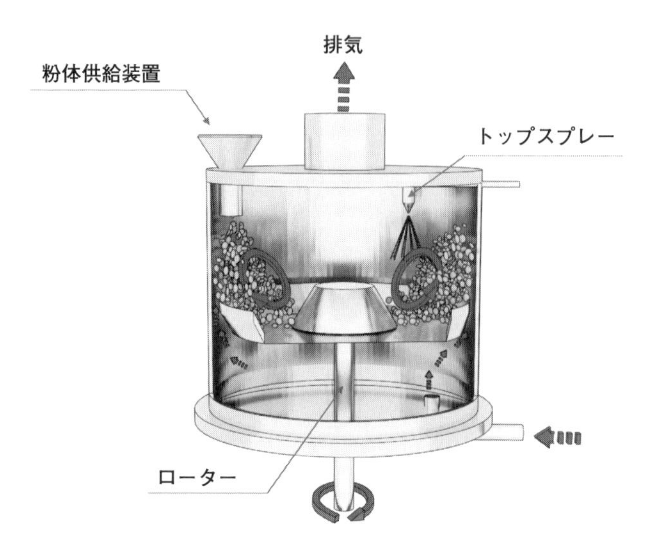

図4.5.3 転動造粒

撹拌造粒と転動造粒の粒子成長メカニズムについては基本的には同じであるが、撹拌造粒はブレードの回転により粒子が不規則的に転動しながら互いに衝突し凝集して大きくなるのに対して、転動造粒は粒子が重力と遠心力の影響により規則的に転動しながら一次粒子が結合して次第に大きくなる。撹拌造粒によって造粒体が作製される場合、凝集力の弱い粒子はブレードとの衝突または互いに衝突して崩壊し、その砕片が再び凝集して成長するところが転動造粒と異なる。

流動層造粒は、制御された気流の中で、粉体を空気で浮遊させながら結合液をスプレーで噴霧して造粒させる方法である（**図4.5.4**）。流動層内では気流中に粉体を流動させながら粒子を成長させるため、粉体の垂直運動による重力を利用している。流動層内で、噴霧されたスプレー液によって粒子間に液架橋が形成され、それが流動層下部から供給される温風によって乾燥されることで結合剤の固体架橋が形成されて造粒が進むため、不定形で軽質な造粒物が得られる。

押出し造粒では、粉体にバインダーとなる結合剤を添加して練合した湿潤物を、一定の口径から円柱状に押し出すことで、円柱状の造粒物が得られるが、カッターで切断されて、粒状となる（**図4.5.5**）。その他にも二軸押出式が用いられ、二軸エクストルーダではスクリューによって送られた粉体に結合液を添加して湿潤させ、パドルによって混練することで造粒が進行し、連続的に造粒物を得ることが

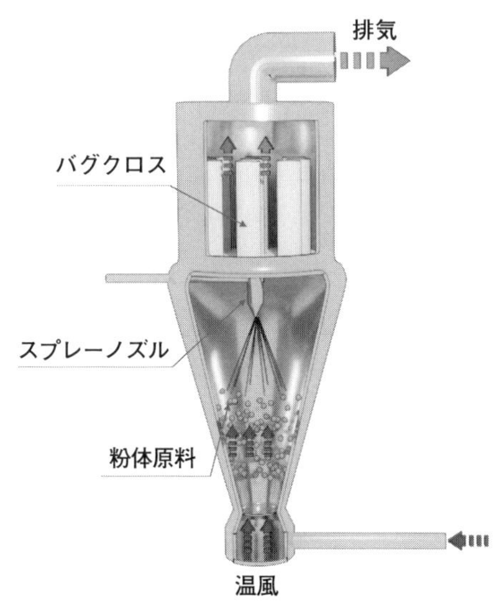

図4.5.4　流動層造粒

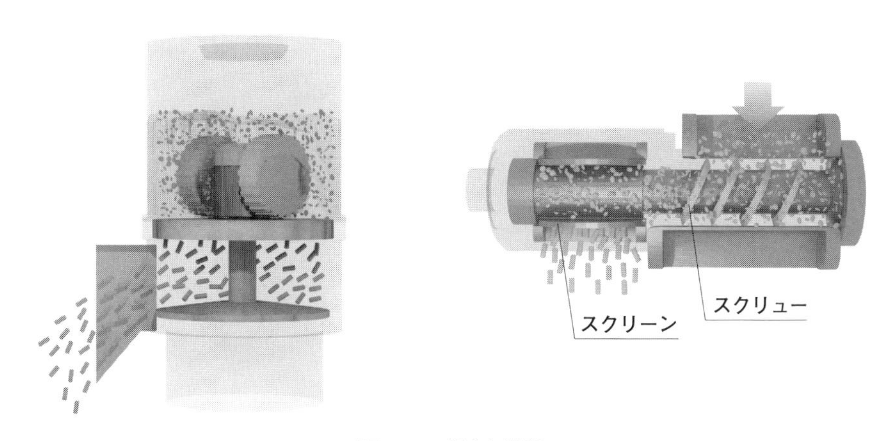

図4.5.5　押出し造粒

できる。この方法は湿式造粒であるが、粉体に圧力もかかるため圧密による造粒でもある。

圧密による造粒は、粉体に高い圧力をかけて粉体の集合体として造粒体を作製する方法である。実際には、ロールやピストンなどを使って粉体に圧力をかけながら、押し出して造粒する方法と、ロール間や金型部分で圧縮して造粒体を作製する方法がある。圧縮することで、粉体中での間隙が減少し、粒子同士が接触して結合することで、造粒体が生成する。さらに、金型に入れて圧縮した粉体は成形体として作製されるため、打錠になる。このような造粒においては、薬物以外に賦形剤、結合剤や滑沢剤などを混入させて作製する。

また、液滴発生による造粒としては溶融状態から冷却固化する方法と液体状態から急速乾燥させる方法がある。前者では、溶融状態にある物質をノズルから噴霧あるいは滴下することによって空気中または液体中に液滴を分散させ、急速に冷却することで、物質を固化させて造粒体を作製する方法である。一方、後者は溶液や懸濁液をスプレーで高温空気中あるいは液体窒素中に噴霧し、瞬時に乾燥させることで造粒体を造粒する。この方法を用いた造粒では、スラリー状態から直接粉体を得ることができるため、その他の工程を短縮することが可能である。また、噴霧乾燥前の前駆溶液を制御することによって、均一な粒子径や様々な粒子形態の構造を持った造粒体を作製することができる。さらに、医薬品の分野においては、難溶性薬物を非晶質化することで溶解性を改善するための技術としても利用されている。またこの技術は、化学品や食品業界でも汎用されている。

<参考文献>

1) 粉体工学会編："粒子設計工学", 産業図書 (1999)
2) 山本恵司："基礎から学ぶ製剤化のサイエンス", Elsevier (2016)

4.6 液体中の粉体をうまく乾かす方法

水分を含んだ物質から、その水分を蒸発させて乾いた物質を回収したい場合にとられる操作は、乾燥として知られている。日本では、ユネスコ世界文化遺産に登録された「北海道・北東北の縄文遺跡群」の構成資産の一つである青森県の三内丸山遺跡において、木の実や豆類などの食品が乾燥されて貯蔵されており、世界的にも紀元前のころから乾燥操作が食品貯蔵に利用されていることが明らかになっている。また、宇宙飛行士が宇宙で滞在中に食べている食材にも多くの乾燥品が利用されている。乾燥とは、液体中の物質に熱エネルギーを加え蒸発させ液体分を除去する操作のことをいう。縄文時代のころから、人は食品を長く保存させるために乾燥操作を利用してきたようである。

乾燥操作の目的としては、湿った材料から水分を蒸発させることで、粉体のかさ体積と質量を減少させ、流動性や充てん性を改善することであり、輸送や貯蔵を容易にすることができる。また、水分が存在すると、微生物を増殖させる原因となり、特に食品や医薬品などでは品質の劣化を引き起こす。そのため、最終製品の水分含量をある程度低下させることも乾燥の目的としてあげられる[1)]。

表面まで十分に湿った材料を熱風中にさらし、その材料中に含まれる水分である含水率と温度の関係を確認すると、乾燥には3つの期間が存在している。ここでは**図4.6.1**を用いながらその3期間について説明する。まず、材料を加熱するとその材料がある平衡となる温度にまで上昇する期間がある。この期間は材料予

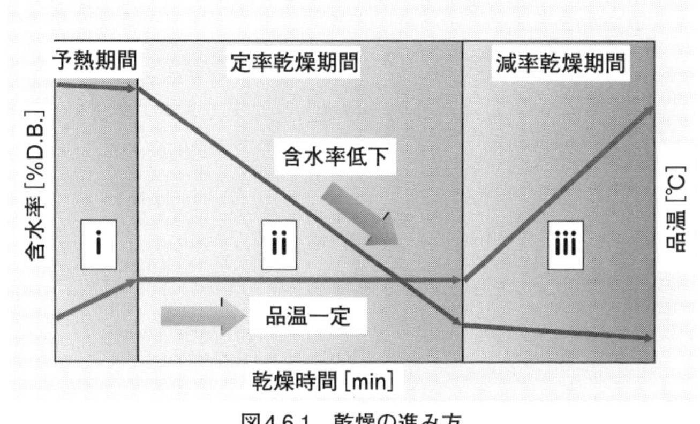

図4.6.1 乾燥の進み方

熱期間と言われる。その後、加熱しても材料から水分が蒸発することで熱エネルギーが使用されるため、材料となる温度は一定の値を保つ期間となり、これは定率乾燥期間と言われる。材料中に自由水が存在し、そこから水が蒸発している限りこの定率乾燥期間は続く。その後も加熱を続けると、材料表面の含水率は低下し、材料中の自由水の供給が蒸発速度に追いつかなくなる。そうすると、表面の自由水が失われ、材料自体の温度も上昇し始め、この期間は減率乾燥期間と呼ばれる。ここで加熱するときの熱の一部は水分の蒸発に、残りは材料の温度上昇に費やされる。乾燥の対象となる材料は食品に限らず、多種多様であるため、材料の乾燥特性を知るために、横軸に材料の含水率、縦軸に乾燥速度をとって描いた乾燥特性曲線が用いられる。以上のように、乾燥プロセスにおける状態変化を考えても乾燥方法は、最終となる材料や製品がどのようなものかによっても大きく変わってくることが考えられる。

対象となる材料の物性や特性によって、乾燥方法を選択する必要があるため、それに応じて多くの種類の乾燥方式を採用した装置が開発されている。対象物質への加熱方法によって、乾燥機は主に対流伝熱型、ふく射伝熱型、伝導伝熱型に分類することができる。対流による方法では、熱風と乾燥させたい対象となる物質を接触させて熱を伝え水分を蒸発させる方法である。装置内構造としては、外気を昇温し装置内に熱風を吹き込みその熱で物質を乾燥させる。対象となる材料と熱風とが接触することで水分を蒸発させることで乾燥が可能となる。この装置は高温で操作でき、さらに大量に物質を処理することができる。用途に応じた乾燥を提供するため、箱型や回転式あるいは流動式などの様々なタイプの装置が存在する。ふく射伝熱による乾燥では、電磁波の赤外線による加熱を利用した方法である。この方法も、対象となる物質に対して直接熱を伝えることができる。また、媒体による伝熱を利用した乾燥では、直接対象となるものに接触せず、金属などを蒸気や熱風などで加熱し、その加熱された金属板のような高温面を介して対象物質に伝熱して乾燥させる方法である。この方法は特に真空下において有効であるため、真空乾燥装置に利用されている方法である。

単なる乾燥ではないが、懸濁液や溶液などから水分を蒸発させて造粒操作を行うために利用する乾燥もある。造粒では結合剤を添加して、粒子同士の凝集物を作製したが、この時水分を蒸発させている。第2節でも簡単に触れられているように、セラミック材料などは原料粉体の粒子径が小さいため、一度粉体を液体中に分散させてスラリーを作製する。その後、液体中の粉体を取り出す方法として、スラリーを微小な液滴として飛ばし、短時間で乾燥させることによって粒子の集合体となる造粒物を作製する。特に、液滴を噴霧して乾燥させる噴霧乾燥法は、熱風中に溶液あるいは懸濁液を噴霧して、装置内においてわずか数秒間で乾燥させる方法であり、物質に与える熱的負担も小さいため、食品や医薬品製造においては広く利用されている。噴霧乾燥では、作製する材料にもよるが、食品材料などを懸濁液から噴霧乾燥法で粒子を得る場合、装置内温度は200℃に達することもよくある。食材をてんぷらにするときでさえ、油は150℃程度であるが、200℃近くに温度を上昇させて食品を乾燥させようとすると、酸化や劣化などの影響を受けるのは当然である。しかし、噴霧乾燥法によって水分を蒸発させて粒子を乾燥させるとき、比較的ダメージが少ないのは、食品の温度が熱風温度よりも低くなるためであり、これは定率乾燥期間による乾燥状態であるためだと考えられる。このような乾燥操作はまさに造粒操作と表裏一体であるため、造粒と乾燥を理解しておくことで、粉体のハンドリング性や保存安定性を向上させることができる。

熱に弱い物質に対しては凍結乾燥を利用して、溶媒を除去して乾燥品を得る方法が利用されている（**図4.6.2**）。相図を使って凍結乾燥法について説明すると、試料中の水分を氷点以下で凍結させ、その状態のまま昇華によって水分を除去・乾燥させる（**図4.6.3**）。水は大気圧時では100℃で沸騰するが、圧力を下げることにより沸点が下がる。通常の熱乾燥は、液体が気体へ蒸発するのに対し、凍結乾燥は氷から気体へ昇華する乾燥である。サンプル溶液を凍結した状態で水分だけを昇華させて乾燥させる方法であるため、固形成分は水分の蒸発によって、蒸発

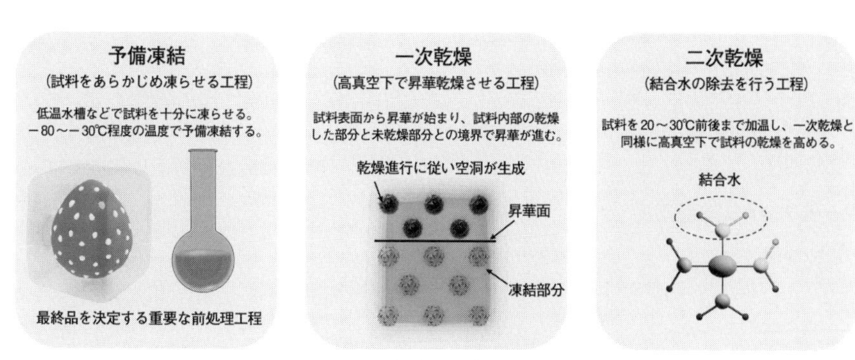

図4.6.2　一般的な凍結乾燥のプロセス

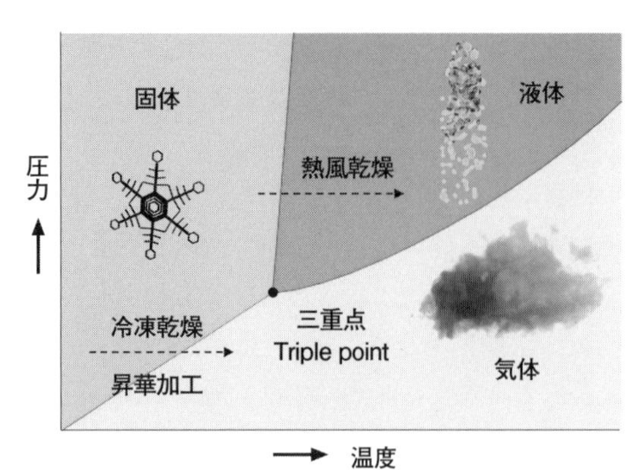

図4.6.3　相図による氷の昇華

した水分が空洞となって、多孔質な最終品ができることが多い。そのため、乾燥物は比表面積が大きく、水への再分散性もよく、熱による酸化しやすい物質や味が変わるような物質に利用されており、身近なところでは味噌汁などにも利用されている。

<参考文献>

1)　水科篤郎・桐栄良三著：“化学工学概論”, 産業図書（1974）

2)　古田　武：“日本食品科学工学会誌”, **51**, 441-448（2004）

4.7 粉体を固めて形を作る

材料を大きく分類すると、有機材料（高分子、バイオ材料など）、無機材料（金属、酸化物など）に分けられる。材料を製品化する際の加工・成形法を考えると有機材料のプラスチックおよび金属材料は一度高温で溶融し成形体に加工することができる。一方セラミックスは、粉を固めてから焼いて製造されている。医薬品の錠剤も、造粒操作によって流動性を高めた粉体を、打錠と呼ばれる操作で圧縮して成形することによって製造されている。このような物質を固めて形を作る成形法としては、溶融したものを鋳型に流して成形する方法、粉体を液体に分散させてスラリーの状態で塗布や鋳込成形する方法、さらに乾燥して造粒した粉体を乾式で型に充てんして圧縮成形する方法などが一般的である。粉体を固めて形を作る方法である成形法には乾式成形、塑性成形および湿式成形が主な成形法として知られている。

原料に直接的な力を加えて成形体をつくる加圧による圧縮成形は乾式成形法としてよく利用されている。圧縮成形する目的として、成形品が中間品か最終品かによって異なっており、例えばセラミックスなどの場合は中間品であるのに対して、医薬品の錠剤では最終品となる。セラミックス材料を作製するためには、セラミックス粉を圧縮成形した後、焼結が必要なためできるだけ微細な粉体を用い、また成形体内の密度分布を均一にすることが求められる。一方、医薬品の錠剤においては最終品のため、錠剤に含まれる有効成分が適切に含有し、運搬などの時に錠剤が破損しないような強度が必要な一方、体内では適切に崩壊する必要がある。錠剤を作製する際には、二軸圧縮成形が利用されることが多い。医薬品の錠剤を圧縮成形する打錠は、非常に高速で粉体を圧密させる回転打錠機がよく用いられるが（**図4.7.1**）、充てん密度分布の不均一性はせん断力による錠剤の欠けなどを引き起こす恐れがある。一軸圧縮成形に比べると二軸を利用することで、充てん密度分布やせん断応力を避けることが可能である。また、粉体層の成形体を得るときに、より均一で等方的な力で成形する乾式法は等方圧成形法と言われる。この方法では、予備成形した成形体を密封し、粒子間に残存する空気を真空ポンプで吸引した後、成形体を液体に浸し加圧することで等方圧を成形体に加える。密度分布やせん断力の発生を低減させるために、製造現場においては等方圧成形法もよく利用される方法の一つである。

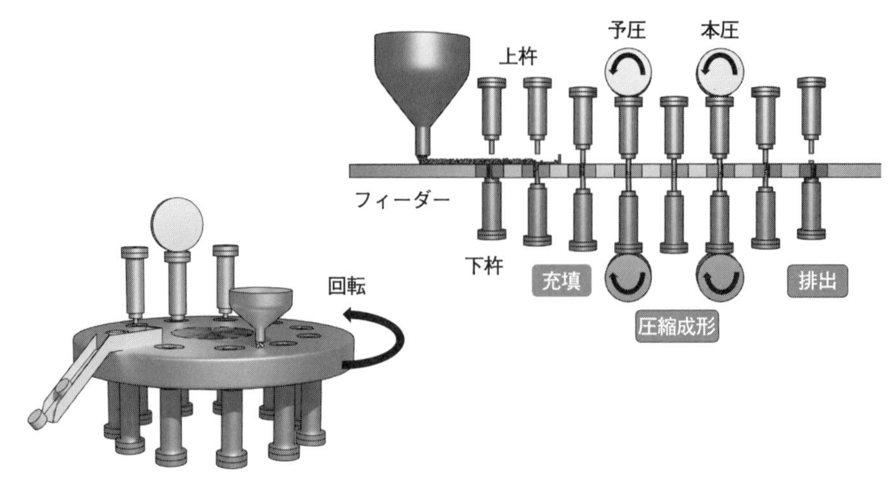

図4.7.1 乾式成形法の圧縮成形を利用した回転打錠機

プラスチックを作製するときに使用される方法として、射出成形が一般的である。プラスチック樹脂を加熱して原料を一度溶融し、金型内に流し込んだ後、冷却固化して目的となる形のプラスチックを作製する方法である。この射出成形については、金属でも同じように金型に溶融した金属を流し込んで作られるが、ここでは特に粉体を利用したセラミックスや医薬品の錠剤での成形について取り上げて説明することとする。

セラミックスでは、複数の成分の粉体を混合して液中に分散させて、スラリーとなる懸濁液を調製する。この懸濁したスラリーを様々な塗布や鋳込などによって、最終的に液体を取り除いて成形体を得る方法が用いられている。このように粒子を液体中に分散させてから液体を除去して成形体を得る方法は湿式成形法と言われる。この方法によって最終的に得られる製品は、懸濁液となるスラリー中における粒子の分散や凝集状態によって大きく影響を受ける。懸濁液には、粒子の分散や凝集を制御するために界面活性剤や分散剤が添加されることもある。添加のような化学的操作以外にも、スラリー中の粒子を分散させるために撹拌や超音波といった物理的な操作によって粒子の分散や凝集状態が制御される。湿式成形法の代表的な方法として、薄膜成形法、鋳込成形法、電気泳動成形法がある。

薄膜形成法は、液中に粒子を懸濁したスラリーを基板などに塗布することで薄膜状に成形する方法であり、塗布成形とも呼ばれている。基板に塗布して乾燥させるため、コーティングプロセスとしても注目されている。また、簡便で再現性よく塗布できる方法として、スピンコートとディップコートが知られている。スピンコートは、回転遠心力を利用した塗布方法で、膜厚を自在に調整できる強みを有している。**図4.7.2**のように、スピンコート法では平滑面に懸濁液のスラリーを供給し、その面を回転させることで、中心部にあったスラリーが遠心力によって外側に移動し、溶媒が乾燥して薄膜が形成する。この方法は様々な成形体を作る方法として利用されている。ディップコート法では、スラリー中に平滑な基板を浸し、液体の表面張力を利用して基板をゆっくりと引き上げることで、薄膜としてスラリーが基板上に形成される（**図4.7.3**）。いずれの方法でも粒子層の数として数十層程度からなる膜になるため、比較的簡単で低コストな手法として、様々な分野で利用されている。しかし、粒子径が小さいスラリーによって薄膜を形成

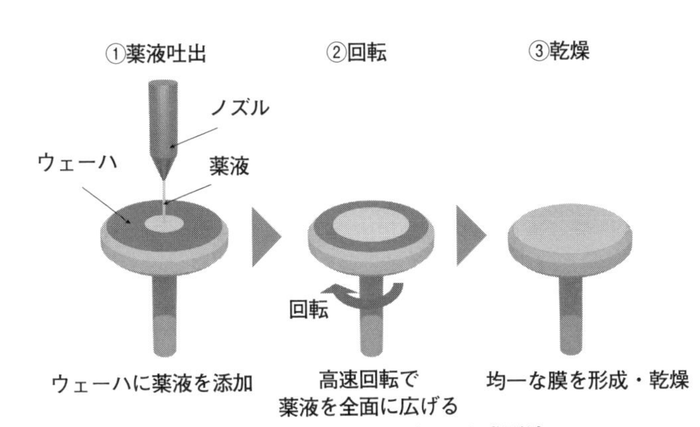

図4.7.2　スピンコートを利用した成形法

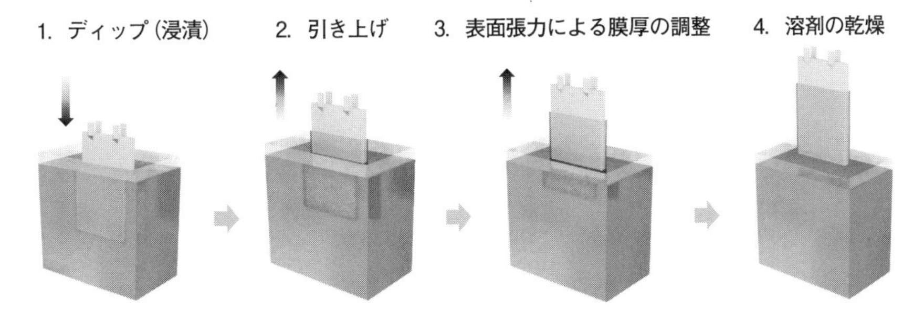

図4.7.3　ディップコートを利用した成形法

させようとすると膜の均一性や厚さの制御は難しい。

鋳込成形法は、セラミックスの成形において特に陶磁器などの成形体を作製するときに昔から使用されている方法である。スラリーを石膏型に流し込むと、石膏は多孔質素材であるためその細孔内に毛細管現象によって、水分が石膏の部分に吸収される。そのため、スラリー中に含まれる粒子が石膏型の形状に堆積し、粒子層が形成される。その後堆積した粒子層を乾燥させて、固化すると成形体が得られる。

電気泳動成形法は、液中で粒子表面が帯電することを利用し、スラリー中に電極を入れてそれぞれの帯電状態によって粒子が電極に泳動し、その粒子が電極板上に堆積することで成形させる方法である（**図4.7.4**）。この方法は当初、石英粉を用いて希薄な系で行われていたが、近年は濃厚なスラリーに対しても適用されるようになっている。この方法を利用する際に、粒子表面の帯電状態が非常に重要となる。そのため、溶媒のpHや界面活性剤などを利用して粒子表面の帯電状態を変化させ、泳動速度を調整することで電極への堆積を制御する。

以上のように成形技術はセラミックス、医薬品、金属材料など様々な分野で利用されており、高品質な最終品を作製するためには、スラリー状態や粉体の混合状態などの段階から精密な設計を行い、最終的に成形体を作製することが重要である。

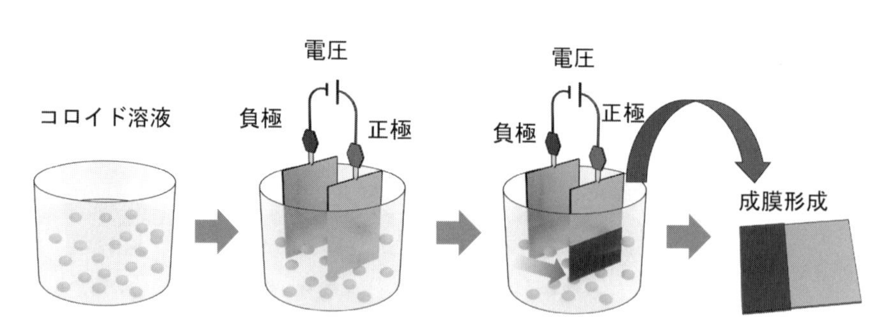

図4.7.4　電気泳動法による成形法

4.8 粒子を並べて材料の微細構造を制御する

一つ一つの粒子内の結晶構造や複合構造を制御することは、粒子材料としての機能発現のために重要な技術である。しかし一方で粒子集合体である粉体の構造制御は、個々の粒子の特性を積算し、また粒子界面特性も付与されるため、様々な形態の材料開発に貢献する。近年、3Dプリンターなどの革新的な材料製造技術が急速に発展しているが、これらの新技術に対しても、原料として粉体が用いられることが多く、粒子の集積はその特性が材料や製品の品質に大きく影響することが知られている[1)]。そこでこの節では、微粒子のアセンブルした集積体についてその方法や機能を概観し、微粒子集合体の構造制御について触れる。

粒子の集合構造を制御するとどのような効果が表れるのかを考えたとき、分かりやすい例は、モルフォ蝶に代表される色の変化であり、蓮の葉に見られる撥水現象だろう。蝶の羽には鱗粉が整列しており、また一枚の鱗粉内も筋状の構造が見られ、また筋一本にもナノレベルの規則構造がある[2)]。この複雑であるが、ある種の規則性と不規則性を持った構造と光との相互作用でモルフォブルーの発色が見られる。また、蓮の葉の撥水も、葉の表面の撥水成分の効果もあるが、表面の微細構造に起因する水との大きな接触角によって濡れ難くなっている[3)]。このようなナノレベル表面構造の妙は、自然界では想像以上に多く存在し、これを模したバイオミメティックを基本とした材料開発は現在も盛んに行われており、その際に重要なことはいかに微構造を制御できるかということになる。

微構造制御法の一つとして紹介する粒子集積法は、粒子を並べる技術である[4)]。極めて精緻に粒子を並べようとすれば、一つ一つ扱うしかない。顕微鏡下でピンセット、静電気、負圧、付着力を利用し、粒子捕獲によって並べる方法が提案されている。また、粒子の捕獲方法として光や超音波などの外力で粒子を捕まえ移動させる方法などもある。いずれにしても個々の微小粒子を正確に扱う方法ではあるものの量をこなすには時間を要する。ある程度の量を短時間で集積させる方法としてよく用いられるのがコロイドプロセスである[4)]。比較的微小な粒子が分散した懸濁液、コロイド溶液を鋳型や外力を使って集積させる。ここでは4.7節でも触れた電場を利用した例を示す。コロイド溶液内に電極を設置し、電場を印加すると、溶液中で帯電した微粒子がその極性に応じたクーロン力で電極表面に集積する。溶媒の種類、pH、印加時間、懸濁濃度などを変化させることで、堆

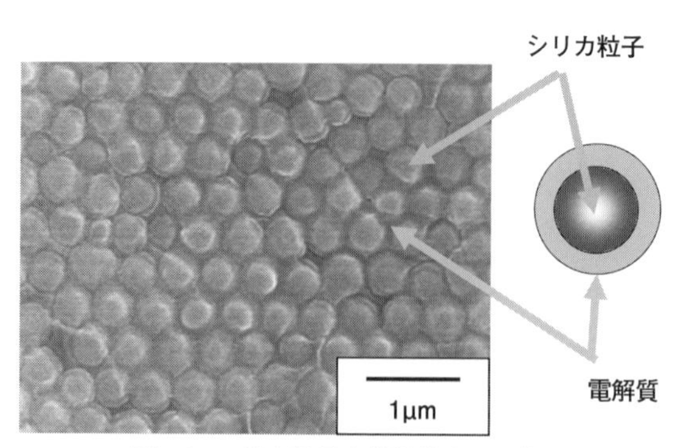

図4.8.1　複合粒子を集積化させた粒子膜

積層の厚みや配列の仕方などが比較的容易に制御できる。**図4.8.1**は、シリカ粒子に電解質をコーティングした複合粒子を、電場を使って集積化した膜の写真である[5)]。シリカ粒子間に電解質が隙間なく埋められている様子が分かる。規則配列させることで粒子の充填率が向上し、接触抵抗と界面の増大によりイオン伝導の向上効果も見込まれる。このように、集積化することで機能の高度化が図れるなど、機能性材料開発に微構造制御は不可欠な技術である。

<参考文献>

1）　内藤牧男：“化学工学”, **86**, 565-568 (2022)
2）　齋藤　彰：“日本画像学会誌”, **53**, 216-223 (2014)
3）　細野英司ら：“産総研TODAY”, 26-27 (2006)
4）　目　義雄ら：“粉砕”, No.**54**, 28-35 (2011)
5）　中村幸太ら：“粉体工学会誌”, **46**, 236-243 (2009)

4.9　粉を自由に輸送・供給する

工業レベルでの粉体の輸送装置は、各種コンベアーやカプセルを利用した輸送や、管内に空気や水などの媒体を導入し、媒体を利用して粉体を輸送する方法などがある。何を、どれだけの量、どこまで運ぶのかによって適切な方式の選択が求められる。ここでは空気輸送を紹介する。空気輸送の場合、作動空気供給源を粉体の投入する前部に設置し、輸送管内の気流にのせて粉体回収部まで運ぶ方法（圧送式）と空気を吸引するよう設置し、粉体の供給部と回収部で生じる圧力差を利用する方法（吸引式）などがある。圧送式は、一カ所から複数の回収部に粉体を運ぶ場合に用いられ、吸引式は、多数箇所の供給部から一カ所に回収する場合に用いられる。空気輸送の設計において、圧力損失は重要な因子になる。流動する粉体が関係する圧力損失の原因としては、粒子と壁面との摩擦などがあげられる。できるだけ圧力損失を減らすことが、コストの低減につながることは言うまでもないが、乾式輸送であるため摩擦による帯電が大きいなど、プロセス導入には他にもいろいろ考慮すべき点がある。

続いて粉体の供給であるが、供給部はプロセスの操作端としての役割を持つ。したがって、動的な応答が速いこと、再現性のある定常特性を示すこと、さらに静特性すなわち排出流量とその操作変数との関係が線形であることが望ましいとされている。供給機構ごとにその特性は異なり、多くの装置が開発されている。特に近年、電子部品や電池材料などの製造工程において、原料粉体である数ミクロンあるいはサブミクロンの微粒子を微小部に供給するなど、供給の精度を要求される場合が見られ、医薬品における高速打錠で求められる供給速度の向上と相まって、供給装置の開発が盛んに行われている。

一方、比較的少数の粒子を特定の場所に、できるだけ正確に供給するプロセスと考えることができるものに電子写真、プリンターがある。電子写真は、数ミクロンのトナー粒子を印字する技術であるが、複合化されたトナー粒子を帯電させ、逆極性に帯電させた紙にトナーを搬送、供給し、それを加熱して定着させるプロセスである。このプロセスは、極めて複雑で巧妙な技術の集まりのように思うが、粉体特性をうまく利用したプロセスであることは間違いなく、粉体プロセスの設計にとって素晴らしい教科書である。

第 5 章
粉体の特性を知る方法

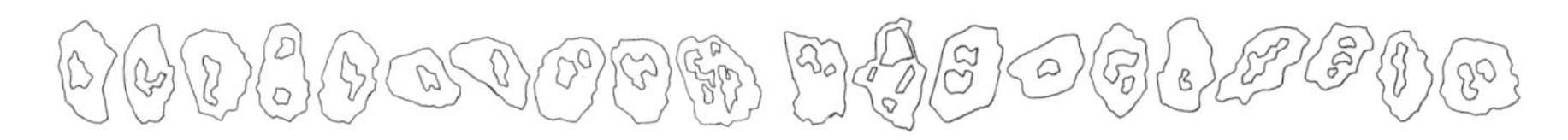

第５章　粉体の特性を知る方法

粉体を自在につかいこなすためには、粉体の持つ特有の性質を正しく測定し評価することが不可欠である。本章では、粉体の基本的な特性を評価する方法を紹介する。具体的には、粉体を構成する粒子の大きさとその分布（粒子径分布）や粉体の付着、流動特性などの評価法について説明する。さらに、AIなどの情報技術の発展と連携して今後の発展が期待される粉体プロセスの自動化へ貢献する測定技術についても紹介する。

粉体の特性を知る方法

5.1 はじめに

粉体の特性を知るには個々の粒子の特徴と粒子集合体としての特性、両者を計測することが必要である。粒子に働く付着力と慣性力との関係よりおおよそ50μmを境として大きい側は慣性力が勝り、さらさら流れる粉体で粒体とも呼ばれる。小さい側は付着力が優位となり、互いにくっつき凝集して流れる粉体である。**図5.1.1**に粒子に作用するそれぞれの力を示す。2.3節でも詳しく述べられているように、慣性力の重力 (F_g) は粒子径の3乗、付着力として働く静電気力 (F_e)

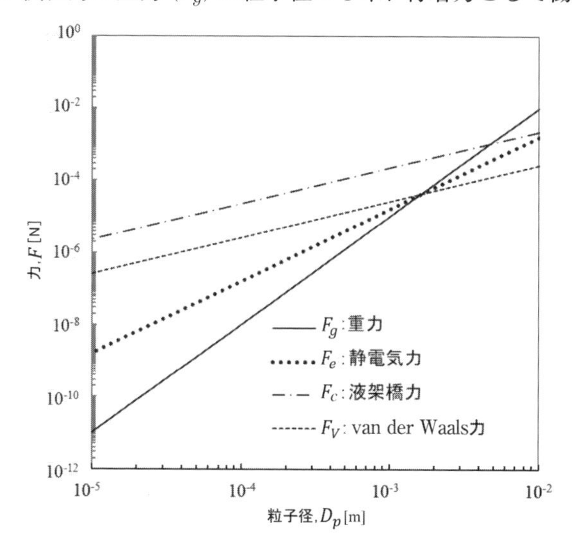

$F_g=\rho_p\frac{\pi D_p^3}{6}g$, $F_e=\frac{\pi\sigma_1\sigma_2 D_p^2}{4\varepsilon_r\varepsilon_0}$, $F_c=\pi\gamma D_p$, $F_V=\frac{AD_p}{24h^2}$

$\rho_p=2000\mathrm{kg\cdot m^{-3}}$, $g=9.8\mathrm{ms^{-2}}$, $\sigma_1=26.5\mathrm{\mu C\cdot m}$, $\sigma_2=-26.5\mathrm{\mu C\cdot m}$

$\varepsilon_r=4$, $\varepsilon_0=8.85\times10^{-12}\mathrm{F\cdot m^{-1}}$, $\gamma=0.072\mathrm{N\cdot m^{-1}}$, $A=1.0\times10^{-19}\mathrm{J}$, $h=0.4\mathrm{nm}$

ρ_p: 粒子密度　σ: 表面電荷密度　ε_r : 比誘電率　ε_0: 真空の誘電率

h : 粒子間距離　γ : 表面張力　A: ハマーカー定数

図5.1.1　粒子径に対する粒子間付着力および重力

は粒子径の２乗、液架橋力 (F_c) とvan der Waals力 (F_v) は粒子径の１乗にそれぞれ比例するため、粒子径が約2～4mmで慣性力と付着力が逆転する。これは図5.1.1に示した各値で計算されたものであり、実際には湿度が高いと静電気力は小さくなり、またvan der Waals力は粒子表面の僅かな粗さにより急激に減少する。さらに粒子群は均一径ではなく粒子径に分布を持っている。したがって、実際の操作においては先に述べたようにおおよそ平均径50μmを境として、粒子群の挙動が重力支配から付着力支配に変わり、流動性の低下や凝集体の発生により粉体の特性は大きく変化する。そこで、粉体の特性に最も影響が大きい粒子の大きさの測定法の説明から始める。

5.2 粉体を構成する粒子の大きさとその分布を知る方法

粉体の最も基本的な物性である粒子径の定義は、粉体を扱い始めて一番戸惑うことではないだろうか。粒子が球だと大きさは直径で決まるが、多くの産業界で扱われる粒子は複雑な形状を有しているため、粒子径の測定法の原理に応じて定義される径がそれぞれ異なり粒子径分布の値も異なってくる。したがって扱う粉体プロセスの物理現象を考慮して、用いる測定方法と代表径（定義径）を選定すべきである。ここでは代表的な粒子径分布測定法を紹介し、同時に定義される粒子径を示していく。

5.2.1 ふるい分け法

試験用ふるい（JIS Z 8801）を目開きの小さなものから順に重ねて、振とう機（ロータップ式、電磁振動式）にセットし、上部にサンプルを投入後、機械振動により一定の時間、振幅、振動数でふるい分ける。それぞれのふるい上に残ったサンプルを秤量して粒子径分布を求める。重力場では主に45μm以上の粉粒体で用いられる。音波および超音波振動やふるい補助剤（ビーズ等）を併用して付着性粉体の分散と目詰まりの除去の効果で、約20μmまで乾式でのふるい分けが可能となっている。

さらに強固な凝集性を持つ微粉体をふるい分けるには、粉体を水などの溶媒に分散させたスラリーとしてふるい分ける湿式法が用いられる。前処理として、粒子表面の特性を考慮した適当な溶媒や分散剤を選定し、超音波振動や解砕装置で

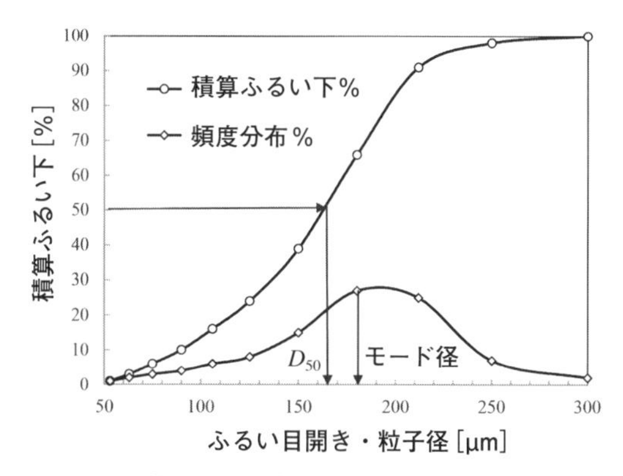

図5.2.1　粒子径分布（頻度分布、積算ふるい下分布）

凝集粉体を十分に分散させる必要がある。20μm以下のふるいとしてはマイクロシーブが用いられ、最小2μmが提供されている。

用いたふるいの目開きを横軸に、サンプル全量に対するそれぞれのふるい上のサンプル量割合をプロットすると種々の大きさの粉体の割合を示す粒子径の頻度分布が得られる。また、目開きの小さい方から順に積算してプロットすれば積算ふるい下分布が得られる。この二つの分布図より平均径としてモード（最頻値）径とメディアン（D_{50}）径が求められる（**図5.2.1**）。一般的に積算分布にふるい下積算分布という表現が用いられるのは、このふるい分け法に起因する。またふるい分け法では粒子群の質量分布が求められるので得られる粒子径分布は質量（体積）基準となり、粒子径は目開き径で定義される。

粒子径以外に粒子の大きさを表す言葉として粒度があるが、粒度は大きさの程度を表すときに用いられる。例えば砥石の粒度はふるい分けによって分級された粒子群の大きさを示し、使用されたふるいの目開き間の粒子径分布を持つため、粒子径と粒度は使い分ける必要がある。

5.2.2　沈降法

静止流体中を速度vで重力沈降する粒子（粒子径：D_p, 質量：m）には、下向きの重力mgと上向きの流体抵抗力fと浮力bが作用する（**図5.2.2**）。重力と浮力は粒子の体積に依存して一定値であるが、流体抵抗力は粒子の速度vに依存する。したがって、粒子の速度は沈降直後では加速するが、やがて下向きの力と上向き

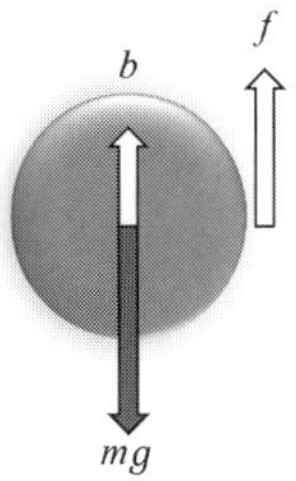

$$m\frac{dv}{dt} = mg - (f + b)$$

$$f = C_d \pi \left(\frac{D_p}{2}\right)^2 \rho \frac{v^2}{2}$$ C_d:抵抗係数

$$b = \frac{4}{3}\pi \left(\frac{D_p}{2}\right)^3 \rho g$$ ρ:液体の密度

$$v_t = \frac{g(\rho_p - \rho)}{18\mu} \cdot {D_p}^2$$ 終末沈降速度

図5.2.2　静止流体中を重力沈降する粒子に働く力

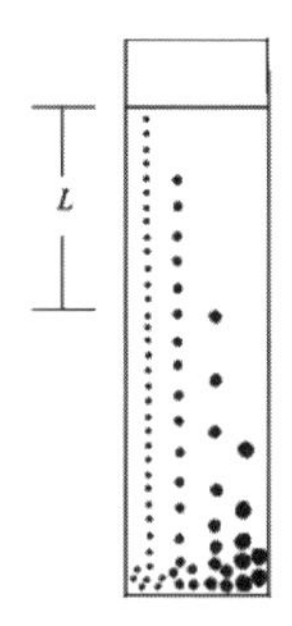

図5.2.3　一定時間経過後の粒子群の沈降状態を模式的に表示

の力が釣り合って等速運動となる。これが単一粒子の終末沈降速度v_tで粒子径に依存する。

そこで、**図5.2.3**に示すように粉体試料を液体中に均一に分散させて静置し、液面からある深さLの位置で粒子の沈降状態を観測すると、時間とともに大きい粒子から順にその大きさの全粒子が観測位置Lを沈降する。したがって、液面から深さLの位置における粒子の存在量の時間的変化を測定すると粒子径分布が得られる。この測定法で重要なことは液体中に粒子を均一に分散させて沈降中に個々の粒子が互いに干渉しない濃度に調整することである。また粒子径が小さくなると重力場では測定時間が長くなるため遠心場を用いて粒子の沈降速度を大きくして測定する。粒子径は測定した粒子の沈降速度と等しい沈降速度を持つ球径粒子の直径であるストークス径で定義される。粒子の存在量を観測するには次に示すような方法がある。

①　ピペットを挿入して一定量を取り乾燥秤量する；アンドレアゼンピペット法

②　その位置での密度を測定する；ケリーチューブ法、比重計法

③　光、X線などの透過率を測定する；光透過法、X線透過法

5.2.3　レーザー回折・散乱法

レーザー回折・散乱法は粒子にレーザー光を照射すると粒子径に依存して回折や散乱パターンが変化することを利用する。気相中や液相中に分散した粒子群にレーザー光を通過させ各粒子の回折・散乱パターンの総和を全周方向のディテクターで検出し、専用の解析ソフトにより種々の径の球形粒子の理論的なパターン

と比較することで粒子径分布が求められる。レーザーの波長より大きい粒子はミー（Mie）散乱であるが、粒子径が小さくなると等方的な散乱パターンのレイリー（Rayleigh）散乱となり粒子径に依存しなくなるため、測定可能な粒子径レンジは約30nm～3mmである。測定時間が短く再現性や精度も良く操作も簡単なため、種々の分野で最もよく利用されている。多くのメーカーから測定装置が提供されているが、粒子の形状や屈折率の影響を考慮しなくてはならないため、各社の解析ソフトによって測定結果が異なることがあり注意が必要である。得られる粒子径は、同じパターンを持つ球形粒子の直径である回折・散乱相当径で定義される。

5.2.4 動的光散乱法

レーザーの波長より小さいナノサイズの粒子は、液体中でブラウン運動をしておりその拡散係数Dは次のStokes-Einstein式で与えられる。

$$D = kT/3\pi\eta D_p \quad \cdots (5.2.1)$$

ここで、kはボルツマン係数、Tは温度、ηは溶媒の粘度である。動的光散乱法は、この拡散係数が粒子径に依存することを利用してナノ領域の粒子の径を測定する。粒子にレーザーを照射すると光散乱強度は粒子のブラウン運動によりゆらぎ、動きが速い小さい粒子からは激しく変動する波形が得られ、動きが遅い大きい粒子からは緩やかな波形が得られる。ディテクターで検出された粒子群からのゆらぎの波形を「周波数解析」あるいは「相関関数解析」により粒子径分布を求める。測定可能な粒子径レンジは1nm～10μm程度であり短時間で低濃度でも高濃度でもナノ粒子を直接測定できるなど利点が多い。一方で、散乱光の強度は粒子の大きさに強く依存し、Rayleigh 散乱の領域では粒子径の6乗に比例するため分布幅が広いと大きい粒子の影響が強く出て、分解能が落ちるため注意が必要である。またその測定結果は、逆演算を行うアルゴリズムに強く影響されるため、この手法も測定結果は解析ソフトに依存する。粒子径は同一条件で分析対象の粒子と同じ並進拡散係数Dを持つ球の直径である流体力学的直径（HDD）で定義される。

5.2.5 画像解析法

画像解析法は個々の粒子の画像を光学顕微鏡や電子顕微鏡で撮影し、幾何学的に粒子径を直接測定するため粒子径分布と同時に粒子形状分布についても情報が得られる長所がある。粒子径はFeret径、Martin径や定方向最大径などの幾何学的代表径や投影面積円相当径が測定され、形状係数については円形度、アスペクト比、包絡度（周囲長／面積）など多くの2次元に関する値が測定できる。短所としては、測定データ数を多くしないと精度の高い結果が得られない点である。特に分布が広い場合には、より多くのデータが必要となる。これを補うため動的画像解析法が開発されている。分散ユニット（湿式または乾式）から流れてくる粒子群をCCDカメラで連続的に撮影し、解析ソフトで瞬時に測定するため、短時間で数万個の処理が可能である。解析ソフトでは二値化処理によって粒子の輪郭を判別するため、二値化のしきい値の設定には注意を要する。

画像解析法では、個々の粒子を解析するため個数基準の粒子径分布が得られる。ふるい分け法では質量基準、レーザー回折・散乱法では体積基準の分布が得られ、それぞれの基準を把握しておくことが必要である。すなわち、同じサンプルを測定してもどの基準で測定したかで結果は大きく変わる。個数基準分布から体積基準分布への変換は、粒子を球形として各粒子個数に粒子径の3乗D_p^3を掛けることで計算でき、**図5.2.4**に示すように頻度分布は粒子径の大きい方に大きくシフトする。

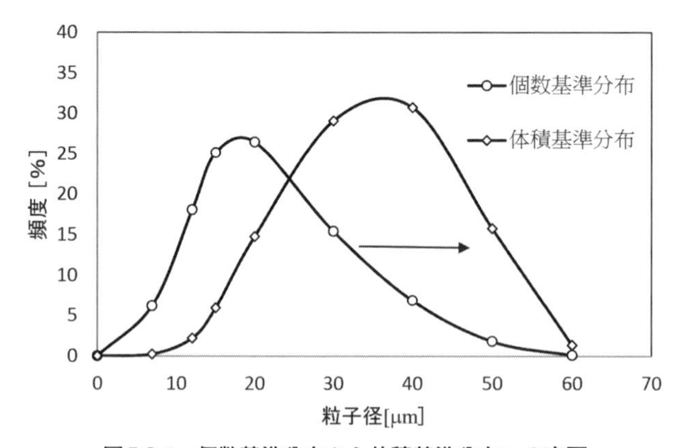

図5.2.4 個数基準分布から体積基準分布への変更

5.3　粉体の付着性、凝集性、流動性を知る方法

固体を粉体にして扱う最大の目的は気体や液体と同様な流動性を得ることである。しかしほぼ一定の体積（密度）で流動する液体と違い、粉体の流動は個々の粒子が接触および衝突しながら流れるため、流速により粉体層の空間率（かさ密度）は大きく変動する。さらに接触点での付着性や摩擦特性により静止状態と動的状態を繰り返す不連続流動も示すため、粉体を取り扱うプロセスで種々の問題をおこす。粉体処理を安定に行うためにはこの粉体の流動特性に影響を及ぼす因子について、多方面から評価する測定法が不可欠である。ここでは、気相中における粉体の付着性、凝集性および流動性の評価法を紹介する

5.3.1　粉体の付着性および凝集性

付着力により、粉体が壁などにつく付着性と粉体粒子が互いに付着して凝集体をつくる凝集性は区別せずに付着・凝集性として扱うことが多い。付着力の測定法には個々の粒子を取り扱う場合と粉体層を対象とする場合とがある。個々の粒子を対象とする場合、５章のはじめに記したように粒子に付着力として働く相互作用力としては静電気力、液架橋力とvan der Waals力があり、実際にはこれらが粒子特性や雰囲気に依存して複合した付着力として働く。粒子間や粒子壁間の付着力測定としては、単一粒子について原子間力顕微鏡（AFM）を用いて測定する方法もあるが、粉体プロセスで扱う粒子径分布を持つ粒子群を直接測定し付着力の平均値を求めるほうが有効である。

代表的な測定法である遠心法[1]では、**図5.3.1**に示すようにサンプルを基板に散布し高速遠心機の回転角速度ωを低速から順次上げていき、付着力の小さな粒子から遠心分離していく。各遠心加速度$r\omega^2$で残留した粒子の画像を撮影して粒子の残留率から分離率を算出する。同時に分離力（付着力）Hを粒子密度ρ_p、それぞれの粒子径および遠心加速度から算出する。

$$H = \frac{\pi}{6} D_p^3 \rho_p r \omega^2 \qquad \cdots (5.3.1)$$

分離力を徐々に大きくしたときの分離率は粒子付着力の累積分布に対応するので、累積分布50％の値を平均付着力とする。専用のカメラで撮影し、画像解析ソフトで自動測定すれば、素早く統計的な値が求められる。ミクロンサイズの粒

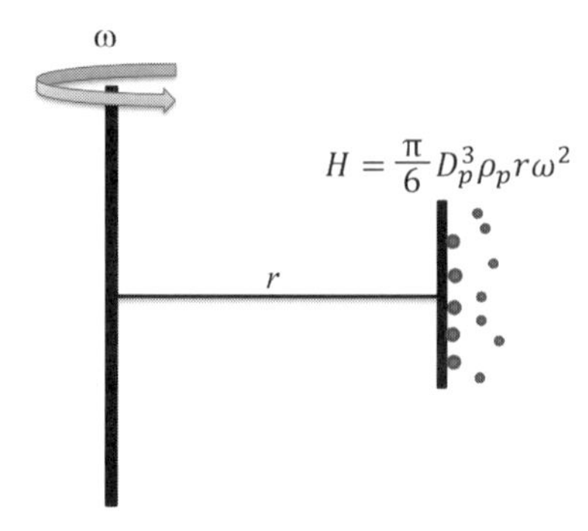

図5.3.1　遠心分離する粒子に働く力

子の計測も可能となっている。遠心加速度のほかに衝撃加速度や振動加速度を用いる測定も提案されている。

粉体層を対象とした付着力の測定は目的に応じて様々な方法で行われている。静的な粉体層の測定法として用いられる引張破断法は**図5.3.2**に示すように２分割セルにサンプルを充填し圧密したのちにセルを引っ張り、粉体層が破断する応力σ_Tを測定して付着力を評価する。測定結果は粉体層の空隙率との関係で整理されるが、上下２分割セルで垂直に破断させる方法は比較的空間率の低い粉体層に有効で、器壁面と粉体層の付着力も測定できる利点がある。左右２分割セルで水平に破断させる方法は空間率の高い粉体層に適している。この測定で得られる破断応力値より、次のRumpf式を適用すると２粒子間の付着力Hを求めることができる。

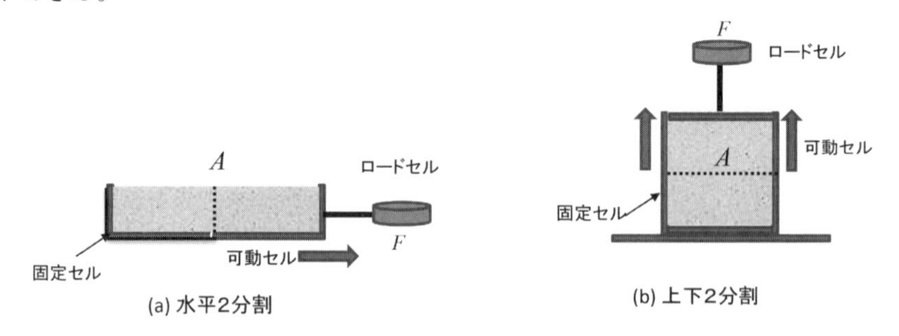

図5.3.2　引張破断法

$$\sigma_T = \frac{(1-\varepsilon)}{\pi} k \frac{H}{D_p^2} \qquad \cdots (5.3.2)$$

Rumpf式は粒子径を均一球形粒子とし、粉体層の空間率εも一定でその時の平均配位数をkとした仮定を用いて理論的に導かれたものである。

粉体層面と水平基板との角度で定義される安息角も凝集性の評価によく用いられる。粉体の付着力が大きくなるほど安息角も大きくなる。測定法としては粉体を自然落下させて円錐状に堆積させて形成される角度を測定する注入法が良く用いられる。その他、排出法や傾斜法などがある。また最近では7章で紹介するDEMによる粉体シミュレーションを用いた解析もできるため、粒子特性や付着力が安息角に与える詳細な検討も可能になっている[2)]。

さらに簡単な評価法として、粉体を自然落下させて容器に充填したかさ密度とその後容器をタッピングによって一定になるまで圧縮させたタッピングかさ密度の測定があり、一般的に付着・凝集性が大きいほど両者のかさ密度差から与えられる圧縮度が大きくなる。

5.3.2 粉体の流動性

粉体プロセスで扱われる粉体の流動は、充填や排出などの重力場における流動、混合、撹拌やスクリューフィーダーなど機械的な力による強制的な流動、フィーダー、コンベアーやふるい分けなどの振動場での流動、成形、打錠や押し出しなどの圧縮流動、流動層や空気輸送などの空気力による流動化流動など多岐にわたる。したがって流動性の評価は、それぞれの流動状態に即して行う必要がある。

重力流動では、オリフィス（小孔）からのサンプルの排出速度や流出限界口径の測定が良く用いられている。また、容器からの粉体の排出はオリフィス直上で発生する動的アーチによる不連続流動であることから、このアーチ形状に影響を与える粉体層の内部摩擦角と付着力に関する係数が測定できるせん断試験が有用である。せん断試験法としては上下２分割セルを用いる一面せん断試験、ジェニケ法によるせん断試験、３軸圧縮試験などがある[3)]。また、貯槽内の流動はfirst-in-first-outとなるマスフローが望ましいため、サンプルと壁面とのせん断試験から得られる壁面摩擦角の測定から、偏析を伴うファネルフローとならない条件の検討も重要である。

機械的強制流動での流動性は、容器内のサンプルをブレード等で撹拌し、軸にかかる回転トルクや垂直荷重を測定して流動性を評価する。回転速度やブレードの形状、位置などの測定条件を変えることで、動的状態における流動状態を解析できる。せん断試験から得られる情報も有用である。加圧下での流動性評価装置としてPowder Rheometer FT4(Freeman Technology社製)、パウダーフローテスターPFT2(英弘精機㈱製)などが市販されている。

振動流動では、種々の振動の振幅と振動数を与えることで多様な流動状態が得られる。容器を振動させ機械的強制流動と同様にブレードにかかる撹拌回転トルクや垂直荷重で、種々の振動場での流動性の評価が可能である。また、振動細管法による評価も行われている。振動周波数を固定し振幅を一定の割合で徐々に増加させて、振動細管から排出されるサンプルの質量を一定の時間間隔で自動計測して、総排出量および流動開始加速度や質量流量と振動加速度の関係を表す流動性プロファイルによって、流動の安定性を評価する方法である[4]。

圧縮流動では、粒子間や粒子壁間に働く摩擦力の作用によって粉体の圧縮挙動は不連続なせん断崩壊を伴う。**図5.3.3**にFEMによるシミュレーションで得られた粉体層内の応力分布を示す[5]。色の濃さで粉体層表面中心部の応力値に対する各位置の応力値の比を示している。(a)は5μmのアルミナ粉体、(b)は20μmのアルミナ造粒体である。流動性の良い造粒体では圧縮性も良く応力分布も少ない。(a)のアルミナ粉体のように応力分布が広いとかさ密度の分布も広くなり、製品の品質に悪影響を及ぼす。せん断試験による粉体層の内部摩擦角や特に壁摩擦角が小さくなる粉体特性と器材を選び、圧縮流動性を上げることが望まれる。

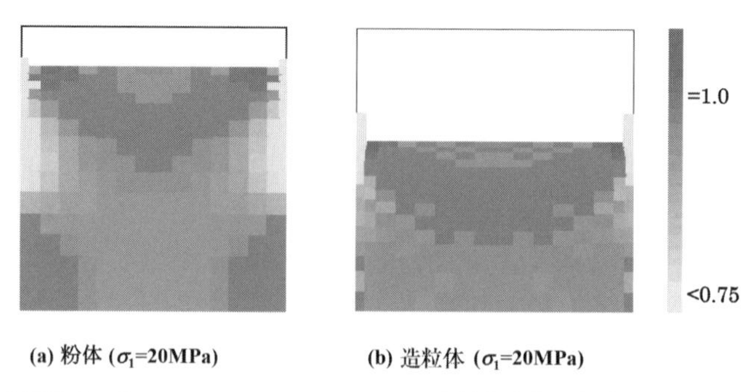

図5.3.3 Finite Element Method による圧縮層内部の鉛直応力分布

流動化流動とは、容器に充てんされた粉体に下方より流体を流し徐々に流速を増すと、重力と釣り合う流体抗力が働き粉体層は浮遊状態になり、流体のような流動となることである。この気流とともに流動する粉体の流動性の評価は、サンプルの一定の厚みにおいて流動化を始める流動化開始速度や圧力損失を測定して行う。粉体に通気を施しながら測定できる前出のPowder Rheometer FT4（Freeman Technology社製）などを用いて、せん断速度の関数として見掛け粘度（せん断応力とせん断速度の比）による評価も行われている。

以上各流動状態に応じた評価法について説明を行ってきたが、一般的な流動性の指標として安息角も良く用いられる。また総合的な流動性評価指数としてのR.L.Carrの流動性指数も多用されている。しかしこれらは荷重をかけない状態での測定であることに注意を要する。

<参考文献>

1) JIS Z 8845:2021 遠心法による粒子付着力測定方法
2) 山井三亀夫, 中田洋一："精密工学会誌", **84**, 615-619 (2018)
3) 粉体工学会編："粉体工学便覧第2版", 230-234, 日刊工業新聞社 (1998)
4) 石井克典, 鈴木政浩, 山本琢磨, 木原義之, 安田正俊, 松坂修二："粉体工学会誌", **45**, 290-296 (2008)
5) 下坂厚子, 鈴川寿規, 白川善幸, 日高重助："化学工学論文集", **29**, 802-810 (2003)

5.4　粉体の静電気の測り方

粉体は粒子間や粒子壁間との接触で容易に帯電し、帯電粒子に働く静電気力で壁面への付着や凝集が発生し粉体プロセスでトラブルの要因となっている。また荷電粒子の放電などで火災を誘発することもある。一方で、トナー粒子を用いる電子写真、コロナ帯電粒子や摩擦帯電粒子を用いる粉体塗装、異なる帯電特性の粒子を分離する静電分離などでは、粉体の帯電特性を巧みに利用している。このように粉体の静電気の測定は粉体プロセスにおけるトラブルの回避や新たな技術の開発において重要である。本節では機構が簡単で十分な精度が得られる測定方法を紹介する。

5.4.1　粉体の帯電のし易さの測定

扱う粉体が導体か絶縁体かで帯電特性が大きく異なり、プロセスにおける対策が異なってくる。導体の粉体では電子の移動が素早く生じるため扱いやすい傾向にあるが、一方で帯電導体あるいは誘導帯電した導体からの静電気放電による爆発などの危険があり、粉体を保持する容器や配管などに接地装置を設置するなどの対策が必要となる。絶縁体の粉体は帯電しやすく壁面への付着や粒子同士の凝集により粉砕プロセスや輸送プロセスなどでは、凝集防止剤の添加や適切な振動で流動を与えるなどの対策が求められる。さらに、電荷が移動しにくく接地による帯電防止ができない絶縁体では、導体性付与や帯電を緩和させる除電、環境の多湿化等も求められる。このように粉体の帯電のし易さの指標となる粉体の絶縁性（導電性）は極めて重要で、粉体層の体積抵抗率を測定して評価される。

体積抵抗率ρは**図5.4.1**に示すように主電極、対抗電極およびガード電極が付いている測定容器内にサンプルを充填し、左右の平行電極間の抵抗Rを測定し、この値を電極間隔d、電極面積sから決まるセル定数d/sで割って算出される。体積抵抗率は単位体積当たりの抵抗値であり単位は［Ω・m］であるが、粉体層の場合は単位体積当たりのサンプル量である充填率（かさ密度）に依存するため、任意の圧力で加圧成形された状態での測定が求められる。さらに温度や湿度、気体の組成などにも影響される値であるので、粉体を扱う操作条件での評価が望ましい。一般的に体積抵抗率が高い不導体の粉体は接地しても帯電防止できないが、体積抵抗率が10^8［Ω・m］以下であれば接地による帯電防止が可能である。また

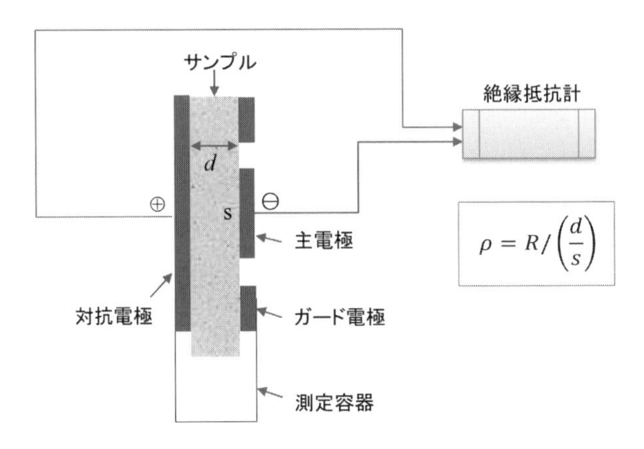

図5.4.1　体積抵抗率測定（平行平板電極）

電気集塵プロセスでは捕集粉体層の体積抵抗率が10^9［Ω・m］以上で粉体層の逆電離放電が生じ、また約10^2［Ω・m］以下であると粉体層が逆極性に荷電されて反発再飛散するため捕集効率が低下することが知られている[1)]。

5.4.2　粉体の電荷緩和の測定

粉体層では常に接触帯電が生じるとともに電荷の緩和も同時に生じている。絶縁体においても接地導体との放電や、粉体表面には空気中の水分が吸着しているため粒子接触点で電荷の移動が生じ緩和が進行する。粉体層の電荷緩和が速やかに進行すれば粉体プロセスでの帯電によるトラブルの回避につながる。したがって扱う粉体の電荷緩和特性を正確に把握し電荷緩和の適切な制御を行うことが重要となる。

帯電した粉体層から電荷の移動によって電荷量の緩和が起きる場合は指数関数的に減少し、初期の$1/e$になる時間を電荷緩和時定数あるいは緩和時間という。この値は粉体層の誘電率と体積抵抗率の積で与えられる。粉体層の誘電率は前節の体積抵抗率の測定とほぼ同様の構造の上下の平行電極間に粉体を充填して、静電容量計により静電容量Cを測定し、セル定数d/sを掛けることで求められる。交流電流での測定となり周波数で変化するため周波数0へ外挿して求める。誘電率の単位は［F/m］であり、粉体層の場合は先と同様に充填率（かさ密度）と温度に依存するため、扱う粉体の操作条件に対応した雰囲気および充填状態での評価が望ましい。電荷緩和時定数は湿度30％以下で急激に大きくなることが実験的に観測されており[2)]、可能な範囲で湿度を上げて電荷の緩和を促進する対策が有効である。

5.4.3　粉体の帯電量測定

プロセスで粉体の接触帯電が連続的に発生する場合には、操作の初期では電荷が増加していくが、帯電と同時に粉体から電荷が緩和したり空気中のイオンによって中和されたりするため電荷の増加は鈍り徐々に一定値に飽和する。この飽和値は粉体の種類や粒子径、形状、流動条件、雰囲気などによって変化し、飽和帯電量が大きい場合、粉体の付着や凝集による流動性の低下や火花放電などのトラブルを引き起こす。そのため生産工程では常に帯電量をチェックし、静電気による障害の予測、除電の必要性の有無などを検討することが求められる。粉体が導体の場合では飽和帯電量も小さく帯電量も直接電位計での測定も可能であるが、絶縁体の粉体では飽和帯電量が大きく帯電量も直接測定できない。本節では現場で絶縁体粉体の帯電量を計測できる機構が簡単で十分な精度が得られる測定方法を紹介する。

(1)　電荷量の測定

①　平均帯電量Q/mの測定

粉体の平均帯電量は**図5.4.2**に示すようなファラデーケージ法により測定できる。外容器の接地と電気的に絶縁した金属製の二重円筒容器間の静電容量Cを静

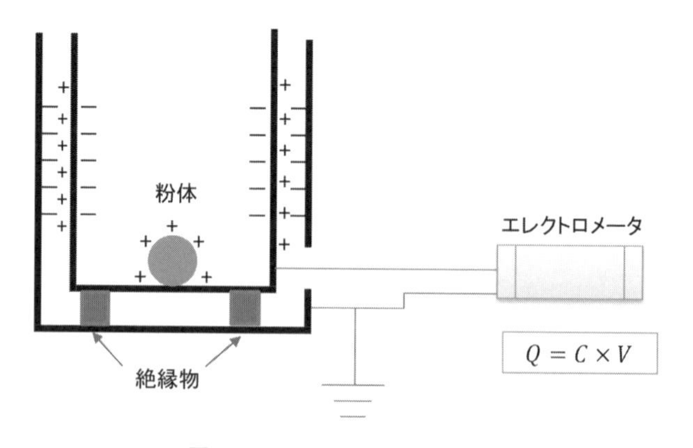

図5.4.2　ファラデーケージ法

電容量計であらかじめ求めておく。内円筒に帯電したサンプルを入れて容器間の電位差Vを測定することで帯電量Qが$C \times V$で算出され、投入サンプルの質量mで割ると比電荷が求められる。容器へのサンプル投入時にサンプリング器材と触れ、帯電量が変化することがあるので注意が必要である。サンプルに直接触れることなく測定するため、帯電したエアロゾルの測定には吸引式のファラデーケージを用いると良い[3)]。吸引式Q/m測定器が数社より市販されている。

② 帯電量分布Q/D_pの測定

粉体は粒子径分布を持つため帯電量も分布を持つ。帯電量分布を測定するためには電界下で個々の帯電粒子に働くクーロン力を測定する方法となる。平行平板電極を用いた直流電界場での測定では、上部の平板電極部から帯電粒子群か導入され気流に乗って電界からの力を受け下部の電極上の捕集板に移動する。移動距離は帯電量と粒子径に依存するため粒子径を顕微鏡観察で求めて各粒子の帯電量を算出する。また交流電界を用いる方法もある。振動しながら重力落下する粒子の運動の軌跡を撮影して波長と振幅を計測し、印加電圧の周波数を用いて各粒子の帯電量を算出する。市販されている測定装置として、E-SPARTアナライザ（ホソカワミクロン㈱製）は振動電界中に落下する粒子の緩和時間と電界による粒子の移動時間をレーザードップラー速度計で計測する。粒子径と帯電量の分布を同時に測定できる。Epping社製のQ/D_p測定装置は２枚の電極からなる静電電界発生領域を帯電粒子が運動する時の偏向量を観測して、粒子径と帯電量分布を測定する。

(2) 表面電位測定

粉体層の表面電位を非接触で容易に測定できる表面電位計には静電誘導を利用するタイプと静電容量を利用したタイプがある。静電誘導を利用するタイプは、帯電したサンプルからの電界を導体の電極が受けると、誘導電荷が発生して電極に電位差が生じる。この電位を測定することでサンプルからの電界を知ることができる。静電容量を利用するタイプは電極とサンプル面との間に静電容量が定義でき、検出部の電極を振動させると、交流変調信号が誘起される。サンプルの電荷量は電極で検出される最大電位と最小電位の電位差に比例するので、サンプルの表面電位として測定できる。これらの表面電位測定は測定距離やサンプルの大きさに依存するため、製造ラインで設置して連続的に測定する管理に向いている。

(3) 接触電位差測定

粉体が器壁などとの接触帯電において電荷移動の駆動力となる接触電位差を直接測定できる。金属・金属間の接触電位差測定法であるケルビン・ジスマン法を粉体・金属間に改良した装置が提案されている[4)]。下部電極上に粉体サンプルを充填すると接触電位差により下部の電極表面と粉体層には正負の電荷が生じ、上部の電極表面にも電荷が誘導される。印加電圧を変えて上部電極の振動による発生電流をエレクトロメーターで検出し、電流の振幅がゼロになる印加電圧を解析的に求める。この時の印加電圧が見かけの接触電位差である。粉体層では、電荷の緩和も生じるので電圧が一定値を示すまでに時間がかかり、測定サンプル層の厚さが厚いほど一定値を示すまでにかかる時間が長くなる。この方法で接触面材料や表面状態、接触圧力の電荷移動への影響を精度よく検討できる。

<参考文献>

1) 粉体工学会編:"粉体用語辞典web版" (2021)
2) 野村俊之, 山田善之, 増田弘昭:"化学工学論文集", **24**, 585-589 (1998)
3) 島田 昭, 宮坂 徹, 保志信義, 上原利夫:"日本画像学会誌", **43**, 148-154 (2004)
4) 野村俊之, 谷口格崇, 増田弘昭:"粉体工学会誌", **36**, 168-173 (特開平4-022876) (1999)

5.5 粉体の液中分散性の評価方法

液体中の粉体粒子は表面基や吸着イオンにより帯電し、粒子の表面には表面電荷と反対符号の液体中の対イオンが吸着し熱運動によってある程度の広がり持つ拡散電気二重層が形成されている。液体中で二つの粒子が近づくと、この二重層が重なり粒子表面間の対イオンが過剰となって浸透圧が発生し静電相互作用力が働く。粉体の液中での分散性を評価する場合、一般的にはこの相互作用力ではなく力を遠方から粒子間距離まで積分したポテンシャルエネルギーが用いられ、これに粒子間に引力として働くvan der Waals相互作用を合わせた粒子表面間の全ポテンシャルエネルギー（**図5.5.1**）で定量的に議論される（DLVO理論）。

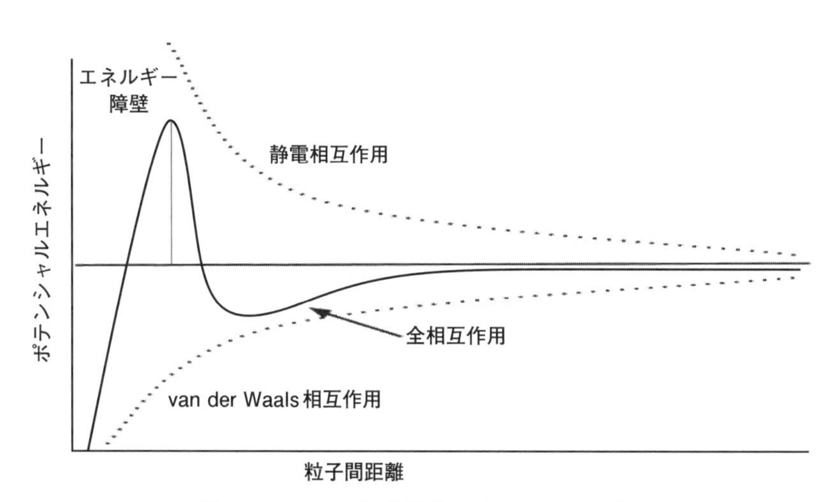

図5.5.1　DLVO相互作用ポテンシャルエネルギー

5.5.1　ζ電位測定による分散性評価

帯電粒子の拡散二重層を模式的に表したステルンモデルを**図5.5.2**に示す。プラスに帯電した粒子の表面付近には当量のマイナスのイオンが集まり多くのイオンは表面に吸着してステルン層を形成しているが、一部のイオンは熱運動により表面から離れ徐々にプラスイオンの濃度が減少する拡散層として存在している。したがって粒子の表面電位はψ_0でステルン層と拡散層の界面の電位がステルン

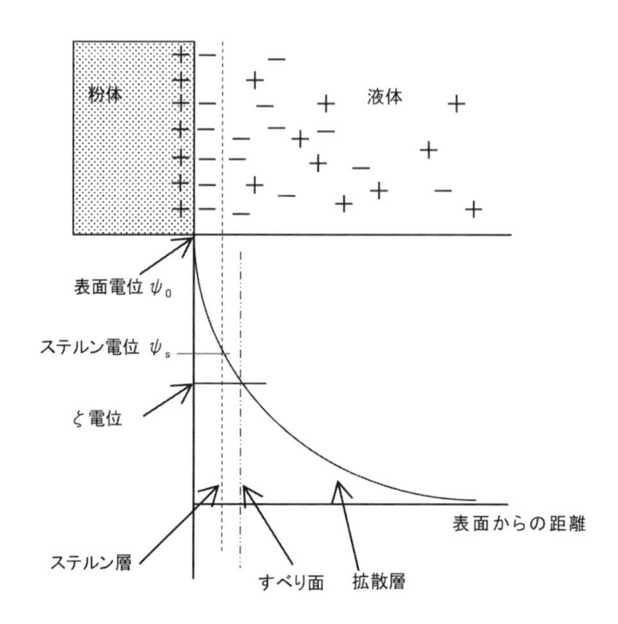

図5.5.2　拡散電気二重層におけるζ電位

電位ψ_sであるが、これらの電位は粒子と共に移動するため実測は極めて困難とされている。実測可能な電位は粒子と共に移動しないすべり面の電位であるζ電位で、表面電位の指標として多用されている。図5.5.1に示す粒子表面間の全ポテンシャルエネルギー曲線で、van der Waals相互作用は物質と粒子径が決まれば同じ値となるため、斥力として働く静電相互作用の大小により分散するか凝集するかが決まる。表面間距離0.4nm以下ではvan der Waals相互作用が支配的となり大きな引力が作用する。したがってその手前で大きなエネルギー障壁があれば、粒子は互いに接近できず安定に分散する。このエネルギー障壁はζ電位が大きいと高くなるので、ζ電位による分散性の評価が可能となる。一般的には絶対値が約25mV以上になると安定に分散した状態になるといわれている。ζ電位の測定は主に電気泳動法が用いられているが稀薄スラリーに限られていたため、粉体プロセスで良く扱われる高濃度スラリーの測定への要求から超音波振動電流法も用いられている。

(1)　電気泳動法

帯電した粒子に外部から電圧を印加するとζ電位に比例して粒子が泳動され、

電場からの力と液体からの粘性抵抗が釣り合った状態で等速度での移動となる。泳動の程度は単位電場当たりの粒子の移動速度である泳動度u [m^2/Vs] で与えられ、ζ電位は泳動度に液体の溶媒の粘度ηを掛け液体の誘電率$\varepsilon=\varepsilon_0\varepsilon_r$で除すことで求められる。

$$\varsigma = \eta u/\varepsilon_0\varepsilon_r \quad \cdots (5.5.1)$$

粒子の泳動速度の測定は顕微鏡電気泳動法と電気泳動光散乱法が広く用いられている。顕微鏡観察では個々粒子の動きを直接観測するため粒子のサイズ分布やゼータ電位分布も得ることができ、最近では画像処理による自動追尾システムの導入で瞬時にデータが得られるようになってきている。電気泳動光散乱法では、移動している粒子にレーザーを照射し粒子からの散乱光の周波数がドップラー効果によって変化することを利用して泳動速度を算出するため、レーザードップラー式電気泳動法とも呼ばれている。高感度で瞬時の測定が可能である。しかしこれらの方法は測定の原理上、稀薄なスラリーの測定に限られており高濃度スラリーの測定ではサンプルを希釈する必要があるため、その影響が実際のサンプルと異なる結果を与えてしまうという危惧も生じている。現在いくつかのタイプの電気泳動装置が販売されているので、目的に応じて最適なタイプの電気泳動装置を選択することが重要である

(2) 超音波振動電流法

帯電粒子に超音波を照射すると粒子表面の電気二重層の振動によって帯電粒子と分極が生じ、ζ電位に比例する電場が発生する。この電場の形成により生じる粒子表面伝導電流と、それを補償する電流の二つを検出して解析ソフトでζ電位を算出する。この方法は検出器に光を用いていないので、高濃度のスラリーをそのまま測定できる点が長所である。現在、スラリー濃度が0.1～50vol%まで測定可能な装置、粒子径分布・ゼータ電位測定装置DT-1202/DT-310/DT-300(Dispersion Technology製)が販売されている。

5.5.2 スラリーのレオロジー特性からの評価

気相中で凝集性が強くハンドリングが困難な微粒子は、液相中で扱うことで微粒子の分散や凝集の制御が可能となることから、液体中に分散させたスラリーとして用いる。また、操作性やエネルギーコストの点から高濃度のスラリーを扱う

ことが多く、分散しているか凝集しているかによってその挙動も大きく異なる。スラリーの粘度はスラリー処理プロセスの設計に需要であり、プロセスの運転時におけるトラブルは濃厚スラリーのレオロジー特性を十分に把握していないことで多く発生している。スラリーのレオロジー特性による分散性の評価はレオメータを用いて、粘度、粘弾性、降伏応力、チキソトロピー性などを測定して行われる。

(1) 粘度

液体中で良く分散しているスラリーの粘度はスラリー濃度に依存する。**図5.5.3**に均一粒子径におけるスラリーの相対粘度η_rと濃度ϕ_sの関係を、以下のMori & Ototakeの式と共に示す[10) 11)]。

$$\eta_r = 1 + \frac{3}{1/\phi_s - 1/0.52} \qquad \cdots (5.5.2)$$

体積濃度が30%を超えると急激な粘度の増加がみられる。濃度が高くなると粒子－流体間の相互作用および衝突などの粒子間相互作用が起こり、流体の流れが大きく乱れるためである。また**図5.5.4**に示すように同じ濃度において、分散したスラリーの粘度に比べて緩やかに凝集したスラリーの粘度は大きくなる[10)]。これは、凝集体内の流体は不動水と呼ばれせん断流れに関与しないため、見かけ上固体体積としてカウントされるためである。レオメータによる測定で徐々にせん断ひずみ速度を上げて凝集体が破壊されると、不動水が解放され見かけ上の固体体積が減少し粘度が低下する。一方、良分散スラリーの粘度は、せん断ひずみ

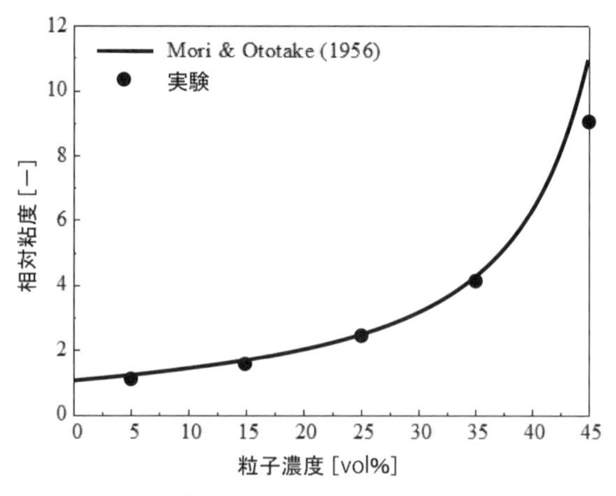

図5.5.3　粒子濃度とスラリーの相対粘度の関係

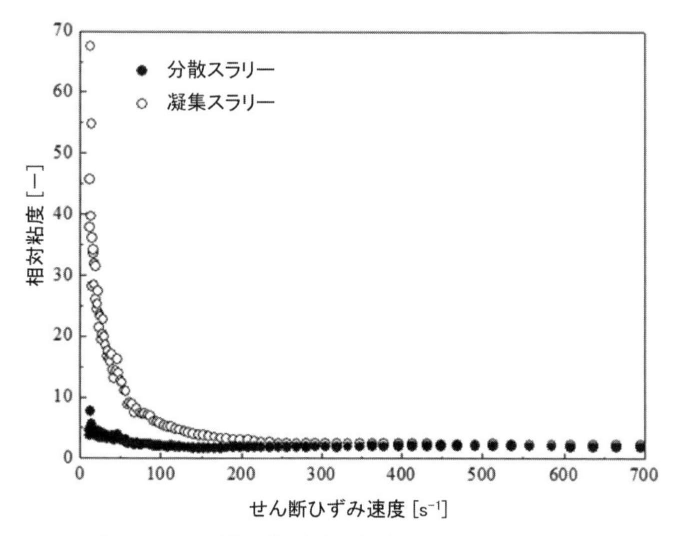

図5.5.4　せん断ひずみ速度に対するスラリーの相対粘度

速度の変化に対して一定値である。

(2) 粘弾性

スラリーのせん断応力をせん断ひずみ速度を徐々に上げ、続けて徐々に下げて測定すると、**図5.5.5**に示すようなヒステリシスループ（イメージ図）が得られる。このループが作る面積は応力によって破壊された凝集体の量に比例するため、面

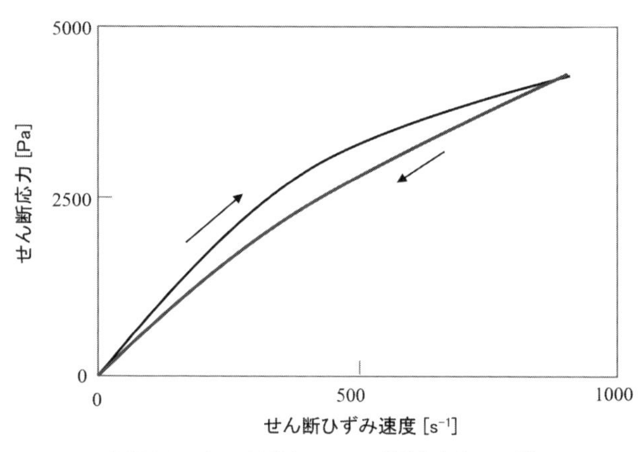

図5.5.5　ヒステリシスループ測定（イメージ）

積が大きいスラリーほど凝集性が強いスラリーでチキソトロピー性が強いと判断される。

濃厚スラリーは静止状態で3次元の凝集構造を形成している。この構造が破壊され流動を開始する応力が降伏値である。この評価はスラリーにせん断応力を徐々に増加させて与え、ひずみ量が大きく変化する降伏応力を測定して行う。凝集構造が強いと降伏値は大きく、分散性が良いと小さな値となる。

さらに濃厚スラリーに対して一定の周波数で振動ひずみを与えた時の応答から、せん断応力とひずみの比で与えられる貯蔵弾性率（弾性成分）G' とせん断応力とひずみの位相差で与えられる損失弾性率（粘性成分）G''が得られる。スラリー内部の構造が破壊されない程度の微小振幅の振動ひずみから開始し、振幅を徐々に大きくしたときの応答波形の例を**図5.5.6**に示す。ひずみが小さい領域では貯蔵弾性率G' は変化せず一定値であるが、ひずみが大きくなり凝集構造が破壊され始めると減少していく。また凝集構造が強いと貯蔵弾性率は大きく、一定値を示すひずみの領域は狭い。逆に分散スラリーでは内部の構造が緩いため、貯蔵弾性率は小さく内部の構造は破壊されにくく、一定値を示す領域が長くなる。このようにレオメータによる粘弾性測定は、強い内部構造を持つ濃厚系スラリーの分散性評価にも適用が可能である。

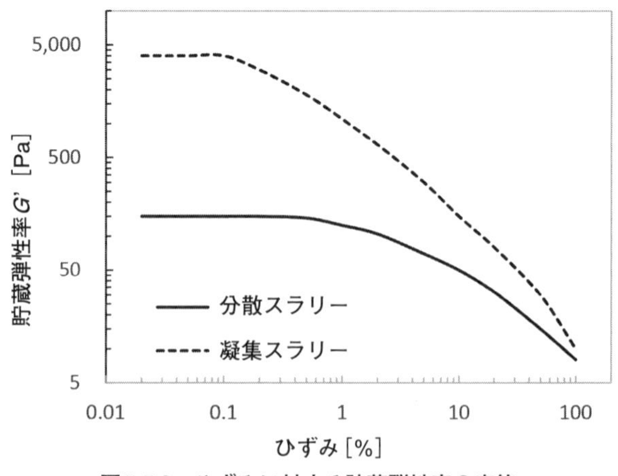

図5.5.6　ひずみに対する貯蔵弾性率の応答

5.5.3 沈降法および粒子径分布測定による分散性評価

(1) 沈降法

沈降法はスラリーの分散性の評価法として、古くから現場や実験室レベルで用いられている。沈降管に入れたスラリーを一定時間振とう後、恒温槽中に静置し、堆積過程の観察と最終沈降体積の測定を行う。凝集スラリーの堆積構造は凝集粒子内および凝集粒子間で隙間が多いため、沈降体積は大きくなる。したがって沈降体積が小さいほど良分散なスラリーと評価される。簡便で直接観察できることから堆積過程の観察においても有用な情報を与えてくれる[12)]。原料粉体の微細化に伴い、重力沈降に加えて遠心沈降を併用した測定が必要になる。

(2) 粒子径分布測定

粒子径分布測定では凝集した粒子の場合、粒子の集まり全体としてのサイズが測定されるため、同じサンプルのスラリーでも凝集粒子が存在すると粒子径分布が大きい方へシフトする。したがって、スラリーの平均粒子径や粒子径分布の広がりや分布の形状などで一次粒子まで十分に分散されているかの評価が定量的に行える。レーザー回折・散乱法による粒子径分布測定が汎用されているが、濃厚系スラリーの場合数%の濃度まで希釈する必要があり、特に粒子間距離の広がりによる凝集構造の変化が懸念されている。そのようなケースでは濃厚系スラリーにも対応できる計測法として、例えば5.5.1節で紹介した、粒子径分布・ゼータ電位測定装置DT-1202/DT-310/DT-300（Dispersion Technology製）やレーザー回折/散乱式粒子径分布測定装置 LA-960V2：高濃度測定用セル使用（㈱堀場製作所製）などがある。

<参考文献>

1) 永嶋ゆみ, 西浦泰介, 下坂厚子, 白川善幸, 日高重助:"粉体工学会研究発表会講演論文集", 44-45 (2007)
2) 森　芳郎, 乙竹　直:"化学工学", **20**, 488-494 (1956)
3) 佐藤根大士:"色材協会誌", **87**, 240-244 (2014)

5.6 センシングによる粉体プロセスの自動化への展開

粉体材料の高機能化が進むなか、装置内の粉体の状態を正確に把握したプロセスの高精度な制御が求められている。また、コンピュータの高速化に伴いデジタル化への移行も進められ、プロセスの自動化および異常検出機能の強化のためにリアルタイムでプロセス中の現象の詳細な監視が必要となっている。このような状況下で各種センサーの開発および自動制御技術の導入が促進されている。

しかしながら5.3節で述べたようにプロセスで扱われる粉体の流動は、流体に比べると複雑で多岐にわたる。そのため、それぞれの粉体特性や流動状態に応じたセンシング技術が求められ、サンプリングとオフラインによる計測でなされることも未だに多い。本節では、現在開発、実用化されている各種センサーとセンシング技術による粉体プロセスの自動化への展望について紹介する。

5.6.1 センシング技術

センサーによるプロセス中の現象の計測には、インライン計測とオンライン計測がある。インライン計測用のセンサーは直接プロセスラインに設置できリアルタイムで計測できるため最も望ましいが、粉体衝突によるセンサーの破壊や逆にセンサーによる粉体流動への影響などにより設置が難しい場合が多い。オンライン計測は、プロセスラインからバイパスラインへ粉体をサンプリングして計測する。

現在、インライン／オンライン計測が可能となっている粉体プロセスで特に重要な計測器を挙げる。

(1) **粒子径分布**：主にレーザー回折・散乱法がオンラインで乾式・湿式で計測できる。モニタリング用にインラインでの計測が可能な機種もある。また、インラインでは空間フィルター速度計測法を適用したレーザー光を横切る粒子の粒子径と速度を同時に取得できる機器がある。オンラインでは振動ふるい・音波ふるいによるふるい分け粒子径分布測定も可能である。

(2) **粒子径分布＋粒子形状**：動的画像解析法により粒子径分布と同時に粒子形状の計測が、オンラインで乾式・湿式ともに可能である。測定プローブを直接差し込むインライン用の機種も開発されている。

(3) **かさ密度**：プロセスのモニタリング用に容積式のかさ密度測定がインライ

ン・オンライン用に開発されている。

(4) **粉体流量**：粉体の流量計としては種々の原理を用いたものが提案されている。実用化されているものとして、静電容量式流量計は電極間の静電容量が粉体流量と連動して変化することを利用するもので非接触、リアルタイムでの計測ができる。マイクロ波式流量計は粉体にマイクロ波が当たるとドップラー効果によりマイクロ波の周波数が粒子濃度に関連し、振幅が平均粒子体積に関連するので、マイクロ波の反射波を受信し解析することで粉体流量が計測できる。

(5) **粉体レベル**：粉体プロセスでは粉体レベルの管理は欠かせなく、また粉体特有の計測の難しさがあり多様なレベル計が開発されている。パドル式レベルスイッチはモーターで回転させるパドルに粉体層からの抵抗が生じるとパドルが停止し、粉体層の有無を検出する。振動式レベルスイッチは一定の周波数でロッドを振動させ、粉体層がロッドにあたると振動が減衰することで粉体層を感知する。静電容量式レベルスイッチは空気の誘電率から計測する粉体固有の誘電率への変化を検知して粉体層を計測する。超音波式レベル計は超音波を送信し粉体層面で反射する超音波を受信し、その時間差で距離を計測する。非接触での計測が可能である。その他にも、使用環境や個々の粉体特性に合わせた種々のレベル計が使用されている。

さらに、温度、水分、圧力、振動、距離などの一般的なセンサーも、プロセスの制御および監視に用いられている。

5.6.2 粉体プロセスの自動化

粉体プロセスの自動化には、PLC（Programmable Logic Controller）制御システムが広く用いられている。PLCはプログラミングが可能なため、制御アルゴリズムや設定を柔軟に変更できる。PLCからSOP（作業手順書）によりセンサー（例として粒子径分布測定装置）が動作し、その結果のデータや信号がPLCに返送されると制御プログラムにより、データや信号の変化をとらえ、装置の設定や条件にしたがって結果をフィードバックし、装置の運転を制御する（**図5.6.1**）。高速な入出力制御でリアルタイム処理されるため、安定した自動運転が可能となる。

PLCは拡張性にも優れており、様々な入出力モジュールを追加してシステムに統合することができる。さらにネットワークとの接続で、他のPLCや上位シス

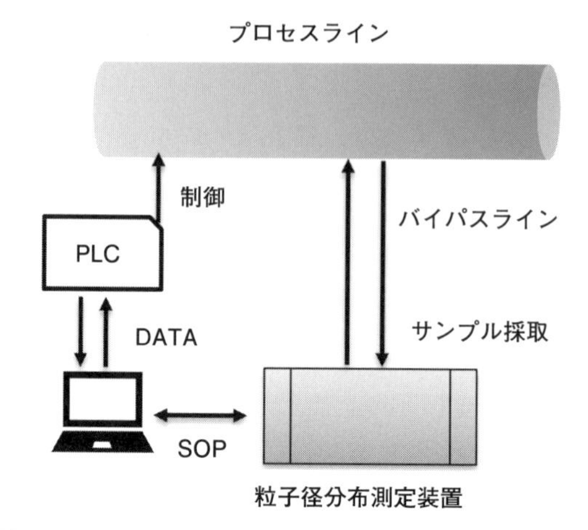

図5.6.1　粒子径分布測定装置からのデータによる自動制御の例

テムとの通信も行えるため、異なる装置やシステムとのデータの共有により、プロセス全体の制御も実現される。このことは、工場へのIIoT（Industrial Internet of Things）やAI（artificial intelligence）の導入にPLCが大きな役割を持つことでもある。IIoTは各PLCからのデータや様々なデバイスからの情報を収集し、インターネット上のクラウドなどにデータを送信する。収集された情報はAIや機械学習のアルゴリズムを用いて解析され、プロセス全体の制御、監視、最適化も行われる。以上のことを実現するためには、ネットワークとの接続を前提としていない旧型のPLCの装置では、専用の機器でIoT化が求められる。またデータ処理の複雑さや解析のための高度なアルゴリズムやモデルが必要となり、時間やコストもかかるが、今後IoT・AIとの連携によるさらなる高付加価値製品の生産および生産性の効率化の要求はますます高まると予想される。

第6章
現場から学ぶ粉体技術のノウハウ

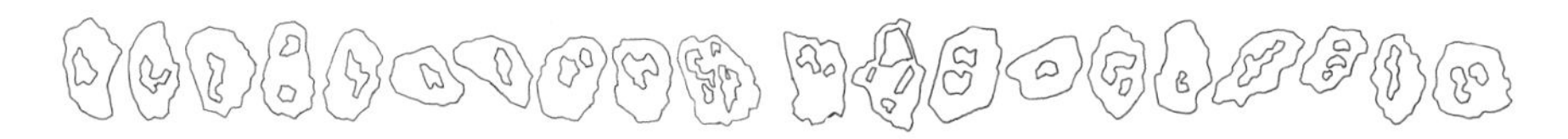

第6章　現場から学ぶ粉体技術のノウハウ

本章では、㈱徳寿工作所の全面的なご協力を得て、粉体を製造する技術や粉体をつかいこなす技術について、それぞれの基礎となる情報を、現場に勤務する技術者が、現場独自の視点から分かりやすく説明する。さらに、粉体の特性を利用したユニークな応用事例である「砂時計」の開発に関する話題についても紹介する。この章ではQRコードを介した動画の情報を提供することによって、粉体技術の生きた知識を習得できるように工夫した。本文と動画を利用して楽しく学んで頂きたい。

第6章 現場から学ぶ粉体技術のノウハウ

6.1 柔らかい粒や硬い粒を効率良く粉砕するには

6.1.1 粒を細かくする機械

粉砕は、大きな粒状物を砕いて細かい粉を作ることからブレイクダウン法とも呼ばれるが、その方法や装置にも様々なものがある。粉砕方法としては叩いて割る、擦って削る、刃物などで切る、押して潰すなどがあり、それぞれ砕くものの大きさや硬さなどに応じて使い分けられている。例えば粒を割るには強い衝撃力が必要であり、大きなものを砕くことに主に使われる粉砕のメインとなる力である。また削ることで細かくするには摩砕力、切るにはせん断力、潰すには圧縮力という力がそれぞれ必要になる。

装置の分類も衝撃式、摩砕式、せん断式、圧縮式などの粉砕方式によって分けられることが多く、それぞれ装置の特長を示す呼び名が付けられている。衝撃式粉砕機にはハンマーミルやピンミルなどがあり、その名の通りハンマー形状やピン形状をしたメディアを高速回転させ、粒状物に衝撃力を加えて粉砕する装置群である。同様に摩砕式はビーズミル、せん断式はカッターミル、圧縮式はローラーミルなどが代表的な装置になる。

大きな粒状物から目的とする粒子径まで、1台の装置で粉砕することはなかなか難しく、複数台を組み合わせて段階的に小さくしていく方法が粉砕の一般的なやり方である。扱われる粒状物の大きさ別に区分してみると、数百mm以上のものを数十mmまで粉砕するのは粗砕、数十mmから数mm程度への粉砕を中砕、数mmから数十μmへの粉砕を微粉砕、数mm以下のものをナノオーダーまで粉砕することを超微粉砕としている。当然粉砕機の運転条件により粉砕粒子径はコントロールができるため、厳密にこの分類範囲に入るとは言い切れない機種もあるが、選定の際の目安として、ある程度分類しておくことは重要なことである。

多種多様な粉砕機の中で、本項では微粉砕をターゲットにした衝撃式粉砕機の代表例としてピンミルを取り上げ、少し変則的な使い方である凍結粉砕の事例を上げて、その特長を解説する。また、乾式法で超微粉砕が可能な数少ない衝撃、摩砕式粉砕機の代表例として、ジェットミルも取り上げる。ジェットミルは高圧空気を使用して粉砕を行う機種であり、機械由来のコンタミが少ないことでも他の乾式粉砕機にない利点がある。ここではより高圧下での粉砕を可能にしたジェットミルに関して、その機構、特長など、事例を挙げながら解説する。

6.1.2 凍らせて細かくすることのメリット

前述の通り粒状物を細かく砕くためには大きな力を必要としており、その力を作用させる粉砕機では運転動力の多くが熱に変換されるため、粉砕を行うと必ず発熱が生じる。この熱は粉砕機や粉砕された粉粒体を温めることになるが、食品や医薬品の分野で用いられるものには弱熱性のものが多く、粉砕時の発熱が問題となる場合が多い。食品、漢方薬原料では、含まれる油分が粉砕中に染み出し溶融固化の原因となるため、スタンプミルやボールミルなどで強い力をかけずに長時間かけてゆっくり粉砕しているという話が多く聞かれる。また比較的発熱のないジェットミルなどの気流式粉砕機が使われることもあるが、香味成分は多量の空気中で粉砕を行うと失われてしまうという難点もある。短時間で連続的に香味成分を飛ばさずに粉砕を行うには、ピンミルなどに代表される衝撃式粉砕機が最も適している型式であり、弱熱性の材料もこの粉砕機で粉砕できれば生産効率の向上も望める。この発熱問題を解決するひとつの方法が冷凍粉砕という手法である。

図6.1.1に示す衝撃式粉砕機は、ピンディスクやタービンブレードといった粉砕メディアを高速回転させ、材料とメディアの衝突時の衝撃により粉砕を行う装置である。粉砕機の中では取り扱いが比較的容易で、サニタリー対応が可能な機種もある。ここで衝撃式粉砕機の粉砕メディアであるピンディスクの様子を、**図6.1.2**にQRコードで示す動画でご覧いただきたい。粉砕品の粒子径の制御は、粉砕メディアの回転速度やピンギャップ、スクリーンの開口径および材料供給速度などの調整により行われる。粉砕する粉粒体の特性に合わせた、これら条件の最適な選定が粉砕の可否を決定する。弱熱性材料や油分を含む材料は、雰囲気を冷却する、または粉粒体そのものを凍結させることにより衝撃式粉砕機を用いて連続的な粉砕が可能となる。冷凍粉砕のメリットとしては他に、内部成分の熱による揮発を抑え、粉砕製品の品質を高めることも挙げられる。また、粉砕品の流動

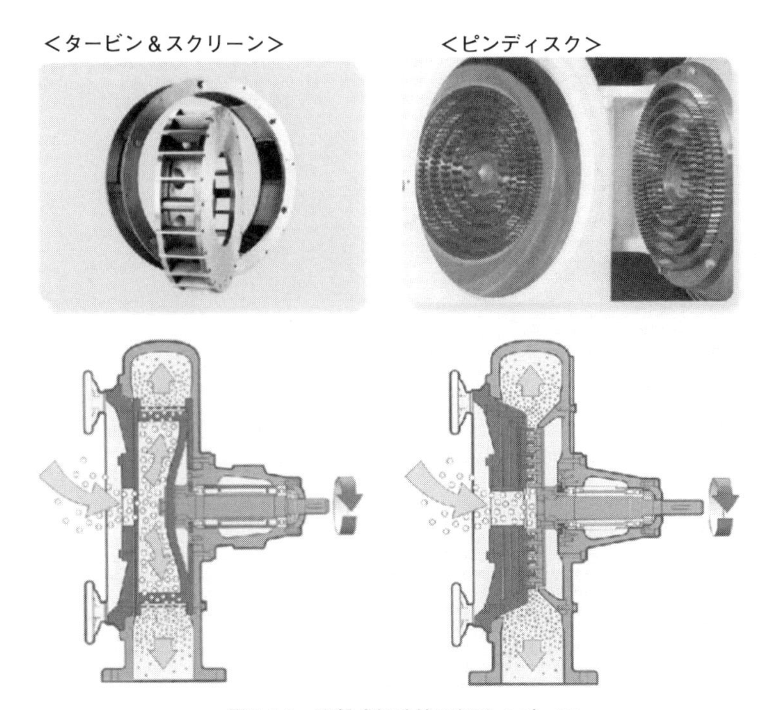

図6.1.1　衝撃式粉砕機の粉砕メディア
（商品名：ユニバーサルミル　㈱徳寿工作所）

図6.1.2　ピンディスクの運動状態の動画

性改善の効果もあり、装置内の付着を防止する効果も期待できる。

従来冷凍粉砕のイメージとしては、設備およびランニングコスト共に高価であると思われがちである。確かに粉粒体を完全に凍結させて、なおかつ大量処理連続粉砕では大掛かりなシステムが必要となる。しかし、少量多品種生産や、凍結させることまで必要のない場合には、簡易的なものでも十分粉砕は可能である。**図6.1.3**に示すような工場屋外に液体窒素（LN_2）用タンクを設置せずに、必要な時に必要とする量をボンベなどの容器で供給できる体制を整え、設備コストを抑

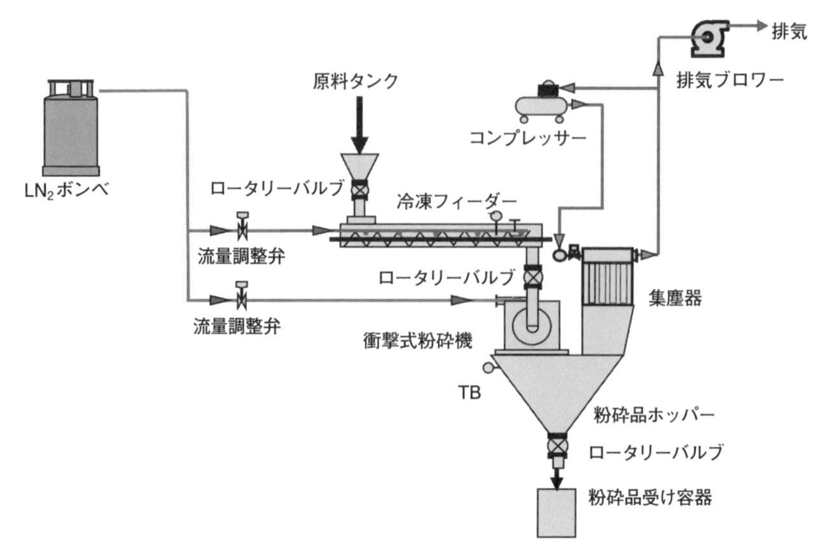

図6.1.3　簡易的な小型冷凍粉砕システム

図6.1.4　常温粉砕時の粉砕品融着の様子

図6.1.5　冷凍粉砕後の装置内写真

えた簡易的な小型冷凍粉砕システムや、粉砕雰囲気のみを冷却することを目的とし、LN_2の使用量を抑えた超低温粉砕システムも提案されている。この装置を使用した常温粉砕時と冷凍粉砕時の装置内の写真を**図6.1.4**、**図6.1.5**に示す。常温での粉砕では、図6.1.4のようにピン間で粉砕品が溶融固化してしまうが、－10℃程度に冷却するとこれを防ぐことができ、さらに装置内の付着もほとんどなく連続粉砕が可能となった。

表6.1.1に食品・医薬関連材料の冷凍粉砕の事例を示す。LN_2消費量は、製品

表6.1.1　冷凍粉砕の事例（粉砕機動力3.7kW）

材料名	粉砕温度 [℃]	処理能力 [kg/h]	液体窒素量 [LN_2-kg/砕料 kg]	粉砕品 平均粒子径 D_{50}[μm]	備考
黒胡椒	−5	100	0.5	120	油分含む
ｺﾘｱﾝﾀﾞｰ	−40	15	2.5	300	油分多い
ｺｰﾋｰ豆破砕品	−20	10	1.5	20	油分含む
黒糖	−10	50	0.4	100	融着固化
漢方薬(木の実)	−80	10	3.0	50	油分多い
医薬品原薬結晶	−50	50	1.2	30	融点 35℃
医薬品添加剤	5	50	0.8	50	融点 50℃

1kgに対して0.4～3.0kg程度と変化するが、粉砕可能な温度と最終製品の粒子径によって決められる。一般的に粉砕品の粒子径を細かくしようとするほど、より多くのLN_2が必要となる。また最も消費量が多いものは、油分を多く含む材料であり、油分を完全に封じ込めるためには、材料そのものを凍結させなければ粉砕は難しいといえる。

6.1.3　空気の力を使って粉砕するコンタミレス粉砕

ジェットミルは空気の力を使って粉砕を行う装置であり、気流式粉砕機とも呼ばれており、現在までに旋回気流型、衝突型、流動層吹込型などさまざまな形式のものが開発され、多くの産業分野で使われている。ジェットミルの粉砕原理は、ノズルから噴出する高速気流に粉粒体を巻き込み、粒子相互の衝突による衝撃力、および摩擦力により微粉砕を行うものである。一般的な特長としては、他の衝撃式、摩砕式粉砕機と異なり高速気流中での粉砕となるため、処理物に与えられる粉砕エネルギーは大きく、数多くある乾式粉砕機の中では、最も細かい領域までの粉砕を可能にしている。また、ジュールトムソン効果（気体自由膨張時の温度低下効果）により、粉砕時の温度上昇を抑制でき、駆動部がないためメンテナンスが容易、などが挙げられる。ただし、大量の空気を必要とするため、大型コンプレッサーなど付帯機器が大掛かりで、この付帯機器の消費動力が大きいという欠点もある。

ここでは旋回気流型と呼ばれるジェットミルについて解説する。このジェットミルの粉砕機構を**図6.1.6**に示す。円筒状の粉砕室の円周上に配置された粉砕ノ

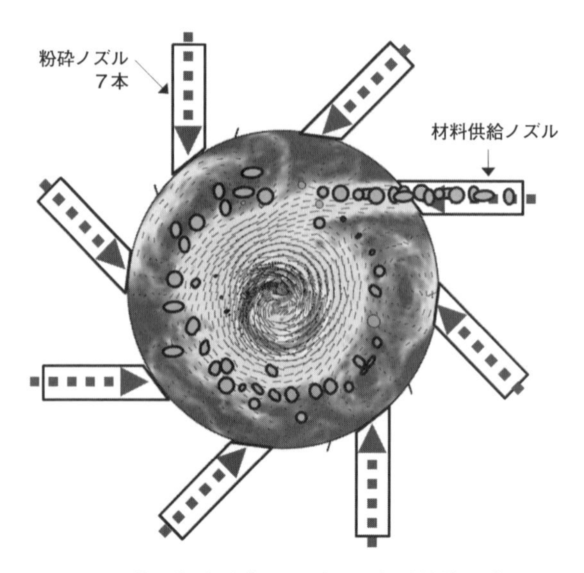

図6.1.6　旋回気流型ジェットミルの粉砕機構モデル図

ズルから圧縮空気を噴出させ、粉砕室内に高速の旋回渦を作り、その渦の中に投入された粒子同士が、高速で衝突し合うことで粉砕を行う。この相互に衝突するエネルギーが大きい、つまり高圧空気により旋回速度を上げることにより、さらなる微粉砕を可能にした装置である。粉粒体をより細かく粉砕するためには、圧縮空気の吹き込み圧力を高くすることが自明の理であるが、従来のジェットミルでは、圧力を高くすると、装置内壁の摩耗や材料供給部からの吹き返しが発生したりするなど、取り扱う上でいくつかの問題を抱える装置が多かった。この問題を解決するために開発された旋回気流型ジェットミルの一例を**図6.1.7**に示す。写真中央部に見える楕円体は均圧タンクであり、高圧空気を各ノズルに偏りなく吹き込む役割をしており、上部の円筒が粉砕室である。**図6.1.8**に示すQRコードの動画には、このジェットミルの粉砕原理をアニメーションにしてあるので、ご覧いただきたい。

ジェットミル粉砕室内では、粉砕ノズルより噴出した空気により旋回渦が形成され、そこで発生する遠心力により、粉砕室内で分級が行われて微細化された粉体材料が中央上部にあるアウトレットより排出される。また、このジェットミルは円周上に均等配分された位置に複数の粉砕ノズルがあり、その1カ所を粉粒体

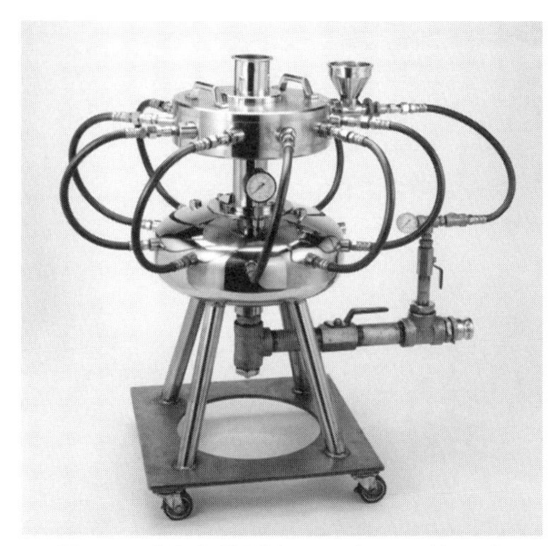

図6.1.7　旋回気流型ジェットミルの外観写真
（商品名：ナノグラインディングミル　㈱徳寿工作所）

図6.1.8　ジェットミルの粉砕原理のアニメーション

の供給部としている。この供給部ではエゼクター効果により材料を粉砕室内に空気と共に供給できるため、他の粉砕ノズル同様に旋回渦を形成することができる。つまり、粉粒体を供給しても内部の旋回渦を乱すことなく、常に安定的な同心円の渦が形成できるため、高圧空気を吹き込んでも、吹き返すことなく吸引効果が得られる。さらに形成される旋回渦が安定しているため、粉砕室壁面の摩耗や圧着が少なく、粉砕機由来のコンタミも抑えられるのである。**図6.1.9**には旋回渦の軌跡を可視化した写真を示すが、外周部の旋回渦と中央部の渦の軌跡に違いが見られる。外周部が主に粉砕を行うゾーンで、微粉砕された材料が中央のアウトレットに向かっていく部分が分級ゾーンと考えられる。ジェットミル粉砕室内の付着の仕方によって、その区切りとなっている部分がはっきりと表れた事例であるが、粉砕室内での旋回渦は乱れることなく、同心円を描いていることも示唆している。

高圧空気を使用し、旋回速度を上げて粉砕を行うことの利点としては、従来のジェットミルでは粉砕できなかった金属粉体などの微粉砕が可能となり、同一粉砕室径のジェットミルと比べ処理能力を増やすことができるなど、微粉砕処理を高効率に行えることである。ジェットミルにおいて粉砕ノズルから吹出す圧縮空気の速度は、通常の粉砕圧（0.8MPa前後）で1.5～2.5km/sである。機内の流速

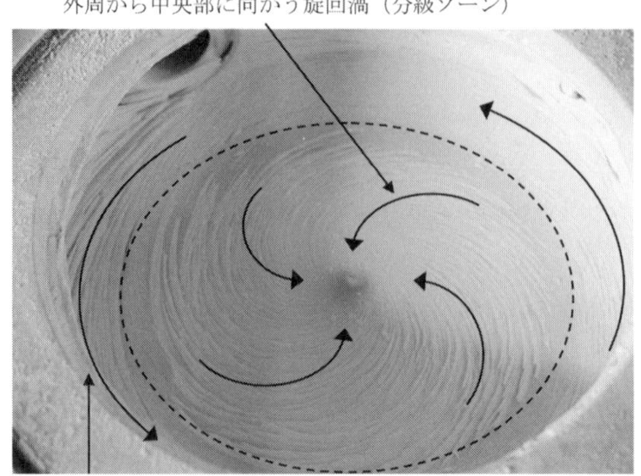

図6.1.9　ジェットミル内部にできた旋回流の痕跡

も100m/s前後になっているものと推察される。これは従来のジェットミルも同程度と思われるが、ここで取り上げたジェットミルの特長の一つである高圧粉砕（1.5MPa）では、この1.5～2倍の速度で粉砕していることになる。粉砕圧力は、同一処理能力であれば、高い方がより微粉砕ができる。この圧力を変えた場合の粉砕品の粒子径の変化を**図6.1.10**に示す。粉砕物はジルコンサンドの粉砕品で、粉砕前の平均粒子径はD_{50} = 8.9μmである。粉砕圧0.9MPaではD_{50} = 2.8μmまでしか粉砕できなかったが、1.5MPaとすることによりD_{50} = 1.6μmまでさらに微粉砕が行えた。このように高圧粉砕とすることにより、粉砕限界径を1μm以上、下げることが可能となった事例である。粉粒体によっては粉砕限界径が大きく変わらないものもあるが、概ね粉砕圧を上げることによりその粉砕径は小さくなる傾向にある。ここでひとつ注意しなければならないポイントは、粉砕圧力に応じてノズルより吹出される風速が変わるとともに、ジェットミル内に供給される風量も変わることである。ノズル孔径が同じ場合であれば、圧力を高めた条件では風速の増大とともに風量も増加する。これによりノズルからの吹出し風速のみでなく、ジェットミル機内の旋回風速も上がるため、より微粉砕ができるのである。ただし、粉砕風量の増加は付帯機器の肥大化を招き、あまり歓迎されない。このため、圧力と風量のバランスを考慮し、希望の粉砕粒子径に合わせた最適な粉砕条件を探る必要がある。

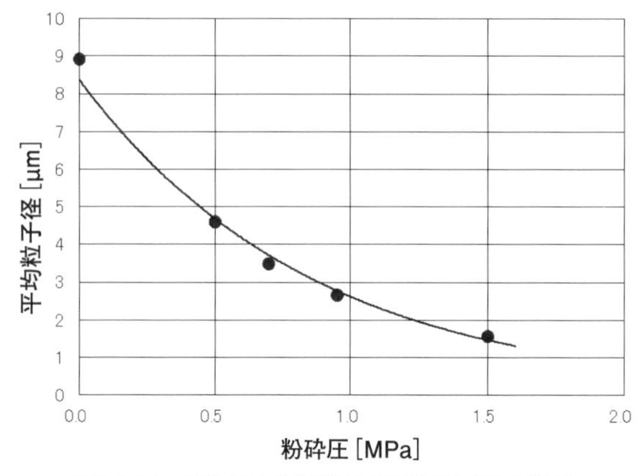

図6.1.10　粉砕圧力と粉砕品の平均粒子径の関係

微粉砕が可能なジェットミルとはいえ、1度粉砕したのみでは希望粒子径に達しないこともある。また、機内に完全な分級機構を持たないため、粗粒子の粉砕品への飛び込みが伴うこともあり、粉砕品の分級操作が必要となる場合がある。その対応策として、サイクロンによる簡易分級と繰返し粉砕による閉回路粉砕を行った事例を**図6.1.11**に示す。サイクロンにより分級を行い、粉砕製品はバグフィルター集塵機にて回収し、サイクロンで分離された粗粉はフィーダーへ戻して再度ジェットミルに供給される閉回路粉砕では、粉粒体の付加価値や粉砕製品の回収率、粉砕物の粉砕限界径などを合わせて考慮し、計画する必要がある。**図6.1.12**にはジルコンサンドの繰返し粉砕による粒子径の変化を示した。気流の圧力

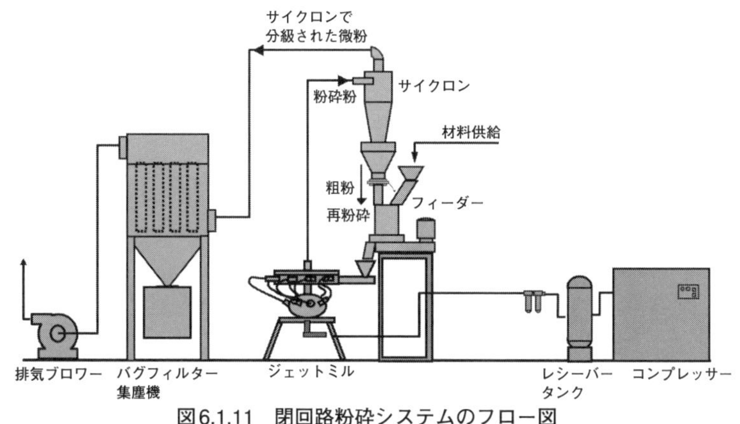

図6.1.11　閉回路粉砕システムのフロー図

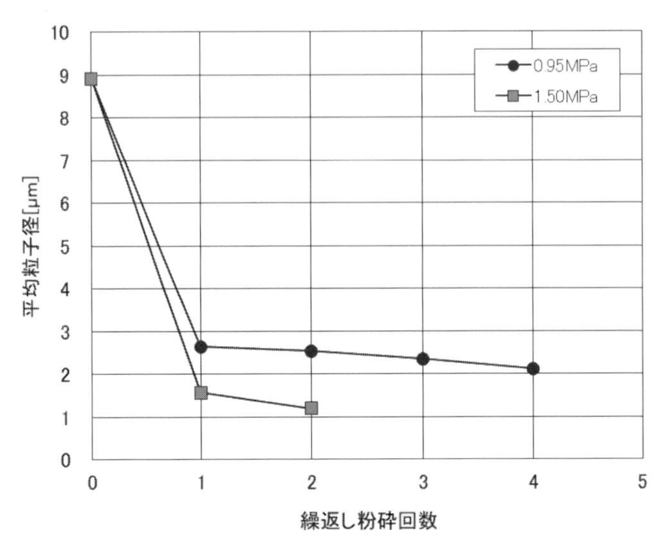

図6.1.12 ジルコンサンドの繰り返し粉砕による粒子径変化

0.95MPaと1.50MPaでの比較を行っている。0.95MPaでは繰返し粉砕により粒子径の減少は見られるが、その差は0.2～0.5μm程度と微小である。1.50MPaでは0.95MPa粉砕品よりも微粉砕が行え、さらに2回粉砕により0.5μm以上の微粉化が行えた。これにより、この粉砕を行う場合0.95MPaでの繰返し粉砕はあまりメリットがあるとは言えないが、1.50MPaの高圧粉砕では、閉回路粉砕とすることで粉砕製品の微細化とバグフィルター集塵機での粉砕製品の回収率向上が見込めることになる。

6.2　高品質な粒子を合成するには

6.2.1　粒揃いの結晶粒子を効率よく得るためには

電池材料や医薬品原薬といった高付加価値な材料を得るためには、粒子径分布や結晶の形状、多形などの結晶物性を正確に制御する必要がある。また材料開発の進展とともに求められる粒子径もmmサイズからμmサイズ、nmサイズへと微粒化しつつある。こうした細かな粒子群を得るためには、大きな塊を粉砕していくことにより微小な粒子を得る粉砕法（ブレイクダウン法）と、晶析法など溶液の化学反応などによって粒子を得る方法（ビルドアップ法）の２通りがある。しかし粉砕法では、粒子径はともかく結晶形状や多形などの物性をコントロールすることは難しいため、化学反応によって粒子群を得る方法が高付加価値な材料開発において主に用いられている。晶析は、固形成分が溶解した溶液に対して、温度を下げたり、非溶媒を添加したりするなどの操作を行うことで固形成分が溶解しきれない状態（過飽和）を作り出し、溶けきれなくなった固形成分を固体として得る操作である。２液以上の化学反応により難溶性の固形分を生成し取り出す操作もこれに含まれる。晶析は主に、溶液中の特定の成分だけを取り出したり、不純物を取り除いて純度を高めたり、粒子径分布などの物性がコントロールされた結晶粒子群を得る目的に使われる。

従来の晶析法では、巨大なバッチ式の反応槽を用いるのが一般的であった。こうしたバッチ式の反応槽を連続式の反応装置に置き換えることができれば、省スペース化が可能となり単位体積当たりの生産能力が向上する。その結果、製造プロセスの運転や保守などにかかるコストを削減できる。また、バッチ式の反応槽では生産量を増やす際に、より大型の反応槽へのスケールアップが行われることが多いが、スケールアップの度に再現性の検証を実施しなければならず、生産時間を延ばすだけで生産量を増やすことのできる連続式に比べ、スケールアップに多くの時間とコストを必要とする。このような事情から、とりわけ医薬品の製造プロセスの連続化への関心は高く、複数の反応槽を直列に接続した装置や、管型反応装置、近年ではマイクロリアクターが開発されている。これを推し進めて、連続化された一連の生産プロセスをトラックで輸送可能なサイズまで小型化し、「必要なものを・必要なだけ・必要な場所で」生産することができる設備を開発する流れもある。

このように、バッチ式の生産プロセスを連続式に置き換えるメリットは多く、連続式の晶析装置の開発が盛んに行われるようになってきた。連続式の晶析装置では、目標とする物性（平均粒子径、粒子径分布、結晶外形、結晶多形など）が整った結晶だけを連続晶析によって得るためには、結晶の発生・成長速度を高めて、最初に核を一斉に発生させ（核化制御）、溶液濃度や温度等の偏りのない溶液中で結晶成長させながら、得られる結晶の粒子特性を正確に制御することが求められる。本項では結晶の制御を連続的に行うことが可能な、最新式の晶析装置について解説する。

6.2.2　液ー液合成に必要な撹拌力

ここで紹介する連続式の晶析装置は、優れた微細撹拌能力を有することが知られていたテイラー渦流に着目し、それを、化学反応を行う場である反応管に応用した装置である。**図6.2.1**に示すように、外側の円筒（外筒）と内側の円筒（内筒）の間に液を満たし、内筒をある回転速度で回転させると、液と外筒、内筒との間に生じるせん断力によって特徴的な渦が発生する。これをテイラー渦流といい、隣り合った渦がそれぞれ反対の向きに回転する。実際どのようにテイラー渦流が発生するか、この渦流が発生する様子を撮影した動画については、**図6.2.2**を参照されたい。内部の渦まではどちらに回転しているかわからないが、**図6.2.1**に示したような線状の渦流を見ることができる。

テイラー渦流が生じるか否かは内筒の半径と回転速度、外筒と内筒間のクリアランス幅、液の動粘度によって決まる。ここで、内筒の半径をr、角速度をω、クリアランス幅をd、液の動粘度をνとしたとき、テイラー数Reは式（6.2.1）で示される。

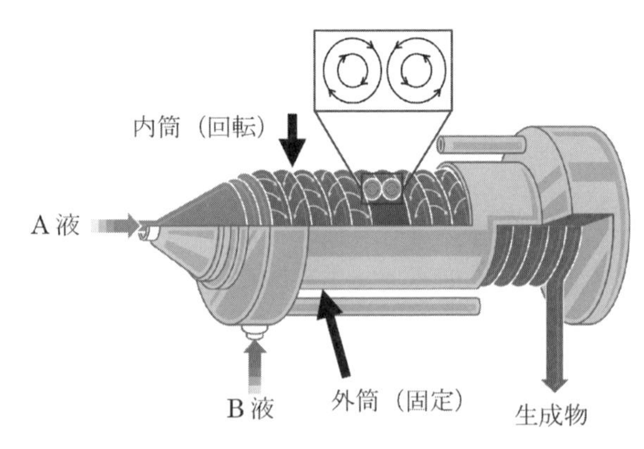

図6.2.1　テイラー渦流のモデル図

$$Re = \frac{r\omega d}{\nu} \quad \cdots (6.2.1)$$

このテイラー数Reの値が120 ～ 140の範囲に入る条件が整った場合に、図6.2.1に示すようなテイラー渦流が生じる。内筒回転速度、内筒の半径、クリアランス幅を様々に調節することで、例えばテイラー数が同じ、すなわちクリアランス部に同じような渦が生じるものの、作用するせん断応力が異なる条件や、逆にせん断応力が同じであるがテイラー数が異なる条件を作り出すことができる。これにより、液の反応場であるクリアランス部におけるせん断応力の強弱や、生じる渦の違いが晶析物に及ぼす影響を詳しく調べることができるとともに、テイラー数、せん断応力が両方とも高い領域で晶析を行った場合には、粘度の高い溶液から微細な単分散の結晶を得ることもできるなど、従来のチューブ式マイクロリアクターでは作ることのできなかった結晶粒子を作製することが可能となる。

実際の装置（**図6.2.3**）としては、接液部の材質をSUS316Lとして耐薬品性を高めるとともに、外筒と内筒のクリアランスは数mmオーダーとして、従来のマイクロリアクターで問題となることが多かった閉塞を避ける構造としつつ、内容積が19mLのラボ機から、内容積が190mLの実生産を想定した機種が製作されている。また、液の逆流や滞留時間のバラつきが生じることのないように、反応液の入れ方や出し方にも工夫が施されている。これにより、反応管に入った液は入口

図6.2.2　渦流の発生する様子

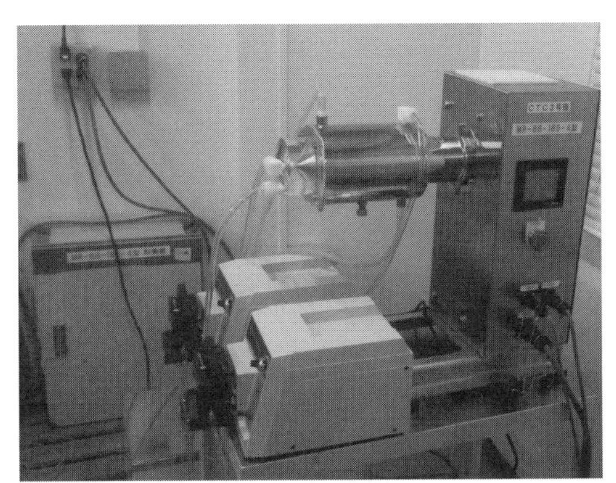

図6.2.3　連続晶析装置の外観写真
（商品名：リアクタライザー「晶多」 ㈱徳寿工作所）

から出口へ一定の速度で流れる押出し流れとなり、ポンプの送り速度と反応管体積から決定される滞留時間を経た後に排出され、従来の連続式晶析装置と比較して定常かつ安定した連続生産が可能になった。

6.2.3 新素材開発へ向けた適用事例と今後の課題

(1) 非溶媒添加晶析(塩化ナトリウム)

非溶媒晶析の一例として、塩化ナトリウムの飽和水溶液に非溶媒であるエタノールを加えることで過飽和を作り出し、塩化ナトリウムの結晶を得ることを試みた。まず、ビーカーでバッチ式の要領で晶析させた場合と、連続晶析装置で晶析させた場合の比較を行った。装置は内容積190mL、クリアランス幅1mmを用い、内筒回転速度を300r/min、滞留時間は10sとした。バッチ式、連続式ともに塩化ナトリウム飽和水溶液とエタノールを質量比で7:3の割合で反応させた。反応後、晶析物をろ過・回収しレーザー回折散乱法で粒子径分布を測定、SEMで結晶を観察した。その結果を**図6.2.4**に示す。結果より、連続晶析装置で晶析を行うことにより、バッチ式に比べ収率が高く、粒子径の小さな結晶を得ることができた。また連続晶析装置で作った結晶は表面が平滑であるのに対し、バッチ式で作った結晶は表面が荒れていた。これは、連続晶析装置では成長条件の偏りがなく均等に結晶成長することができたが、バッチ式では成長条件に偏りが生じ、均等に結晶成長できなかったためと考えられる。

次に、内容積19mLの小型機を用い、内筒回転速度を750～2,500r/minの範囲で変化させて晶析を行い、どのような違いが表れるかについて調べた。滞留時間、2液の混合比はバッチ式と同じとした。得られた結晶のSEM写真と平均粒子径D_{50}を**図6.2.5**に示す。結果より、回転速度1,000r/minのときに平均粒子径が最も大きく、D_{50}=12.3μmであった。1,000r/minから回転速度を大きくしていくと得られる結晶の粒子径が小さくなっていき、2,500r/minで最も小さな値であるD_{50}=4.54μmとなった。連続晶析装置では、内筒回転速度が高いほど過飽和が結晶成長よりも核発生に消費され、結果として粒子径の小さな結晶が大量にできる傾向にある。この実験でもおおむねその傾向に沿った結果となったが、1,000r/minから回転速度を下げた750r/minでは粒子径が大きくならなかった。これは、回転速度が低すぎて結晶成長に必要な溶媒が成長途中の結晶粒子表面に行きわたらなかったためと考えられる。

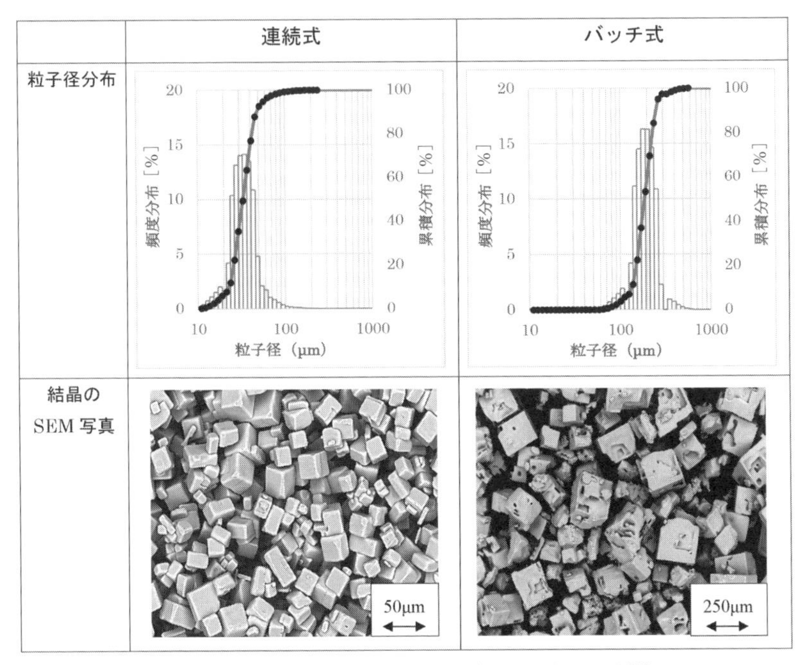

図6.2.4　塩化ナトリウム晶析結果（バッチ式との比較）

r/min：1分間あたりの内筒回転速度

D_{50}：積算 50%径（平均径）

図6.2.5　内筒回転速度による粒子径の変化

次に、滞留時間を変化させて得られる結晶の収率や粒子径がどのように変化するかを調べた。内筒回転速度は2,000r/minとし、2液の混合比はこれまでと同様に7：3とした。各滞留時間に対して、得られた結晶の収率と平均粒子径D_{50}の変化を**図6.2.6**に示す。結果より、滞留時間が長くなるにつれて収率、結晶の平均粒子径ともに大きくなる傾向があった。また、滞留時間5sにおいても8割近い収率を達成しており、この装置の特徴であるテイラー渦流で溶媒と非溶媒が瞬時に混合され、短い反応時間であっても高い収率を達成できていることが証明された。

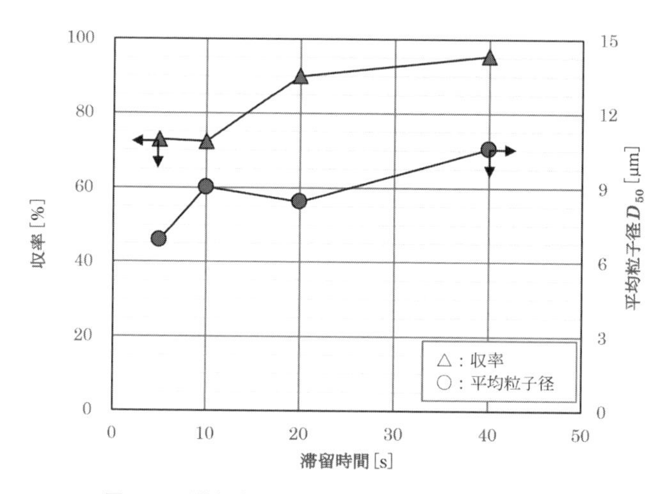

図6.2.6　滞留時間による結晶の収率と粒子径の変化

(2)　反応晶析（硫酸バリウム）

反応晶析の事例として、硫酸ナトリウムと塩化バリウムを反応させて難溶性の硫酸バリウムを得る試みを行った。反応式は以下の通りとなる。

$$Na_2SO_4+BaCl_2 \rightarrow BaSO_4+2NaCl \quad \cdots (6.2.2)$$

式（6.2.2）より、硫酸ナトリウム水溶液と塩化バリウム水溶液を反応させると、主生成物として硫酸バリウムが得られる。この他に、副生成物として塩化ナトリウムが生じるが、生成する量が少ないため全量が水に溶解し固形分としては残らない。よって、反応後の液をろ過することで硫酸バリウムだけを取り出すことができる。

まず、塩化ナトリウムのときと同様にバッチ式との比較を行った。バッチ式はビーカーで行い、連続晶析装置は内容積19mLの小型機を使用した。運転条件は内筒回転速度1,000r/min、滞留時間10sとした。硫酸ナトリウム水溶液（濃度0.1M）と塩化バリウム水溶液（濃度0.1M）の2液を反応させ、晶析物をろ過・回収し、得られた結晶の粒子径分布をレーザー回折散乱法で測定し、SEMで結晶を観察した。結果を**図6.2.7**に示す。結果より、バッチ式では平板状の結晶ができたのに対して、連続晶析装置で晶析すると樹枝状の結晶が得られた。また、この装置で得た結晶は平均粒子径が小さく、粒子径分布が非常にシャープであった。以上の結果より、連続晶析装置で晶析することによって、バッチ式晶析に比べて微細で粒子径の揃った結晶粒子を得られることがわかった。

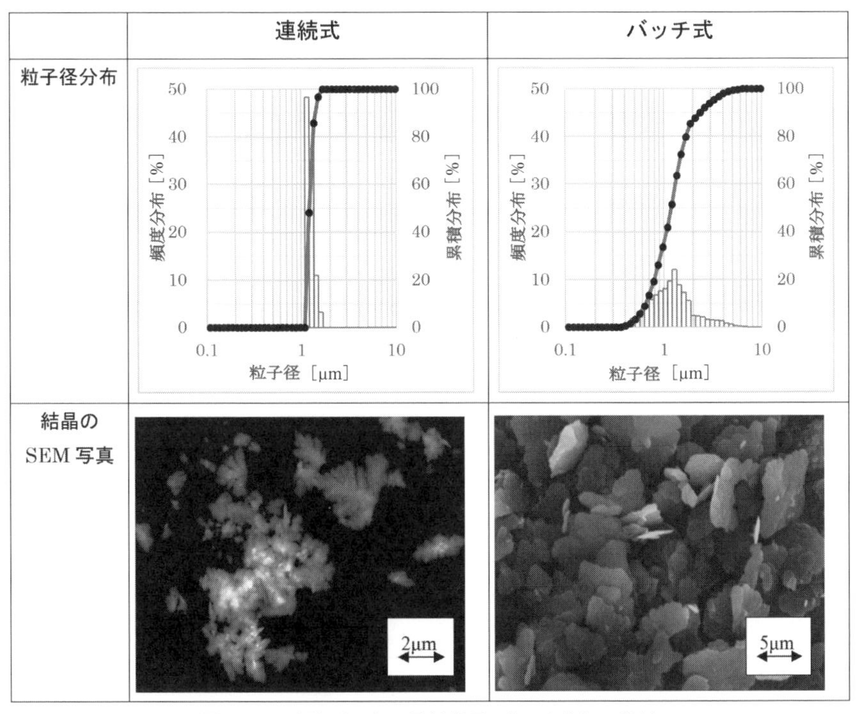

図6.2.7　硫酸バリウム晶析結果 バッチ式との比較

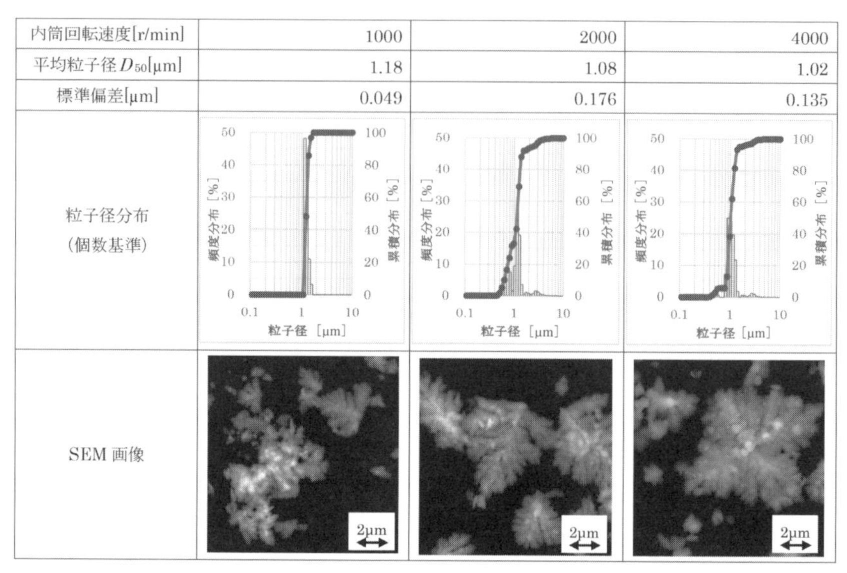

内筒回転速度[r/min]	1000	2000	4000
平均粒子径D_{50}[μm]	1.18	1.08	1.02
標準偏差[μm]	0.049	0.176	0.135
粒子径分布 （個数基準）			
SEM画像			

図6.2.8　内筒回転速度による粒子径の変化

続いて、内筒回転速度を1,000~4,000r/minの範囲で変化させて晶析を行い、傾向について調べた。滞留時間や液の濃度はバッチ式と同じとした。**図6.2.8**に示す結果より、塩化ナトリウムの晶析と同様に、内筒回転速度が高くなるにつれて平均粒子径が小さくなる傾向があった。さらに、回転速度が高くなるにつれて結晶の外形が変化し、4,000r/minでは対称性の高い形状に変化した。このことから、回転速度を変化させることで粒子サイズのみならず形状をも制御できることが示された。

以上のようにテイラー渦流を反応管に応用することで、押出し流れによる安定した連続晶析が可能となり、従来のバッチ式反応槽ではできなかった粒子径や結晶多形などの制御も、運転条件の調整により可能となった。処理する結晶によっては、温度も反応に対して制御する必要があるため、内筒内部も冷却できる構造の機種も作られている。反応させる溶液の組み合わせ方やその素材に合わせて操作条件を調整することが必要であり、そのプロセスはまだ確立されたものはなく、手探りの状態であるといえる。連続晶析装置を用い、どのような物質で凝集のない微細な結晶粒子を製作すればよいのか、今後その用途開発の進展が期待される。

6.3 粉体の品質を左右するふるい分け技術

6.3.1 ふるい分けとふるい分け機

ふるい分けとは「網を使用して、網目を通る粒子と通らない粒子に分ける操作」である。ゲージとなる網を使用するふるい分けは、目開きサイズ以上の粒子や異物の混入する確率が極めて小さく、製品品質を保証するために、ふるい網を通す操作は極めて確実な手法といえる。

ふるい分け機は古くから様々な業界で数多く使用されてきており、機種もその目的や用途に応じて多種多様であるが、主要なふるい分け機は振動ふるいと面内運動ふるいに大別することができる。**表6.3.1**には主要なふるい分け機の分類とそれらの運転条件を示す。

振動ふるいは、1mm～十数mm程度の小さな振幅で高速に運動するふるい機であり、現在に至るまで多種多様な装置が製造され、その区分の仕方も様々であ

表6.3.1　各種ふるい分け機の区分と運転条件

<table>
<tr><th></th><th colspan="2">形式</th><th>振動速度
回転速度
［r/min］</th><th>全振幅
旋回半径
［mm］</th><th>適用網
目開き範囲
［mm］</th><th>代表的な装置と運動形態</th></tr>
<tr><td rowspan="8">振動ふるい</td><td rowspan="4">重～
中荷重</td><td>ローヘッドタイプ</td><td>900～
1200</td><td>9～12</td><td>5～100</td><td rowspan="4">トップマウントスクリーン</td></tr>
<tr><td>リプルフロータイプ</td><td>800～
1000</td><td>8～10</td><td>5～50</td></tr>
<tr><td>トップマウント
スクリーン</td><td>800～
1000</td><td>8～10</td><td>5～50</td></tr>
<tr><td>共振振動ふるい</td><td>600～
900</td><td>10～20</td><td>3～50</td></tr>
<tr><td rowspan="2">中～
軽荷重</td><td>振動モータ同期式</td><td>1000～
1200</td><td>5～6</td><td>0.5～10</td><td rowspan="4">振動モータ同期式</td></tr>
<tr><td>複振式スクリーン</td><td>1000～
1500</td><td>3～6</td><td>0.5～10</td></tr>
<tr><td rowspan="2">軽荷重</td><td>円形振動ふるい</td><td>1500～
1800</td><td>3～5</td><td>0.1～5</td></tr>
<tr><td>電磁振動ふるい</td><td>3000～
3600</td><td>0.6～1</td><td>0.1～3</td></tr>
<tr><td rowspan="4">面内運動ふるい</td><td rowspan="2">水平
旋回
運動</td><td>吊下げ式</td><td>200～
260</td><td>30～45</td><td>0.1～5</td><td rowspan="4">水平旋回運動床置き式</td></tr>
<tr><td>床置き式</td><td>200～
280</td><td>25～50</td><td>0.05～5</td></tr>
<tr><td colspan="2">水平旋回～往復運動</td><td>200～
300</td><td>25～45</td><td>0.1～5</td></tr>
<tr><td colspan="2">3次元揺動</td><td>200～
230</td><td>35</td><td>0.05～5</td></tr>
</table>

る。一例として表6.3.1には処理する粉粒体サイズ別による区分方法を示したが、概ね全ての振動ふるいは重荷重（網目開き数10mm以上)、中荷重（数mm～数10mm)、軽荷重（数mm以下）に分けられる。これら振動ふるいの振動方向は、主に網面に対して垂直方向に運動する。トップマウントスクリーンに代表される重荷重ふるいでは、その運動形態は円（楕円）運動であり、振動モータ同期式のような中荷重ふるいでは、直線的な往復運動をするように作られている。また、大きな粒子を処理する装置は、大きな粒子を飛び跳ねさせるために、振動ふるいの中でも比較的大きな振幅が採用され、小さな粒子を処理する装置は小振幅であるが、高い振動速度が採用されている。一昔前は比較的大きな粒子を決められた粒子径範囲にふるい分けることを主目的として、重厚長大で堅牢な装置が作られていたが、近年ではふるい分けの対象となる粉粒体も、より細かいものへと移り変わり、それに伴ってサニタリー性を重要視した、より細かい網目でふるい分けることができる装置（円形振動ふるいに代表される軽荷重ふるい）が主流になってきている。

一方の面内運動ふるいは、表6.3.1の運動形態の略図に示したように、ふるい網を水平方向に旋回運動させ､大きな振れ幅で比較的ゆっくりと動く装置であり、網上材料層の撹拌、分散と粒子の転がりによる網と粒子の接触チャンスを重視した装置である。適用網目開きは数mm（最大でも5mm）以下の範囲で使用される。大型の装置も製作されており、細粒域でのふるい分けや、ごく少量の粗粒子や異物を除去する全通ふるいに多用されている。

6.3.2　効率の良いふるい分けのポイント

ふるい分け本来の使用目的は、粗粒と微粉をカットして中間サイズの製品を生産する3種分けや、一つの材料を幾つかの粒子径範囲に分割する操作などが該当する。このふるい分けでは製品となる粒子径サイズの中に含まれる異径サイズの粉粒体の混入が問題視される。選定する装置や使用するふるい網によりふるい分け能力や効率が異なるため、異径サイズの混入率もこれに応じて変化する。混入率は小さければ小さいほど効率よくふるい分けられているという指標になるが、混入率の少ない効率のよいふるい分けを行うためには、①供給された粉粒体を網面上に均一に拡散しながら粒子群の分散をはかり、②網上粒子層の成層を促進して細かい粒子を網目に近づけ、③網面上で粒子群を転動させて網通過のための接触試行を数多く行い、④粒子に大きな網通過力を与え、⑤均一な網面上の移動によって安定したふるい分け過程を得ることが必要である。

(1) 遠心効果の考慮

各種装置の回転や振動速度、回転半径や振幅などにはそれぞれ最適値が存在しており、これらの基準となるものが遠心効果と呼ばれる数値である。遠心効果K[-]は振動の最大加速度と重力加速度の比によって求められる。

$$K=\frac{r\cdot\omega^2}{g}=\frac{r}{g}\left(\frac{2\cdot\pi\cdot N}{60}\right)^2 \qquad \cdots (6.3.1)$$

ここで、r：振動の片振幅（回転半径）［m］、ω：振動（回転）の角速度［rad/s］、g：重力加速度［m/s^2］、N：振動（回転）速度［r/min］

装置の振動強度を表す数値としての遠心効果Kは、網上滞留時間や粒子の分散力など、ふるい分けに必要な要素となっており、網面と粒子の衝突力ばかりでなく、粉粒体の網上移動速度に関与する数値である。面内運動ふるいでは2～3の範囲、振動ふるいでは5を中心として3～7の範囲で概ね振動条件が決定されている。

面内運動ふるいの場合の事例を**図6.3.1**に示す。ふるい分け機の回転半径と回

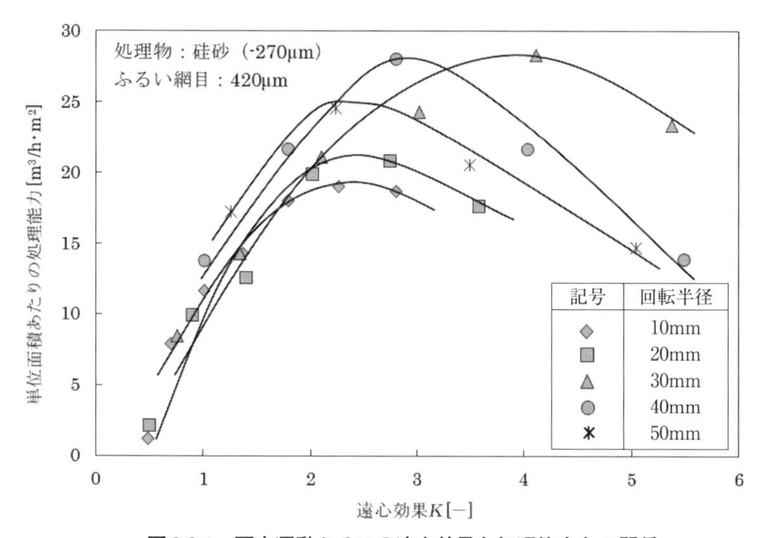

図6.3.1　面内運動ふるいの遠心効果と処理能力との関係

転速度を変化させてふるい分けを行い、その条件での遠心効果に対する各々の処理能力をプロットしたものである。遠心効果３程度までは何れの条件も処理能力は増加していくが、それを越えると能力が低下するようになる。数値が大きいほど粒子に対する分散力は強く作用することになるが、網上での搬送速度、網通過力などを総合的に考え合わせると、必ずしも大きい数値が最適値とはならないことが示されている。また、遠心効果が大きくなると装置にかかる負荷も大きくなるため強度を保つことが難しく、それぞれの型式により遠心効果の上限が決められているのはこのためである。

(2) パーコレーション分離の利用

粉粒体粒子層に振動を加えると、**図6.3.2**に示す模式図のように大きな粒子が上層に残り、小さな粒子は下層に集まってくる。これは小さな粒子が大きな粒子の隙間を通って粒子層の下部に落下するためである。振動による偏析現象であるが、網下品としたい微粉や網目に近い大きさの粒子を、粒子層の最下部にあるふるい網に接触させるための現象として､ふるい分けには非常に重要な要素である。凝集、付着性の強い粉粒体や湿分を含むなどの材料物性が影響する場合、また、狭いサイズの範囲で多種分級を行う場合などでは成層作用が発生し難いため、精度のよいふるい分けが難しい原因のひとつとなる。

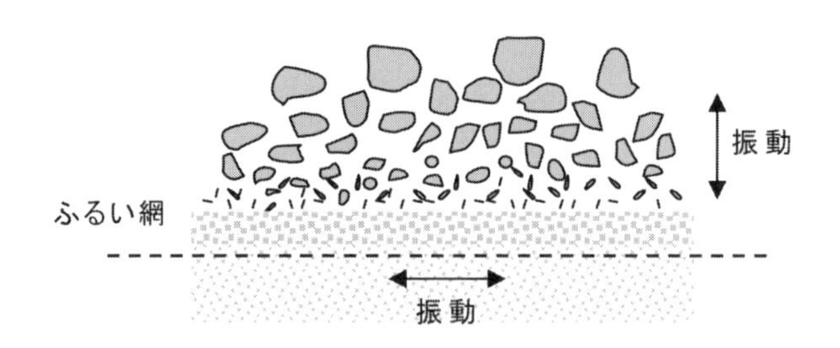

図6.3.2　パーコレーション分離の模式図

(3) 網面上での粒子群の転動

図6.3.3には面内運動ふるいと振動ふるいの、網上で粒子が運動する軌跡を示した。面内運動ふるいは、網面と水平方向に旋回し、縦方向への振動成分を持たないため粒子は網面上を転がりながら移動していくが、逆に垂直方向の振動成分が大きい振動ふるいでは、網上の粒子は振動に同調して飛び跳ねながら移動して

① 面内運動ふるい

面による接触　…　常時接触
網上移送速度　3～5m/min

② 振動ふるい

点による接触　…　接触チャンス少
網上移送速度　10～15m/min

図6.3.3　網上粒子の移送状態

いく。同一網面積で考えると、網目との接触回数は面内運動ふるいの方が圧倒的に多くなるためふるい分け効率がよく、振動ふるいではその分滞留時間を延ばす工夫、例えば振動角度の調整や網面積の延長などが求められる。

⑷　粒子に大きな網通過力を与える

網通過力は、粒子が網目を通り抜けるための力を指す。大抵は粒子の重力落下に依存する力ではあるが、振動ふるいの場合は網面に対して垂直方向の振動が主成分になるため、この通過力は面内運動ふるいに比べて大きくなる。また後述するが、網面に超音波振動を加えると格段に網通過力が大きくなる。ただし、使用する網目とふるい分ける粉粒体とのサイズの関係や、付着性、流動性といった物性によっても変わるため、一概に比較して優劣を決められるものではない。

⑸　均一な網面上の粒子の移動

表6.3.2にふるい分け機の網上移動速度と網上粒子の滞留時間の例を、また、**図6.3.4**に直線振動ふるいと面内運動ふるいにおける、供給速度と網上移動速度との関係について示す。網面傾斜式の振動ふるいは振動自体に粒子を搬送する力がないため、移動速度は網面傾斜角度（15～25°）に依存している。また、網面

表6.3.2　ふるい分け機の網上移動速度と網上材料の滞留時間

ふるい分け機の型式	網面長さ［m］	網上移動速度［m/min］	網上滞留時間［s］
円振動網面傾斜式振動ふるい	2～6	15～25	5～15
直線振動網面水平式振動ふるい	1～6	10～15	5～30
円型振動ふるい	0.2～0.9	5～15	5～15
水平旋回面内運動ふるい	1～7（多段式）	2～10	10～120

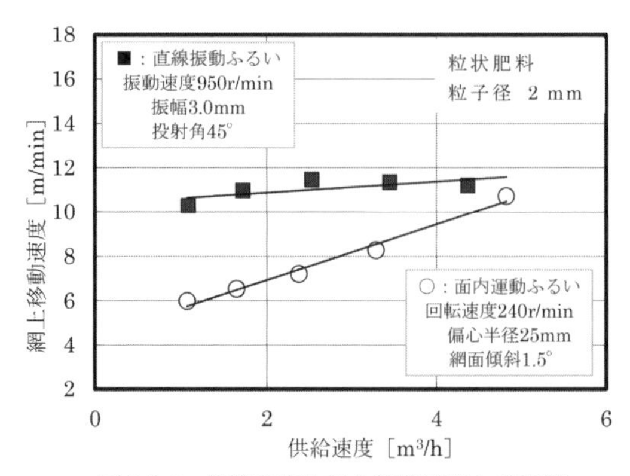

図6.3.4 供給速度と網上移動速度との関係

水平式の直線振動ふるいは、モータの取り付け角度やバランスウェイトの調整など振動条件によって移動速度を変えることができるが、その移動速度は、図6.3.4をみると、供給量を増やしてもあまり変化しておらず、振動条件の方に大きく依存していることが分かる。つまり振動ふるいでは、ある程度の供給量の増減に係わりなく滞留時間は一定でふるい分けが可能になり、面内運動ふるいに比べて単位面積あたりの能力を大きくできる要因となっている。ただし、供給量を増しても滞留時間が一定ということは、供給量の増加に伴って、網上粒子層の厚みが大きくなること（ふるい分け効率低下の原因）に注意する必要がある。他方、面内運動ふるいは網面傾斜角度が0～5°の範囲で設計されているため、運動自体に搬送能力がなく、網面傾斜と連続供給される粉粒体のピストン効果に依存している。図6.3.4からも、供給量を増すに従い、移動速度が大きくなっていることが分かる。言い換えると、供給量が増えるに従い滞留時間が短くなるという相関関係にあるため、面内運動ふるいでは特に安定的な定量供給を行うことが必須条件になる。

目的とする製品を得るためには、その目的に合った適正なふるい分け機を、数ある中からいかに選定するかが重要であり、ふるい分け操作の基礎理論とふるい分け機の特長との係わりを把握しておくことが大切なポイントになる。さらに、使用するふるい網の使い分けにより、ふるい分け効率の向上およびトラブル回避に繋がることもあるので、次項にふるい網の選定についても記しておく。

6.3.3 ふるい網の選び方

ふるい網の目開きは分級の基本となるゲージと考えられるため、分級点と同じ網目開きを使用することが妥当だと考えがちである。**図6.3.5**に示すように網下品中には網目開きより大きな粒子はほとんど混入せず、逆に網上品中には網下サイズの粒子が残留するのが普通であり、分級点（50%分離粒子径）は実際に使用した網目開きより小さくなる。粉粒体製品では、決められた粒子径以外の粒子の混入許容値が決められていることが多く、許容値の範囲内で網目開きを大きくすることにより、製品収率を増加することができる。振動ふるいでは希望する分級点×1.1～1.15、面内運動ふるいでは分級点×1.05～1.1の網目開きが適用されることが多い。この倍率の違いは、前述の網上移動速度と網目との接触チャンスの違いによるものである。また、線細網を使用することにより、網面の相対的な開孔率が大きくなるため目詰まりの抑制とふるい分け能力の増加を図ることができる。よって、耐久性を考慮のうえ可能な限り細めの線径を選定することがポイントとなる。

また、網目よりも小さい粒子径ではあるが、そのサイズ次第で確率的に抜け難い粒子が存在することも理解しておく必要がある。つまり網目のサイズと粒子径との差が小さくなった場合で、網目のサイズと粒子径の相対比率0.8以上の粒子サイズを特に難通粒子と呼称している。網目よりも大きい粒子径と網下に通過さ

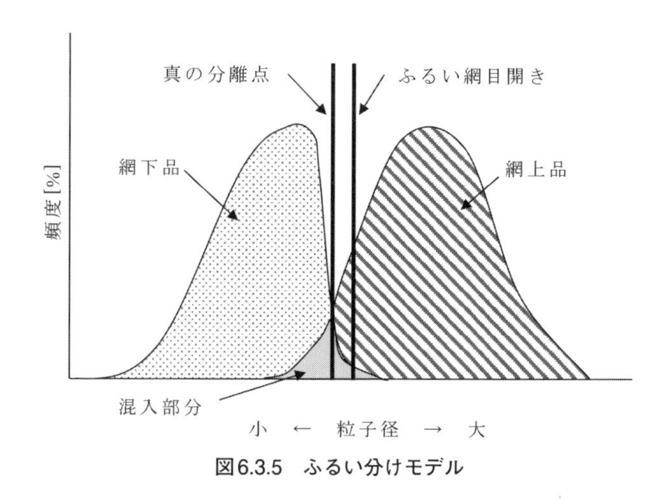

図6.3.5 ふるい分けモデル

せたい粒子径の境目が本来の分級点であるが、ふるい分けでは図6.3.5に示した通り必ず混入がある。網上品中への微粒子の混入原因は確率の問題であり、希望する分級点よりも大きめの網目を選定することが有効であることの理由はここにある。

6.3.4 異物を取り除く重要なふるい分け

網上に残る粒子の比率が小さい（概ね5%未満）ふるい分け条件をスカルピングと呼称している。粒子径サイズ別にふるい分ける操作とは異なり、製品に入ってはいけない異物や製品にはできない大きな粒子を取り除くことが目的になる。このため、粉粒体原料の受入れ時にふるい分けるチェックふるいや、製造プロセスの末端や出荷前に粉粒体製品の品質を担保する保証ふるいなどとして、プロセスの最初もしくは最後で使用されるふるい分け操作である。ふるい分けの目的は、ほぼ入っていることのないはずの異物を除去することであり、大量処理を可能とする装置が求められる。また、チェックふるいとして使う観点から、網面の状態確認、網切れの有無、網上品の除去などのメンテナンスは、日々の点検項目として取り入れられることが多く、これに費やす時間が生産量に影響を与える可能性もある。このため、メンテナンス性は最重要項目となる。

図6.3.6にその一例を紹介すると、食品業界においては、古くから同じ網目の枠を数十段重ねた大型のふるい分け機を使用していたが、網の点検に手間と時間がかかるなどメンテナンス性の悪さから敬遠されるようになってきた。この要望を受けて開発されたスカルピング専用機がある。**図6.3.7**に示す写真の通り、外見上は円形振動ふるいと同じであるが、内部構造をより強固にして振幅を上げ、遠心効果を従来の円形振動ふるいの2倍程度に高めた強振動型である。円形振動ふるいの取扱い易さ、メンテナンス性の良さはそのままに、処理能力は1m^{2}未満の網面積で数十t/hを飲み込めるほど強化されている。強振動型と従来の円形振動ふるいのふるい分け状態を比較した動画は、**図6.3.8**のQRコードを参照されたい。網上の状態は粉塵が舞い上がりよくわからないと思うが、それぞれの排出口から出てくる粉体の量の違いをご覧いただきたい。この量の違いが時間あたりに換算すると数十倍の能力差となるのである。

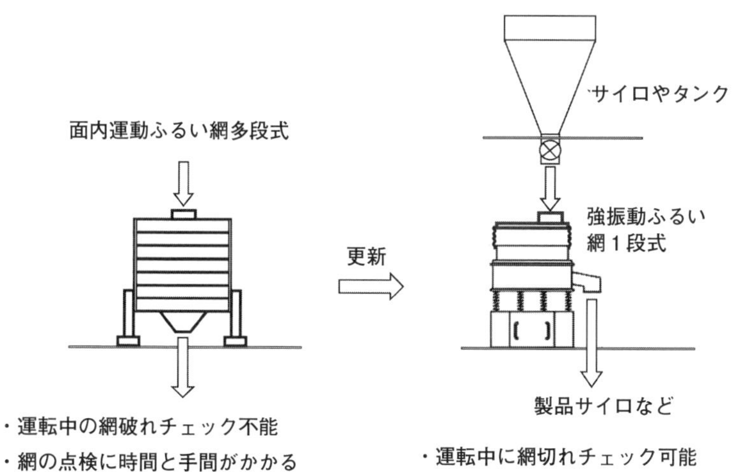

図6.3.6　強振動型ふるいの使用方法の一例

図6.3.7　スカルピング専用の強振動型ふるい外観写真
（商品名：G-UP スクリーン TMG型　㈱徳寿工作所）

図6.3.8　強振動型と従来の円形振動ふるいのふるい分け状態の比較

使用する網段数も1段のみであり、保守点検はごく容易にできる構造になっていることもブームになった理由である。唯一の欠点は網上品があった場合、これを連続的に排出できないことである。よって、網上となる異物や粗粒子が入っていない粉粒体製品を長時間大量に処理し続ける、保証ふるいとしての用途に限られるのである。

スカルピングの場合、強振動型ふるいもそうであるが、使用網目開きには対象となる粉粒体の平均粒子径の数倍以上が採用されるため、単位網面積あたりのふるい分け能力は大きくなるのが通常である。しかしながら、近年のナノテクノロジーの発展とともにナノ粒子と呼ばれる微粒子を取り扱うケースの増加とともに、スカルピングで使用される網目も小さいものが望まれるようになっている。当然、粉粒体の粒子サイズが小さくなればなるほど、凝集性や付着性が顕著に現れるようになり、分散性が悪くなるのが一般的である。これら微粒子を取り扱う機器において、分散性の悪化はトラブルの大きな原因となる。特にふるい分けにおいては、前述の通り網上での分散が最大のポイントであり、凝集性の強い微粒子を細かい網目でふるい分けることは困難を極める。この問題に対処するふるい分け機が、次項で解説する超音波式円形振動ふるいである。

6.3.5 超音波利用によるナノテクノロジー対応ふるい機の開発

従来から微粒子域の分級ではその分散力の強さから、風力分級機が数多く使用されてきたが、それらの多くはスクリーンなどのゲージを持たず、粗粒の飛び込みを完全になくすことができないという問題を抱えている。微粒子を取り扱う産業において粗粒の混在は、製品機能を損ねる主要因であり、限りなく0であることが望まれている。

前述の通り、通常スカルピングに使用される網目開きは、平均粒子径の数倍以上のものが選定されている。ナノ粒子のふるい分けにおいては、一次粒子径自体はナノサイズであるが、ふるい網の実用的な最小目開きは32μm程度であるため、目開きとその差は極めて大きい。しかしながら、ナノ粒子になると微粒子同士の凝集や付着により、網目を塞いでしまう目詰まりが発生するため、網目開きが十分に大きくても、時としてふるい分けできない場合もあり得るのである。

ふるい分け操作における目詰まり対策としては、**図6.3.9**にあるようなタッピングボールを網の下に入れることが以前より行われている。これは比較的粗い網目でのささり目詰まりには効果的であるが、微粒子の付着目詰まり、特に網上で凝集してしまうような微粒子に対しては、例えボールの使用個数を増やしたとしてもその効果は激減する。また、網線の摩耗粉やボールの削れカスなどが異物と

図6.3.9　タッピングボールの写真

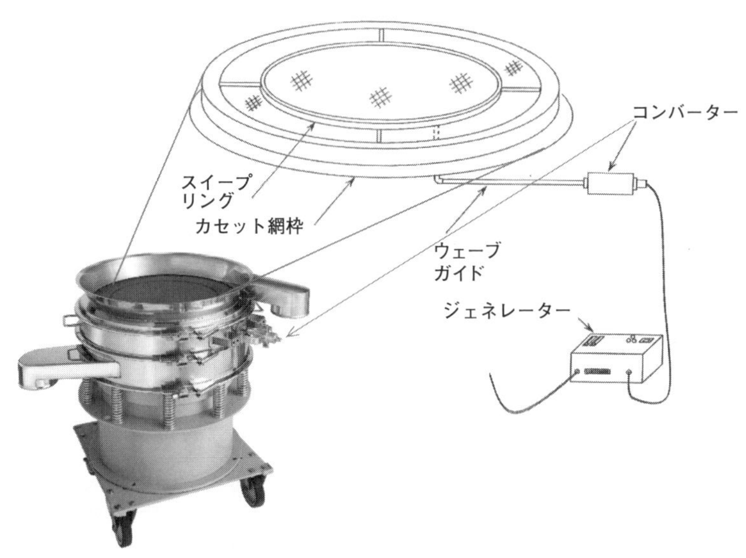

図6.3.10　超音波ふるいシステム
(商品名：スイープシーブTMS型　㈱徳寿工作所)

して混入することも懸念されるため、精密な電子部品関連材のふるい分けにおいては敬遠されている。そのような中、ヨーロッパで開発されたふるい網に超音波を利用した超音波システムが導入され、このシステムを従来の円形振動ふるいに組み込んだ超音波式ふるいが市販されるに至り、微粒子域のふるい分けに大きな進展をもたらした。

超音波システムの例を**図6.3.10**に示す。このシステムは高周波電圧を発生させる発信機（ゼネレータ）と、電気信号を振動に変換するコンバーターによって構成されている。コンバーターのふるい網への装着方法と網面への振動の伝達方法は様々であるが、ふるい分け機に適用される超音波振動の周波数は36kHz前後で、網面では全振幅3～6μmの上下振動が発生する。振幅としては非常に小さい振動であるが、網面上の超音波による遠心効果は15,000G前後という非常に大きな数値となる。**図6.3.11**には、超音波の有無による網面上の粉粒体材料の動き方を撮影した動画のQRコードを挙げる。超音波振動は目に見えるほどの振幅はないため、網面上の振動に違いはないが、超音波を入れると遠心効果の違いにより、粉粒体の分散状態が大きく変わることを見ていただけるはずである。

図6.3.11　超音波の有無による網面上の粉粒体材料の動き方の動画

この大きな遠心効果により、従来の装置に優る分散効果と網通過力が得られる。ただし、超音波振動は単純な上下振動のみであり、粒子の網通過力は大きいが、装置に供給された粉粒体を網面上で拡散させること、および網上、網下品の搬送、排出（ハンドリング）などの機能はないので、振動ふるいや面内運動ふるいなど、従来使用されている装置の運動メカニズムと組み合わせることが必要となる。

図6.3.12には従来のふるい分け機との単位面積当たりの処理能力を比較したグ

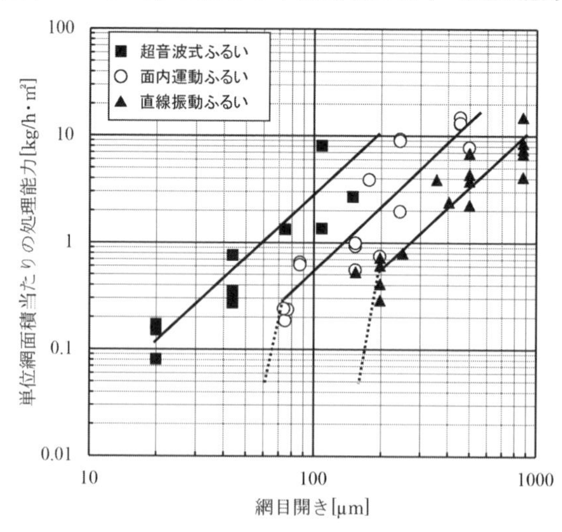

図6.3.12　ふるい分け能力の比較

ラフを示す。粉粒体の処理能力は大まかに、網目開きの２乗に比例する。使用する目開きを1/2にすると処理能力は1/4に減少するのが一般的であるが、微粒子は凝集、付着性が強くなるため、網目開き100μm程度を境にして処理能力が急激に低下、または、付着目詰まりの発生によりふるい分け不能となる。超音波式ふるいでは、その性能が細かい目開きであっても、従来のふるい分け機では処理できなかった目開きの範囲まで適用可能となったのである。

従来装置とは異なり網面に対して直接大きな遠心効果を伝達できるため、網面に接した粒子に大きな力を与えることができることと、網線に付着した粒子の除去ができることが性能向上の要因となっている。また、目詰まり除去のためにタッピングボールなどを使用する必要がないため異物混入がほとんどなく、さらに騒音値も低くなることも超音波式ふるいの特長である。

6.4 粉体を均質に混ぜる極秘の技とは

6.4.1 混合中の粉の動き方(混合作用)

二種類あるいは複数種類の粉粒体を、乾いた状態もしくは少量の液体の入った状態で､均一に混ぜ合わせる操作を混合という。粉粒体を混ぜ合わせるためには、粒子が動かなければならないが、粒子自体には自発的な運動性能はないため、外部から力を加えてこれらを動かさなければならない。この外力を加えるための装置が混合機である。

その外力を大まかに分類すると、以下の3つの作用がある。混合中にどの作用が主になっているかによって、その混合機がどのような混合精度を持っているかなど、その特徴が決められる。ただし実際には、それぞれ強弱はあるものの、対流、せん断、拡散の3つの作用が同時に起こり、この相乗的な作用によって混合が促進される。

(1) 対流(移動)作用

容器自体の回転やパドル、リボン羽根といった撹拌羽根などの回転、あるいは気流によって粉粒体粒子群を大きく位置移動させ、混合装置内で循環流を形成させて均一化を行う。粒子群に重ね合わせ、折り畳み、切り離し作用を加えてマクロな全体混合を促進させる作用である。

(2) せん断作用

粉粒体粒子群内部の速度分布によって生じる粒子相互の滑りや衝突、また撹拌羽根と容器壁面、底面などの間で生じる粉粒体への圧縮と伸張などのせん断力によって、粉粒体が解砕、分散され均一化がより進む作用である。この作用は、全体混合とミクロな部分混合を合わせ持ち、液体の均一分散には必要不可欠なものであり、加えられるせん断力の強弱により最終状態が異なってくる。

(3) 拡散作用

混合過程の中で、近接した粒子相互の位置交換による局所的な混合作用のことを指す。実際には粉粒体の表面状態や形状、粒子径差、充填状態、粒子の自転などによる不規則性に起因した、いわゆる粒子の酔歩が要因となって起こる作用である。

6.4.2　各種混合機の分類と特長

(1)　容器回転式混合機の容器の形

V型、二重円錐（コニカル）型、円筒型などの様々な形をした容器を、外部の駆動装置により回転させる装置群であり、古くから多くの業界で最も多用されている混合機群である。その理由としては、容器内にデッドスペースがなく洗浄性がよい、構造的に非常にシンプルで製作しやすい、保守点検がしやすいという点があげられる。機能的には、容器内の粉粒体は、容器の回転による対流作用により全体的に攪拌されるため、比較的流動性の良い粉粒体であれば短時間で均一な混合を行うことができる。また、混合する粉粒体に対して加えられる力は穏やかであり、壊れやすい造粒物や、弱熱性材料もソフトに混合することができるといった特長をもつ。一方で凝集・付着性の強い微粉体を混合する場合には、凝集ダマの発生や容器内壁への付着による混合不良、排出不良などのトラブルを起こすこともある。

主要な型式を**表6.4.1**に示す。二重円錐型混合機は直胴部の上下に二つの円錐を組み合わせた容器を回転させる形式で、コニカル型やWコーン型とも呼ばれている混合機である。この混合機の混合機構は、回転により形成される容器壁面の形状変化に伴って、円錐の頂角部での集合とたたみ込み作用、さらに容器直胴部での拡散作用とが繰り返されて混合が行われる。物性差がなく流動性のよい粒状物を粉化させることなく、短時間で全体的な均一混合を行うのには最適な機種である。V型混合機も容器回転式の代表的な混合機で、文字通り2つの円筒をV字型に接合した容器形状を持ち、これを回転させることにより、円筒型や二重円錐型とは異なった強制二分割分散と集合が繰り返されるため、分散性が大きく混合速度は速い。V型混合機が製作されるようになったのは1950年代であり、二重円錐型はそれよりも古い歴史をもつ。これら容器回転式混合機の容器形状は、その製作が始まった当初から大きく変わっておらず、新しい形状の装置開発はあまりされてこなかった。単純に容器を回すだけの装置構成であること、シンプルかつコンパクトにほぼ完成された装置であったことなどが理由としてあげられる。しかしながら、混合のしやすさを考えると、容器の形は複雑なものほどよく混ざりそうな印象を与えるが、容器そのものを回転させるために大容量の装置の製作は難しく、逆に作る側から考えると、あまり手の込んだ造形はやりたくない

表6.4.1　容器回転式混合機の種類と混合特性

混合機名称		V型	二重円錐型	斜円筒型	コンテナミキサー
装置外観写真					
混合	原理				
	時間（目安）	20～30分	20～30分	15～20分	15～20分
	分散力	△	△	○	△
投入排出	原料の投入	自動化可能	自動化可能	自動化可能	自動化可能
	機内残量	無	無	無	無
内部の清掃性		○	○	○	○

し、むしろトラブルの元になるため、やらない方がよいのである。

そのような中で、従来からある容器形状を少しだけ変化させて、混合精度を大きく飛躍させた容器回転式混合機が2013年に上市された。斜円筒型混合機である。基になった二重円錐型混合機も古くから数多く使われてきた混合機であるが、容器形状のシンプルさゆえに直胴部回転軸付近の粉が動きにくいというデメリットをもっていた。容器回転式混合機では、回転軸に対して水平方向への移動が起きにくいためであり、回転軸部分の壁面に傾斜を付けることにより、材料の流れ方は垂直方向のみでなく左右への揺動も付随させ、さらに流れ方向や移動距離、移動速度ともに左右非対称な流れを発生させている。この直胴部側面を20°傾けただけというシンプルな変更であるが、左右非対称という動きを加えたことにより従来機より短時間で精度の良い混合が行えるようになった。容器回転式混合機もまだ深化できる余地が残っていることを証明した事例といえる。なお、この混合機の開発は、東北大学の加納研究室との共同研究によって実現したものである。その詳細については第7章を参照されたい。また、この開発にあたってはシミュレーションを活用して、容器内の材料の動き方を可視化した。その際の動画については**図6.4.1**に示すQRコードを参照されたい。

特殊な容器回転式混合機の一例としては、混合の用途以外に、搬送容器、次工程の供給ホッパーなどと兼用ができる着脱可能なコンテナミキサーが医薬品製造

図6.4.1
斜円筒型混合機

プロセスでは使われるようになってきた。コンテナ一台で数役の役目をこなすことが可能であり、プロセスの省力化、無人化によるコスト削減と、完全な密閉系で操作を行うこともでき、異物混入の防止にもつながり、品質向上も図ることができる。ただし、コンテナと混合容器が兼用であるため複雑な容器形状は製作できず、角錐や円錐が基本形である。このため、容器の回転が単純な形状変化とならないように、容器側面と回転軸の取り付け角度を工夫したものが製作されている。

(2) 羽根で粉を撹拌する機械撹拌式混合機

混合容器は固定で、容器内に装備したパドル、リボン、スクリューなどの形状の撹拌羽根の回転により、容器内の粉粒体を撹拌、分散させる形式である。その代表例を**表6.4.2**に示す。強制的に撹拌できるため、凝集性の強い粉体や、液体を添加した混合もすることができるところが最大の特長である。また粉粒体の仕込み率も70%と容積効率がよいメリットがある。ただし、排出時装置内に混合物が残りやすく、羽根などが内装されているため清掃が困難であること、軟質な造粒体を混合すると粉化してしまうなどのデメリットもある。

撹拌羽根の形状や回転速度によっては、より強いせん断力を加えることもできるため、液体の添加を行うなど混練機として使われている機種もある。このように乾粉の混合から湿式混練まで対応できる機械撹拌式混合機の機種は千差万別であり、使われる業界に応じて独自の進化を遂げてきた装置もある。本稿で全ての機種を解説するには紙面が足りないので、ここでは表6.4.2に示す、最も代表的な機械撹拌式混合機であるリボン型混合機を取り上げる。

リボン型混合機は、螺旋状に巻いた板羽根をリボンに見立てて呼んでおり、このリボンはシャフト軸を中心に一重に巻いたものと二重螺旋にしたものなど、形状や巻き数はそれぞれの装置メーカー独自のノウハウで作られている。しかしながらリボン羽根が回転することで粉粒体に対流作用を与える構造は基本的に同じであり、粉粒体がより動きやすくなるように羽根の向く方向をリボン羽根の左右で変えたり、内羽根と外羽根の向きを変えたりするなどの工夫がなされている。リボン型混合機は材料層の中で羽根を回転させる構造であり、材料に直接せん断力を加えることができる。このせん断作用をより高めるために、リボン型混合機から派生した機種が、表6.4.2に示す高速せん断式混合機である。**図6.4.2**に、そ

表6.4.2　機械撹拌式混合機の種類と混合特性

混合機名称		高速せん断式混合機	リボン型混合機
装置外観写真			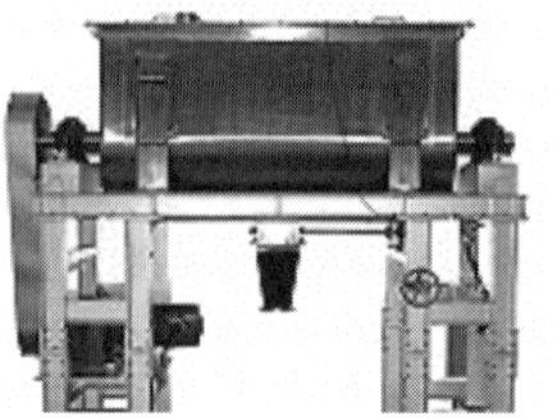
混合	原理	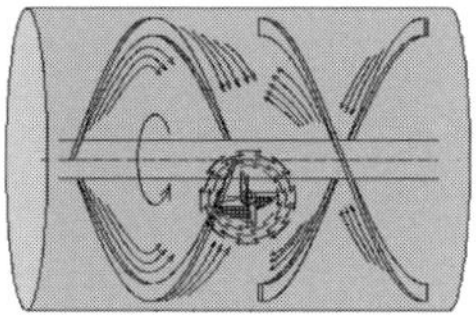	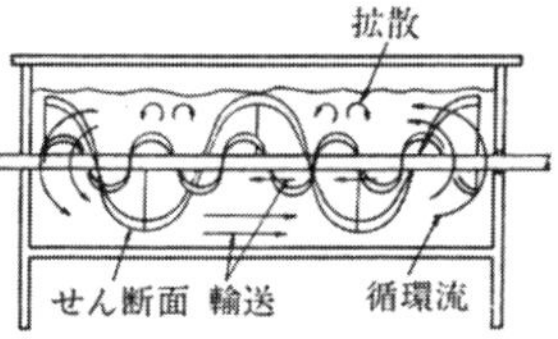 拡散 せん断面 輸送 循環流
	時間（目安）	5～10 分	15～20 分
	分散力	◎	○
投入排出	原料の投入	自動化可能	自動化可能
	機内残量	有	有
内部の清掃性		△	×

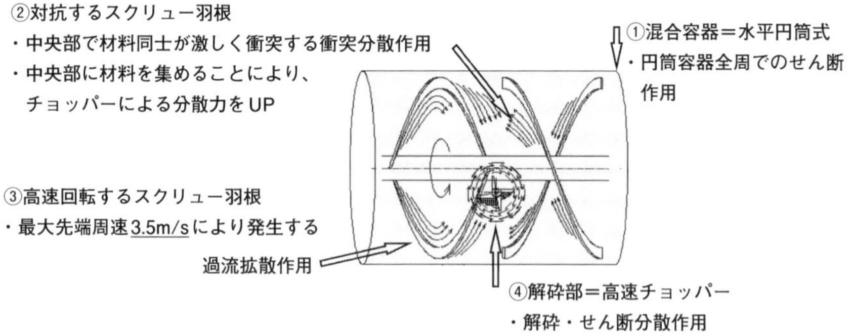

図6.4.2　高速せん断式混合機の混合原理

の混合原理を示したが、通常のリボン型混合機よりも高速で回転するロータやパドルなどの撹拌羽根により微粉体をより細かく分散でき、さらにはチョッパーに

図6.4.3　高速せん断式混合機の外観写真
(商品名：ジュリアミキサー JM型　㈱徳寿工作所)

よる解砕機構を備えたものもあり、粉粒体に非常に強いせん断力と摩砕力を与えられる機種である。リボン型混合機と構造的に異なる部分は、まず容器形状の違いである。リボン型はU字形状をしており、羽根の上部空間では粉粒体に対して外力は加えられない。**図6.4.3**に実際の装置例を示したように、円筒容器とすることで、容器内全周にわたり常時粉粒体に対してせん断力を与えることができる。また、この羽根形状は、粉粒体を中央部に集めるように造られている。粉粒体が集中する中央部に高速回転するチョッパーを設けることにより、解砕と分散作用を効果的に与えている。

リボン型混合機と高速せん断式混合機の操作条件としては、撹拌羽根の回転速度が大きく異なる。高速せん断式混合機の場合、先端周速で3倍以上の高速回転により、非常に強いせん断力と摩砕力を与えることを可能にした。このせん断力は、微粉体の凝集を微細に解砕、分散させるのには十分な外力が作用しており、微粉体微量成分の均質な混合や油分の分散混合など、通常の装置では混合できない領域への適用が可能となった。ただし、高いせん断力をかけるために、むやみに撹拌羽根の回転速度を上げることは、装置構造的にはかなりの負荷となり、故障などのトラブルの原因となり得る。また混合する粉粒体にかかる負荷の面からみても、原材料の破砕や発熱による変質などが伴うことも考慮しなければならない。

6.4.3 混ぜたのに分離する偏析現象

混合機といえば、容器に適当に材料を投入して、少し回しておけば混ざるものだと思われがちである。特に混合精度を求めないロット調整のような単純な混合であればその通りではあるが、容器内のどこから粉粒体を抜き取っても、全ての成分が均一に混合されている状態を求めるのであれば、混合する粉粒体の粒子径や密度といった材料物性や、混合容器に投入する順番や位置にも注意を払う必要がある。混合容器内全体で均一な混合を行うためには、粉粒体を動かして大きく位置移動させることが有効であるが、乾いた粉粒体を大きく動かすと必ずと言っていいほど偏析という現象が伴う。偏析現象とは、粒子径の小さい粒子や密度の大きい粒子が、粒子径の大きい粒子や密度の小さい粒子の間をすり抜けて容器下方に移動する現象（パーコレーション分離ともいう）であり、粉粒体の位置移動のためにはある程度必要な現象ではあるが、行き過ぎると混合不良という結果を引き起こす、混合操作にとってはやっかいな現象である。

機械撹拌式混合機は、羽根の回転により容器下方の粉粒体も強制的に上方へ持ち上げることができる機構のため、偏析を起こしにくい装置といえるが、密度差が非常に大きいものを混合する場合には、密度の小さい粒子が粉体層の上部に浮き上がったままになるケースもある。一方、対流作用が粉粒体の重力落下のみに頼る容器回転式混合機は、粒子径や密度などの物性差のある粉体を混合する場合は、混合中に偏析を起こしやすく、容器回転式混合機で一度偏析が起きてしまうと、混合時間をいくら延ばしても解消することはないのである。このように混合装置の内部では分散状態に速度分布が存在するものが多い。例えば二重円錐型では内部の材料の流れにおいて速度分布が存在し、回転軸に対して垂直方向の混合速度は水平方向のそれに比べて大きくなっている。これは容器の回転による粉粒体の移動方向に依存しており、当然一定方向にしか容器は回転せず、粉体の流れ方向も一定の方向に向くことになる。垂直方向については粉粒体の移動方向と同一であり十分な移動距離と移動速度が得られるが、水平方向への流れは容器の回転では起きにくく、粉粒体同士の衝突などで相互に位置を交換する分散作用に頼らざるを得ない。つまり、回転軸付近に物性差のある粒子、特に上層部に集まりやすい密度の軽い粒子や粒子径の大きな粒子があると、これらはほとんど動かずに、いつまでもその場所に留まるであろうことが容易に想像される。また、V型

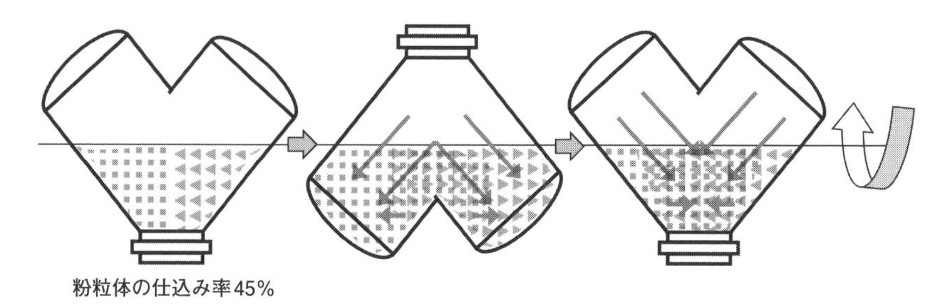

図6.4.4 V型混合機の混合模式図

混合機は上下に非対称な形状であり、容器回転式の混合機群の中では、比較的偏析は起き難い形式ではあるが、使い方を誤ると当然偏析という問題が発生する。それはVの字の左右で、材料の入れ替わりが均等に行われるか否かで決まってくる。流動性の悪い微粉体で、なおかつ粉粒体の微量混合を行う場合には、左右端部に投入してしまうと長時間の混合を行っても均一にならない可能性もあり得る。**図6.4.4**に示すV型混合機の模式図では交互に位置交換を行っているかのように描けるが、着目成分がV字形のどちらに流れるかは確率の問題であり、必ずしも交互に往来するわけではないということに注意を払う必要がある。

したがって、混合すべき粉粒体の投入位置は、垂直方向に偏ってもそれほど問題とはならないが、水平方向で偏ると、長時間混合しないと容器内全てが均一とはなりにくいといった問題が生じる。着目成分の最適な投入位置は混合容器の中央部垂直方向の線上であり、着目成分の配合比が微量になればなるほど、全体的に層状に広げて投入する、もしくは多量成分の間にサンドイッチ状態するなど、投入位置と投入順序に細心の注意をはらう必要がある。また、混合前にふるい分け機を用い、事前に凝集塊の解砕を行っておくことも一案である。以上のように混合操作を行う上で、装置への投入方法や仕込み率、回転速度などの操作条件が、粉粒体物性値と共に、内部の流動化状態を決める重要な因子となる。短時間で均一な目的の混合物を得るためには、装置と操作条件、粉粒体物性のそれぞれの相互関係を十分に把握しておく必要がある。

6.5 振動と流動を巧みに使い、粉体を効率的に乾かす技術

6.5.1 振動と流動のコラボレーション（振動流動層）

粉粒体の製造プロセス中で取り扱われる湿った粉粒体は、そのまま製品として出荷できるものは少なく、乾いた状態にしてから出荷したり、製品に加工したりするケースの方が多い。この粉粒体を乾かすために使用される乾燥機も熱風を使うものや伝導伝熱を利用したものなど様々な型式がある（**表6.5.1**）。湿分をどの程度含み、それをどの程度まで乾燥させるか、さらに粉粒体の粒子径や物性によっても性質が大きく変わるため、その目的に応じて最適な装置が使われる。ここでは熱風を使った乾燥機の中でも特に代表的な流動層式乾燥機を取り上げるが、単純な流動層式ではなく、振動と連携させた連続式の振動流動層乾燥機について解説する。

まず初めに流動層式乾燥機の特長についてまとめておくこととしたい。湿った粉粒体を乾燥するために熱風を媒体として使用する流動層式乾燥機は、比較的低水分域の粉粒体を乾燥させる装置として古くから使われてきた。流動層式乾燥機にはバッチ式と連続式があり、バッチ式は乾燥時間における湿分値をコントロールしやすく、常に安定した乾燥材料を得ることができるため、医薬業界をメインに採用されている。連続式は大量生産を行う食品、無機材料など多くの業界で使

表6.5.1　各種乾燥機の区分

	対流伝熱方式	伝導伝熱方式
材料静置式	箱型乾燥機	箱型棚式乾燥機 真空凍結乾燥機
材料移送式	バンド型 振動流動層乾燥機（連続式）	ドラム式乾燥機 真空バンド型
材料撹拌式	ロータリードライヤー 流動層式乾燥機	円筒型撹拌乾燥機 円錐縦型リボン 真空二重円錐回転型 振動流動層（バッチ式）
熱風搬送式	気流乾燥機 噴霧乾燥機	

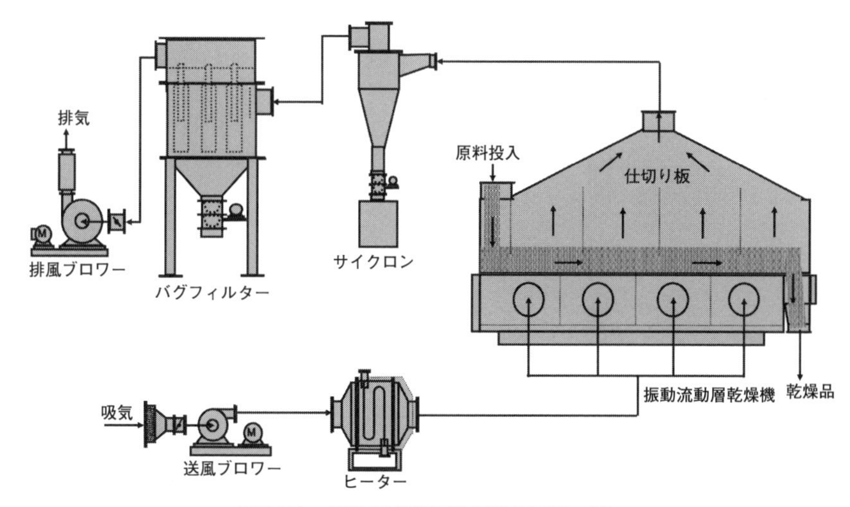

図6.5.1　流動層式乾燥機の基本フロー図

われており、比較的短時間で目的の水分まで乾燥できること、粉状から粒状まで適用可能な粉粒体が多いことなどのメリットをもっている。**図6.5.1**に基本的なフロー図を示すが、連続式の場合、熱風により湿潤材料が排出口側に瞬時に吹き飛ばされないように、機内に仕切り板を設けて滞留時間を調整している。他方、湿潤材料を流動化させるために、湿分の多さに比例して、大量の熱風を必要とするため、付帯機器が大掛かりになりやすいなどのデメリットもある。

この流動層式乾燥機に、機械的な振動を付与した装置が振動流動層乾燥機である。流動層式のメリットを継承しつつ、粉粒体材料の流動化を振動により補助することで熱風量を抑えることができる連続式の乾燥機として開発された。振動を加えることにより適用できる粒子径分布の幅が格段に大きくなり、さらにコストパフォーマンスのよい乾燥機として注目されてきた。

6.5.2　連続式振動流動層乾燥機の特長

振動流動層乾燥機の基本構造は、粉粒体材料を乗せて搬送するトラフ、ばね、駆動部、および基礎フレームからなる振動コンベアーである。**図6.5.2**の装置写真とともに基本構造を示すが、搬送用のトラフに多孔板を使用し、この下方から熱風を吹き込み、振動層と流動層を組み合わせた擬似流動層を形成させることで

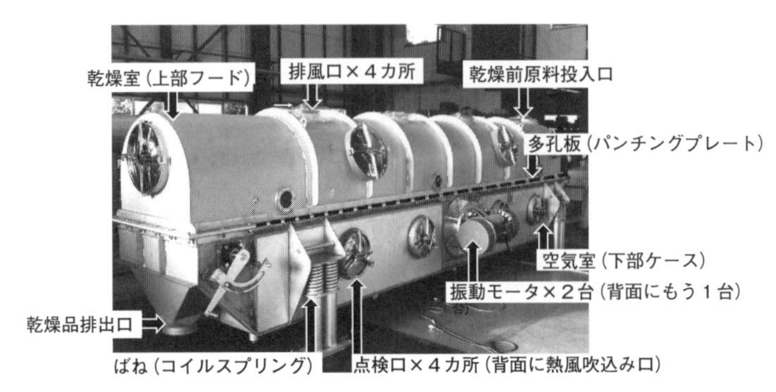

図6.5.2　振動流動層乾燥機の装置外観写真と基本構造
（商品名：振動流動層乾燥機 VDF型　㈱徳寿工作所）

乾燥を行う装置である。駆動方式は振動モータを採用し、モータ両軸にアンバランスウェイトを取り付け、その回転により上下方向の直線振動を発生させている。乾燥機本体は多孔板から上を乾燥室（上部フード）、その下は空気室（下部ケース）として箱型に作られており、粉粒体原料は一端から供給され、任意の堰板高さにより滞留時間を調整しながら乾燥を行い、製品となって他端から排出される。**図6.5.3**に示したフロー図のように、空気は送風機でヒーターを通して加熱されて下部ケースに入り、多孔板の開口部から吹き出して粉粒体と接触した後、サイク

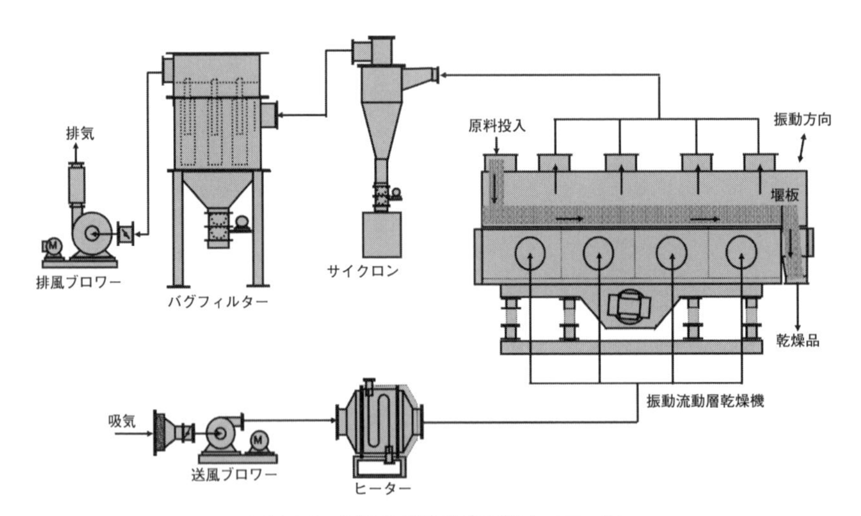

図6.5.3　振動流動乾燥機の基本フロー図

ロンやバグフィルター集塵機を経て固気分離されて放出される。基本的なフローは流動層式と同様、付帯機器を組み合わせることで、目的の乾燥処理が達成できるようになる。

振動流動層乾燥機の最大の特長は、数十mm程度の大塊でも、数百μmの粉粒体でも、高湿分であっても、基本的に振動による輸送が可能であれば乾燥も可能であり、適用できる粉粒体材料の幅が広いところである。また処理物も**表6.5.2**に示すように、医薬品、食品、金属、無機物、化成品など業界を問わないところも注目されるポイントになっている。振動を利用して材料を動かすことができるため、熱風だけで流動化をさせている固定流動層に比べ、少ない風量でも見かけ上流動化しているようにみえる擬似流動層を形成できる。この擬似流動層の粒子運動は比較的穏やかであるため、壊れやすい粒子でも破砕が少ない。さらに、使用風量を減らせることのメリットは送風機や排風機の動力、集塵設備のコストダウンにも繋がる。乾燥機自体の装置構造はシンプルであり、メンテナンス性、洗浄性がよく、場合によっては洗浄ノズル（スプレーボール）を使用した自動洗浄を行うこともできるところが医薬品、食品分野でも数多く使われる所以になっている。

表6.5.2　振動流動層乾燥機の乾燥事例

材料名	粒子径	処理量(Wet)	空気量	熱風温度	水分[%W.B.]	
		[kg/h・m²]	[m³/min・m²]	[℃]	乾燥前	乾燥後
調味料顆粒	φ1×2～3mm^L	220	33	70	6.5	2.5
粒状スープの素	0.3～1.5mm	900	33	80	1.1	0.6
無水結晶ブドウ糖	0.1～0.5mm	540	18	100	2.5	0.5
活性炭	0.5～1mm	550	36	135	14.5	5.0
焼却灰造粒品	φ8×15mm^L	500	66	125	16.5	0.1
木材チップ	5×20×40mm^L	100	37	130	51.3	3.8
ガラス破砕品	0.2～4mm	900	60	120	9.8	0.1
粒状農薬	φ2×2～3mm^L	210	54	85	26.5	0.5

6.5.3　振動流動層での粉粒体のハンドリング

上述の通り、機械的な振動を利用することで使用風量が少なくて済むことが最大の利点となる。単純に考えると、粉粒体材料のハンドリングを振動により行い、熱風は乾燥を行うための必要最低限の風量があればよいことになる。振動のない固定流動層式乾燥機との対比を、もう少し詳しく解説するが、まず振動の有無による流動化現象の違いについて**図6.5.4**に示すQRコードから、その動画を参照されたい。

図6.5.5には流動層式乾燥機と振動流動層乾燥機の、多孔板単位面積当たりの吹き出し風速と材料層の圧力損失の関係を図示した。上のグラフは1～12mmの粒子径分布を持つ材料の場合で、熱風のみの流動層では、風速を上げていくと小さい粒子のみが上層に浮き上がり、大きな粒子は沈降したまま動かない。このため、圧力損失が増加するのみで流動化せず、大きな粒子も含めた材料層全体が流動化するには1.2m/s程度の風速が必要になる。対して振動流動層では、大きな粒子の間を小さい粒子がすり抜けて沈降していく、いわゆるパーコレーション分離が起きる。この現象により大きな粒子も材料層の中で動き回るため、0.9m/s程度の風速でも目視上流動化しているように見える疑似流動層が形成される。さらに、熱風のみの流動化時よりも圧力損失は小さいため、送風機の動力も小さくできるのである。同様に下のグラフは3mm程度の粒子径の揃った材料の場合で、熱風のみでは材料間の間隙を空気が吹き抜けてしまうため、0.8m/s程度の風速がないと流動化しないのに対して、振動を加えることで材料と空気の混合が行われるため、0.5m/s程度の風速でも疑似流動層となる。

乾燥を行うためには、湿分を蒸発させるための熱量が必要であり、それは熱風の温度と風量により決まる数値である。温度が高く、風量が多い方が与えられる熱量が多くなるため、乾燥には有利と考えられる。しかしながら、ここで重要になるのが熱効率である。熱効率は熱風が持つ総熱量のうち、何%を湿分の蒸発に使用できたかを示すもので、高ければ高いほど効率の良い乾燥機であるといえる。振動流動層乾燥機は、材料と熱風を少ない風量でも効率よく接触させることができる疑似流動を形成させることができるため、固定流動層式乾燥機と比べて熱効率も1～2割程度大きく、概ね30～50%の範囲で運用される。つまり固定流動層では、大量に吹き込んだ熱風も、材料と十分に接触しないうちに排風側に移動し、系外へと排気されていることになる。これは粉粒体を流動化させないと乾燥がうまくできないため致し方のない部分である。

振動を加えることの利点は他にもある。振動により粉粒体をハンドリングできるため、前述した通り数十mm程度までの大きな処理物にも適用できる。大きな

図6.5.4
振動の有無による流動化現象の違い

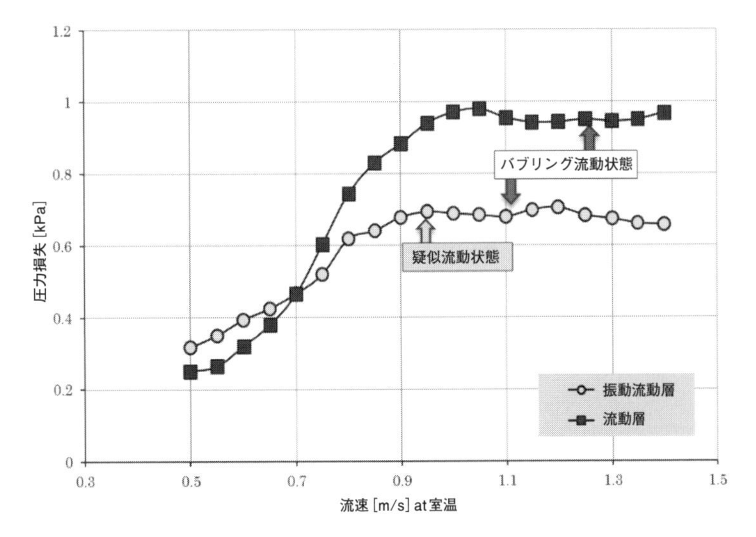

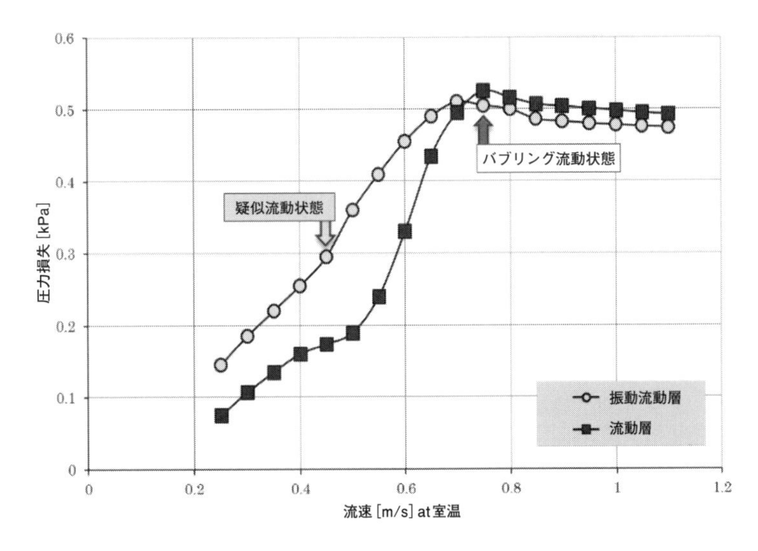

図6.5.5　振動の有無による空気流速と圧力損失の関係
上：粒子径分布に幅のある材料での圧力損失
下：粒子径の揃った材料での圧力損失

砕石や粒状肥料など、さすがに大き過ぎると流動層を形成できないケースもあるが、流動層式ではどんなに風量を増やしても搬送できないものも、振動により乾燥機内を移動させることができるため、連続式で乾燥処理を行うことが可能になる。また大きな処理物を扱う場合に、排出端に堰板を付けてしまうと処理物の層内での撹拌が行われない、下層部のものが排出されないといったトラブルの原因となるため、滞留時間のコントロールがしにくくなることもある。この場合は、乾燥機内を移動する間の時間で乾燥を終了できるように、乾燥面積を大きくする（大型の装置にする）ことで対処することもある。

さらに、通常熱風の吹込み方向は乾燥機目皿と垂直に吹き上げるのが一般的であり、流動層式乾燥機でも同様である。上方に吹き上げないと最終的にいつまでもそこに留まり続ける粒子が必ず存在することになるが、方向性を持たせた振動を加えることで、少しずつではあるが、排出方向に向かって粒子は移動していく。振動で処理物を搬送できるということは、乾燥終了後の装置内残量も流動層式乾燥機に比べると格段に少なくできる。

6.5.4　さらなる用途拡大のために

振動を利用することで、粒子径の大きなものへの適用範囲を広げた装置であるが、最近では逆に取り扱う粉粒体が細かくなる傾向にあり、平均粒子径0.3mm以下の材料を乾燥するケースも増えている。乾燥機内部にはフィルターを設けていないため、細かい粒子を処理すると、排風に同伴されてサイクロンもしくはバグフィルターに飛散してしまう。サイクロン回収粉も十分に乾燥できていれば、乾燥機からの排出粉と混ぜ合わせるという方法もあるが、飛散粉は滞留時間が短いため、品質上使用不可とされることも多い。そこで、乾燥機外への飛散を防止する目的で、上部フードの形状を**図6.5.6**のように拡大したタイプも作られている。飛散を完全に無くすことはできないが、胴径を広げ、見かけ上の風速を下げることにより、飛散率の縮減が可能となっている。

また装置構造がシンプルであり、メンテナンス性、洗浄性のよさから、医薬品や食品業界でも数多く使用されているが、特に最近では洗浄性をさらに向上させるべく改良が続けられている。箱型の上部フードではコーナー部分が洗浄し難いとの要望から半円筒状（**図6.5.7**）にし、可能な限り大きな点検口を設けるなど隅々まで目が行き届くようにしている。多孔板も取り外せるように上部フードを解放

図6.5.6　上部フード拡大型装置の外観

図6.5.7　サニタリー式装置の上部フード内の写真

図6.5.8　上部フード開閉式装置の例

できるような構造も製作されている。**図6.5.8**はその一例であるが、シリンダーを使用して簡単に開閉できるタイプである。振動体であるため、通常上部フードはボルト止めであるが、開閉を頻繁に行う場合には、ワンタッチクランプを採用している。この方式はあまり大型の装置には適用できないが、少量多品種生産を行うようなケースには最適な構造といえる。

振動流動層乾燥機は60年程の歴史と実績があり、ほぼ完成された装置であるが、ユーザーニーズの変遷に合わせて少しずつではあるが改良が施されてきた。これからもその傾向は変わりなく続けられていくことであろう。

6.6 個々の粒子をデザインするユニークな方法

6.6.1 簡単にできる粒子の複合化

粒子複合化は、複数の材料を組み合わせることで、単一粒子や単なる混合粉では発揮することのできない新しい機能を付与したり、性能の向上を図ったりすることを目的としている。複合粒子の創製は分散性や反応性の向上、液体と反応させる場合の溶出特性の改善、導電性や電気抵抗特性の付与など、多くの分野、業界で行われており、日々新しい素材の開発が進められている。複合粒子を作る方法も、気相法、液相法、機械的手法など様々であり、コーティングや化学的方法によるマイクロカプセルの製造なども複合化の範疇に含められるケースもある。数多くある創製方法の中でも、機械的手法は乾式で行えるため乾燥などの工程を省略でき、シンプルな製造プロセスであるため、大量生産や製造コストの低減といった点で注目されている。ここでは、この機械的手法について主に解説する。

機械的手法による複合化処理はバインダーを必要とせず、乾式で行えるため、装置構成がシンプルになることが特長である。複合化する核粒子と被覆粒子の選定は、処理後に期待される性能に大きく影響するため重要な因子ではあるが、複合化処理できる粉粒体の種類は有機物、無機物、金属など素材如何によらず組み合わせは無限である。加えて処理装置の適切な選択、および装置の適切な処理条件の選定次第で、複合粒子を創製することは比較的簡単に行える。**表6.6.1**に機械的複合化装置の原理と開発例を示すが、粒子複合化を目的とする装置としては、粉砕機や高速せん断式混合機を基にして開発されたものが多い。粒子複合化を行うためには、核粒子と微粒子を均一に混合し、さらに微粒子を一次粒子にまで分散させるために、強いせん断力、圧縮力を加える必要があるが、この力が得られやすいというのがその理由になっている。元々粉砕操作によりμmオーダーの微粒子を作り出すためには、強いせん断力や圧縮力が必要であり、粒子そのものには相当のエネルギーが加えられている。このエネルギーを利用し、核となる粒子を粉砕しない程度に表面にせん断力や衝撃、圧縮などを加えて活性化させ、微粒子を付着、固定化させる技術が、粉砕機を応用した粒子複合化技術である。つまり微粉砕を可能とする粉砕機であればほぼ全てが、その操作条件の設定により粒子複合化装置として応用できる可能性がある。

表6.6.1　機械的複合化装置の原理と開発例

	原理	複合化装置としての開発例
粉砕	高速回転式　ピンミル	ハイブリダイゼーション
	衝撃粉砕機　ディスクミル	(㈱奈良機械製作所)
	遠心分級型	ノビルタ　(ホソカワミクロン㈱)
	摩砕式ミル	メカノフュージョン
	ボールミル	(ホソカワミクロン㈱)
	ジェットミル	コンポジ　(日本コークス工業㈱)
乾燥	噴霧乾燥機	スプレードライヤー
	ドラフトチューブ付き噴流層	
	コーティング装置	
造粒	高速撹拌混練造粒機	ヘンシェルミキサー
	転動流動層	(日本コークス工業㈱)
その他	乳鉢	
	円筒容器底面の円盤が高速回転	メカノミル　(岡田精工㈱)
	楕円筒状容器中を同形状ロータが高速回転	シータコンポーザ　(㈱徳寿工作所)

また、制御された配列状態を作り出す操作として、造粒操作も利用される。特に粒子表面をコーティング、カプセル化する装置には、従来型の転動造粒、流動層造粒装置などが使われる。近年ではより細かい微粒子を単分散させながらコーティングを行うニーズも増えており、より分散力の強い転動流動層やドラフトチューブ付き噴流層などが開発されている。従来型の転動造粒機で取り扱える粒子径は数mm程度の粒体が限界であったが、転動流動層では100μm程度、ドラフトチューブ付き噴流層では20μm程度の粒子を核粒子として取り扱えるようになってきた。造粒機を応用するこの技術は、装置の大型化が容易であり大量生産にも対応できるため、複合粒子を実際の製品として実用化しやすいというメリットをもつ。ただし、造粒操作の多くは湿式で行われるため、装置および付帯機器はバインダーのスプレー装置や、送風機、乾燥用の熱源など大掛かりなものが必要で操作形態は複雑になり、イニシャルコストが大きなものとなる点がデメリットになる。

6.6.2　複合粒子の作り方

複合化された粒子は大きく分けて2通りの形態に分類される。1つは粒子の内部に他の微粒子を分散させる内部分散型複合粒子である。この内部分散型複合粒子を乾式機械的に作製するためには、かなり強力な圧縮、剪断力が必要となるため、表6.6.1中の複合化装置群のなかでも、内部分散型複合粒子の創製に適した装置は少ない。また、非常に大きな動力を必要とするため、装置の大型化が難しいという難点がある。もう一方の形態は、核となる粒子を他の微粒子で被覆した被覆型複合粒子であり、表面改質、コーティングおよびカプセル化など多様な手法により作られる。この手法は、核となる粒子を破砕せずにその形状を保ったまま行うことが一般的であり、装置の運転条件や最適な核粒子の選定、コーティングされる微粒子径のサイズ調整などの事例とともに多くの事例が蓄積されている。特に、食品や医薬品の材料には、核となる粒子形状を保ったままのコーティングや表面改質を要望されるケースが多い。これらの材料は結晶質であったり、造粒品であったり、脆いものや熱に弱い場合がある。粉砕を伴うような強いせん断、圧縮力が加えられる複合化装置では、これら粒子のコーティングは困難となる。先に述べた通り複合化のためには強い力が必要であり、矛盾しているようにも聞こえるが、脆性粒子や熱変性を起こすものには、よりソフトな複合化技術も求められている。その中にあって、高速楕円ロータ型複合化装置は、よりソフトな複合化を実現するために開発された装置である。以下に、高速楕円ロータ型複合化装置の特徴および食品等への複合化の適応事例を紹介する。

6.6.3 高速楕円ロータ型複合化装置の特徴

高速楕円ロータ型複合化装置は比較的低速で回転する楕円形内壁を持つベッセルと、その中で高速で逆回転する楕円形ロータから構成されている。粒子はベッセルの回転により対流、混合がなされ、さらにベッセル短径とロータ長径部とで形成される微小な隙間（以下クリアランスという）を通過する際に、複合化に必要な強いせん断、圧縮力を受ける（**図6.6.1**）。この装置のベッセルとロータの動きを動画にして挙げてあるので、**図6.6.2**のQRコードを参照されたい。

このせん断、圧縮力は瞬間的なものであり、せん断力付与と緩和を交互に繰り返し与えられる機構となっているため、温度上昇を抑えた穏やかな複合化処理が行える。またベッセルの回転により粒子全体に対流運動を与えることができるため、投入した粒子全体に均質な処理が行えることも特長になっている。

操作条件として調整可能なものは、ベッセルとロータの回転速度、およびクリアランスの間隔である。ベッセルの回転速度は大きい程、せん断頻度は増すこと

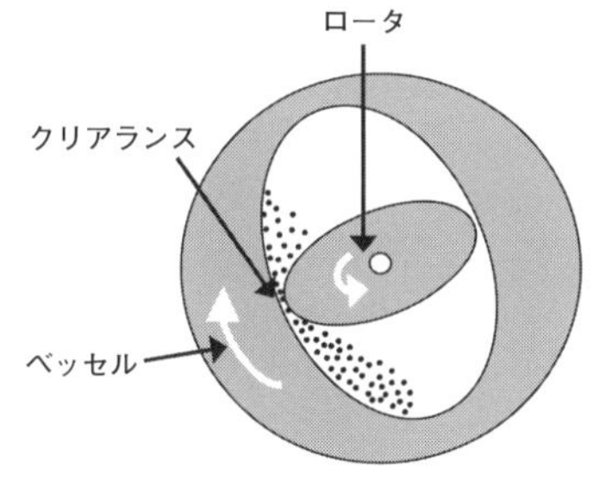

図6.6.1 高速楕円ロータ型複合化装置の概略図
（商品名：シータコンポーザ ㈱徳寿工作所）

図6.6.2 ベッセルとロータの運動状態

になるが、ロータ回転速度が一定であれば、ベッセル回転速度によらずせん断、圧縮力はほぼ変わらない。しかし粒子の均質混合を行うためには、投入した粒子が全体的に対流する必要があり、この対流状態に応じてベッセル回転速度を調整する必要がある。

最大5,000r/minまで回るロータ回転速度は、大きくなるにしたがって粒子に加えられるせん断、圧縮力は大きくなる。またクリアランスも小さい方が、せん断力が大きくなる。ただしそれに伴い、粒子に加えられる力も強くなるため、破砕させずに複合化を行う場合には、処理する粒子径と処理目的に応じた回転速度、クリアランスの設定が重要となる。一般的に、破砕が起き難いクリアランスの間隔としては、複合化する核粒子の粒子径の３倍以上が必要である。

6.6.4 複合化処理事例

操作条件によって粒子に加えられるせん断力は変わってくる。この装置では**表6.6.2**に示すように、操作条件の設定次第で食品や医薬品からセラミックスや金属材料に至るまで、幅広く応用できる可能性を持っている。

装置内の対流と微粒子の分散媒体としての効果を期待すると、核粒子の粒子径は大きい程複合化しやすいと言える。ただしせん断力は核粒子に対してより大きく作用することになるため、600μm程度が上限と考えられる。核粒子の形状に関しては、ベッセル内で分散さえすれば、どのような形状でも複合化は可能といえる。**図6.6.3**の写真は、粒子径約300μm～500μmの押出し造粒体にワックス

表6.6.2 シータコンポーザによる複合粒子などの作製と応用事例

	用途	核粒子	微粒子	内容、目的
複合化・コーティング	電子部品	ガラス粉体	金属粉体	導電性の付与
	鋳物	鉄粉	無機微粉体	流動性改善、充填率向上
	無機物	タルク	界面活性剤	疎水性物質の親水性への改質
	光触媒	シリカビーズ	金属酸化物	NOx、SO x の付着固定化機能の付与
	医薬品	乳糖	主薬	薬物使用量の少量化
	医薬品	主薬	ワックス	薬物放出性の制御、腸溶化
	化粧品	PMMA 樹脂	金属酸化物	性能の向上、UV カット
	食品	糖類結晶	添加剤	吸湿性の制御、保存性の向上
混合	医薬品	医薬品原料数種類		複数種類の混合
	歯科用セメント	石膏、顔料		微量成分の混合
	電極材料	カーボンブラック、テフロン粉体		倍散混合の省力化

図6.6.3 押出し顆粒へのワックスコーティング

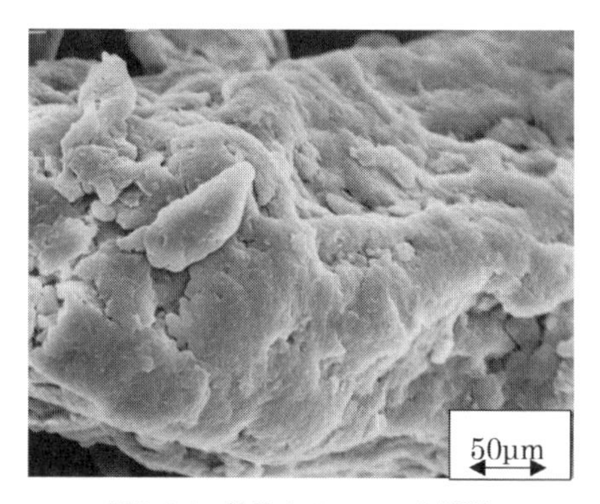

図6.6.4 結晶セルロースと乳糖

粉体をコーティングした事例である。条件さえ整えることができれば、脆い造粒品であっても、破砕することなくコーティングが可能である。

また、凹凸のあるものや薄片状粒子は粒子表面に均一に力がかからないこともあるため、複合化処理には難しい形状といえる。**図6.6.4**の写真は、平均粒子径 D_{50} = 100μmの結晶セルロース表面に、乳糖をコーティングしたものである。結晶セルロースは不定形で凹凸もあるため、一様なコーティング膜を形成することができず、乳糖粒子が展延されて張り付いているような状態になった。**図6.6.5**の写真は、D_{50} = 400μmの食塩結晶に、ワックス粉体をコーティングしたもので

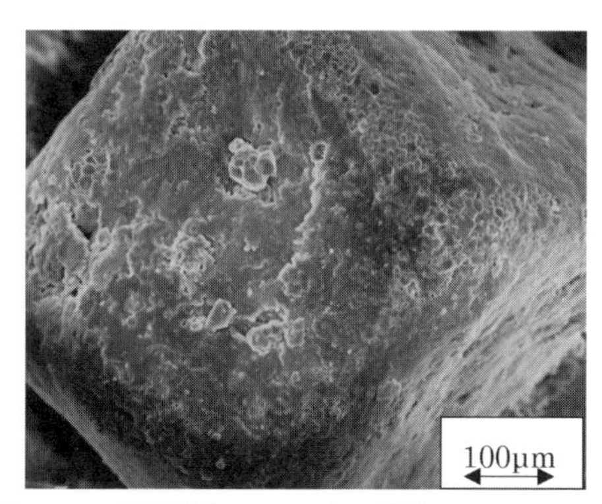

図6.6.5　食塩結晶へのワックス粉体のコーティング

ある。ワックス粉体の配合比は10wt%としたが、1度に全量を添加するとワックス粉が装置の内壁に付着し、装置内での粉体の対流を阻害した。配合比を増やして厚い複合化層を形成させることを目的とする場合には、微粒子の分割投入が有効な方法としてあげられる。図6.6.5の写真の事例では、ワックス粉体を4回に分けて添加し、対流状態を保持しながら処理を行った。

以上、高速楕円ロータ型複合化装置による処理事例を幾つかあげたが、この装置の最大の特長は、脆い核粒子であっても、その形状を保ったままでコーティングを行えるところにある。

6.7 「時の流れ」を「粉の流れ」で知る粉体時計の設計

6.7.1 奇麗な砂を作る、砂の粒を揃える

1991年１月１日世界で一番大きな砂時計である１年計（**図6.7.1**）が、島根県の「仁摩サンドミュージアム」において時を刻み始めてから、2024年で33年目を迎える。今も閉塞することなく流れ続ける、この現象はまさしくホッパーからの粉粒体の微量流出現象である。1tの砂を0.85mmの小孔から１年をかけて流す、という基本条件を満たすことができたのも、砂という粒子の特性を粉体工学的な観点から研究し、砂時計用としての特性に適用させることができたためである。

(1) 砂時計の要件

１年計の砂時計は、町でよく見かける３分計の175,200倍の大きさとなる。３分計のサイズを、相似性を保持しながら１年計にスケールアップすると、10t以上の砂が必要となり、砂時計の容器も膨大な大きさになる。人口砂やガラスビーズは使わないとのこだわりもあって、膨大な量の天然砂を用意する必要性と（それによる自然破壊にも気を配らねばならない）、容器製作の技術的な困難さも考えると、可能な限り小さいサイズで１年計を作ることが求められた[1)]。

ここで、１年計の砂時計を製作するために、事前に計画した設計条件を記しておく。

図6.7.1　仁摩サンドミュージアムの１年計砂時計
（口絵にも掲載）

① できるだけ少ない砂で､小さな砂時計を作る。砂が流れるオリフィス径(小孔)はϕ 0.85 ～ 0.60mmを目標とする。流量範囲は120 ～ 60g/hとなる。

② 砂がオリフィスで閉塞しないように、また、粒子径分布の経時的な変化による偏析対策として、使用する砂の粒子径分布はシャープにする。例えば使用するふるいの上下の網目のサイズ比は$\sqrt{2}$倍程度とする。

③ 長時間使用により、ガラス内面がほこりで汚れないように、使用する砂の表面を十分に洗浄する。

④ 人工の鉱物やガラスなどを使用せず天然の砂を使うことで、砂のイメージを前面に出す。砂は珪砂とする。

⑤ 1tの砂を１年間流し続ける。

長時間安定して砂が流れ続けるためには、流す砂の性質に厳しい条件が課せられる。砂時計に使用できる砂の性質は、粒子の形および化学成分が均一であること、流動性がよいこと、それらの特性が経時変化しないことである。その砂の中には、粗粒子の混入がないことばかりではなく、ふるいでは取り除くことのできない空気中に浮遊している糸くずの混入もあってはならない。当然、砂だけではなく、大きなガラス容器の中のほこりや異物も全く入っていないことが求められる。

(2) 砂作りに必要不可欠なふるい分け

図6.7.2に砂作りのフローシートを示す。砂時計が機能するには、全ての砂がオリフィスを完全に通過することである。莫大な砂粒の中に一粒でも大きな粒子や異物が入ってしまうとオリフィスの通過を妨げてしまうため、砂の精製には完璧を期す必要がある。つまり最も重要な工程はふるい分けであり、ポイントとなる操作条件は、ふるいの網目にズレがなく均一であること、安定した原料供給速度と網上の滞留時間のもとでふるい分けを行うこと、粒子径の揃った砂を得ることである。この粗分級、精製ふるいに使用したふるい分け機は、**図6.7.3**に示した面内運動ふるい機である。

オリフィス径を0.85mmとするなら、滞りなく流出する粒子径は６分の１以下が望ましいため､砂の粒子径は142μmが最大径となる。ふるい分けを行った場合、使用した網目よりも実際の分級点は１割程度小さくなる傾向があるため、粗分級における粗粒カット用の網は160μmとした。微粉抜き用の下段網は、概ね$\sqrt{2}$分の1となる106μmを用いた。さらに洗浄、乾燥後の精製ふるいでは、粗分級で取

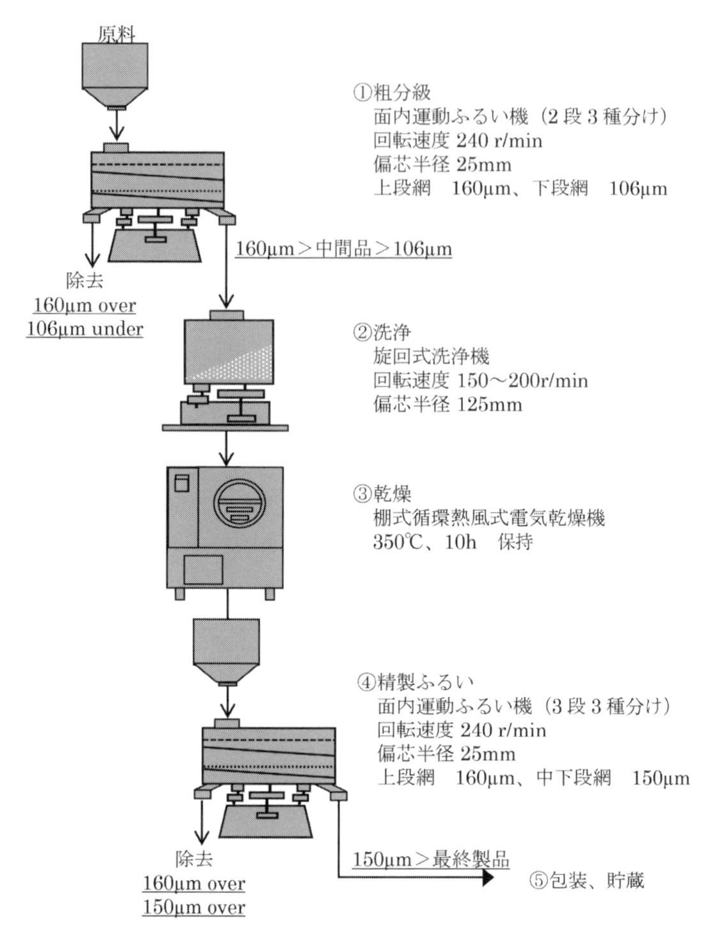

図6.7.2　砂作りのフロー図

り切れなかった粗粒子や形の悪いもの、乾燥後の凝集塊の除去を目的として、粗分級と同じ160μmに加え、その網目に近い目開きの150μmの網を2段セットにしてふるい分けを行った。

先にふるい分けのポイントを、安定した網上の滞留時間のもとでふるい分けを行い、粒子径の揃った砂を得ることとしたが、そのためには、ふるい分け操作中に網目が目詰まりしないことが必須である。この工程では目詰まり除去のために、6.3節の図6.3.9にも示したタッピングボールを使用して網の下から常に叩くこと

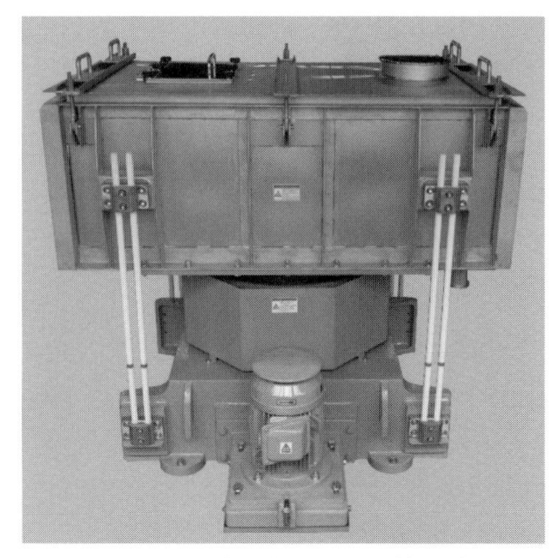

図6.7.3　面内運動ふるいの外観写真
（商品名：ジャイロシフター　㈱徳寿工作所）

と、これに加え、使用する網の素材を伸縮性のあるナイロン網としている。ナイロン網はSUS網のように素線がズレて目開きが変わるといったトラブルの発生が少ない網であるが、耐久性に懸念を持たれることが多い。しかしながら、縦方向への振動がない面内運動ふるいにおける耐久性は、SUS網と同等か、むしろ素線の細い目開きの小さい網においては、逆に延びる傾向にある。これら目詰まり対策が施せるのも面内運動ふるいならではであり、数あるふるい機の中でも、網上の滞留時間の安定性は群を抜いている。このことが、面内運動ふるいが砂の精製には最適であった理由になっている。

⑶　砂の洗浄

砂の表面に付いた汚れや微粉を除去することは砂時計の微粉による容器の汚れの防止や安定した砂の流出を得るために必要である。砂の洗浄には海の荒波の運動形態を再現できるようにした洗浄装置を試験的に開発した。その洗浄装置は、現在は製作されておらず写真なども残っていないため、**図6.7.4**は概略図としておおよその装置形態を描いたものである。旋回運動する駆動部に陶器製のポットを取り付ける。ポットの中に砂と水を一定量封入して旋回運動をさせると、あたかも波打ち際で砂が転がるような状態になる。

この装置を使用し、試験的に各地の海岸の砂を長時間洗浄すると大半が鳴き砂

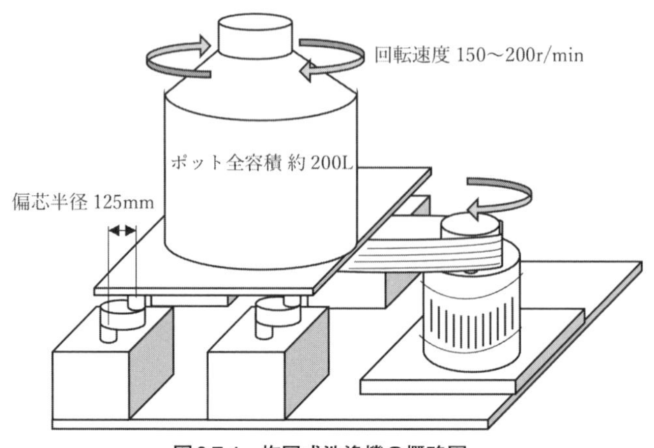

図6.7.4　旋回式洗浄機の概略図

になった。鳴き砂は異物や油分などが含まれない奇麗な状態で、摩擦係数が大きくなると発現する現象であり、洗浄装置による洗浄が有効的であることが示唆された。一方長時間洗浄を行うと砂の安息角が大きくなり、十分大きな開孔のオリフィスであっても、砂が流出しなくなる現象がみられた。**図6.7.5**に各種オリフィス径で、砂の洗浄時間と流出速度の関係を調べた試験データの一部をグラフにしたものを示す。×印のプロットが流出しなくなる洗浄時間であるが、そこまでは、

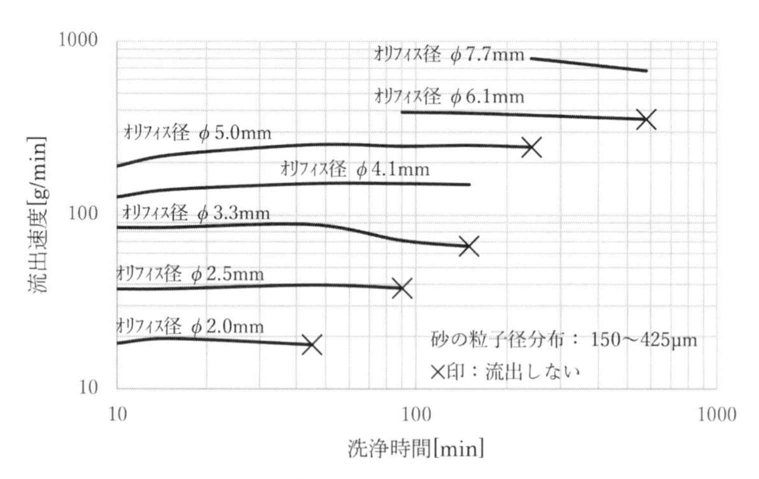

図6.7.5　砂の洗浄時間と流出速度の関係

オリフィス径に応じた流出速度で推移しており、徐々に流出速度が下がっていくわけではない。流出が止まるのは砂の粒子表面の摩擦係数が大きくなったためと推定されるが、砂が落下する重力と動的アーチを形成する架橋力（摩擦力）とのバランスは、ほんの少しの磨き具合の違いにより大きく変わることを示唆している。因みにオリフィス径ϕ7.7mmとϕ4.1mmでは、流出が止まる洗浄時間のデータが得られていないが、他のオリフィス径と同様に、流出が止まる時間が存在するであろうことは想像するに難くない。

鳴き砂にするには奇麗に磨くことが重要であるが、細いオリフィス径でも安定的に流出する砂を作るためには、洗浄時間の設定も必要な要素となることが分かった。**図6.7.6**は洗浄前後の砂の表面である。洗浄することにより砂表面の微粉がなくなり角が丸みを帯びている様子が見て取れる。この砂の汚れの状態と流動性の関係は、洗浄時間毎に安息角を測定することで試行錯誤的に検討し、最適値を見出した。このようにして製作した流動性のよい砂を使い、スリットから流れ落ちる砂の様子と、流出した後にできる砂の安息角は、**図6.7.7**に示す。動画でご覧いただきたい。連続的に流れる様子と安息角が形成されていく様子は、まさに砂の芸術作品である。

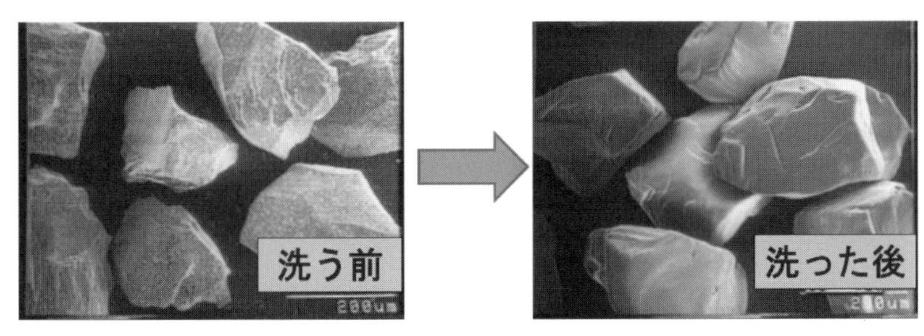

図6.7.6　洗浄前後の砂の表面

図6.7.7　スリットから流れ落ちる砂の挙動

(4)　砂時計への砂の投入

砂時計の製作において最も厄介なものは空気中の糸くずであり、砂作りの過程であらゆるところから混入してくる。糸くずは目に見えにくいため、混入の有無をチェックすることも容易ではない。砂時計の中に糸くず一本の混入も許されないが、砂作りの工程を、例えば無塵室で作業を行うとしても、作業員が着ている無塵服からのほこりの発生がないとは言い切れず、混入が全くない砂を作ることは実際問題として不可能である。そこで、「砂作りの工程でのほこりの混入は許容する。ただし、最終の砂投入時に砂とほこりは完全に分離する。」という考え方で作業を進めた。

砂時計への砂の投入時の糸くずの混入対策としては、**図6.7.8**に図示したような、専用の風力分級機（Zig-Zag分級機）を製作して使用した。原料ホッパーから先ずは電磁式ふるいを通すが、ここで使用した網目開きは180μmである。確実に全ての砂が通過する全通ふるいとし、万が一混入した粗粒を取り除くことを目的としている。次いで180μm網下品をZig-Zag分級機に通して、ふるいでは取り切れない糸くずを除去しつつ、砂時計に投入する。このZig-Zag分級機は、下方

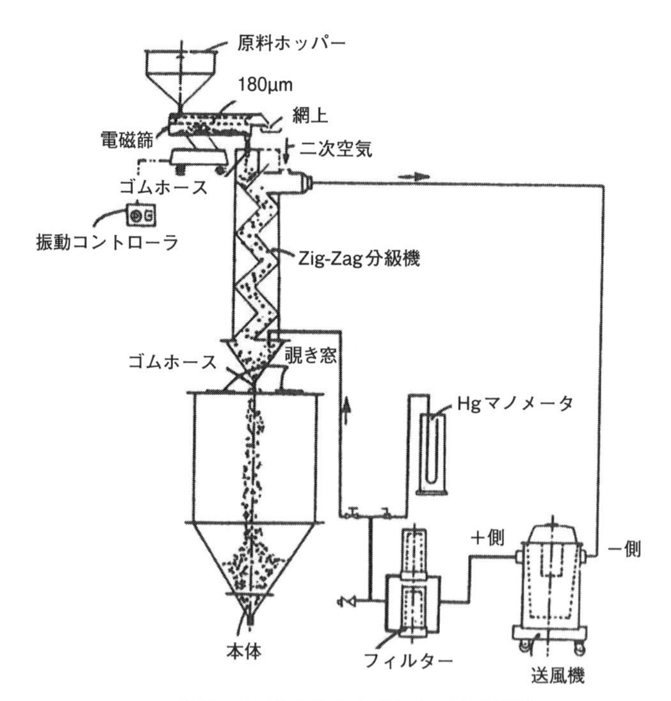

図6.7.8　砂を投入するための専用設備

から除塵した空気を吹き上げ、砂と空気を交流接触させている。吹き上げる空気の風速は砂粒子の終末沈降速度以下に設定し、砂は落下を続けるが、糸くずは気流により上方へ飛散するようになっている。このように、砂の中の糸くずを完全に除去するとともに、投入前には、砂時計の内部の洗浄（洗い方や界面活性剤の種類や容量など）にも十分な注意を払っている。

6.7.2 オリフィス径の寸法の決め方

(1) オリフィスからの粉粒体の流出

水柱の場合は水の水圧が影響し、流出速度は水柱高さに比例して変わっていくが、粉粒体の場合は、粉粒体の層高に無関係に、式（6.7.1）で流出速度が表わされる。

$$W=k\cdot D^{n} \qquad \cdots (6.7.1)$$

ここで、Wは流出速度［t/h］、Dはオリフィスの直径［mm］、kは粉体物性（粒子密度、粒子径、内部摩擦係数）に依存する係数、乗数nは2.5から3.0の間で変動する。

粉粒体がホッパーから流出する際に、オリフィスの上部では粉粒体同士が動的アーチを形成し、上部からの圧力を支えながら流出していく。この動的アーチがオリフィスの流れに影響し、動的アーチが上部の粉体圧より強い場合はオリフィスからの流体の流れを閉塞させる。オリフィス径と動的アーチの関係は平均粒子径の6倍以上のオリフィスの径であれば閉塞はなく、また質量流出速度はオリフィス径の2.7乗近辺になることがわかっている。このように砂時計を、オリフィスからの砂の落下現象としてとらえ、1年計の砂時計の砂の量を1tとして、最適なオリフィス径と砂の粒子径の関係を導き出す試験を繰り返した。それらの基礎研究の過程で、長時間安定して落下する砂の仕様として粒子径以外に粒子径分布、表面形状なども重要な要因になることも判明し、オリフィス径の影響と合わせて出した結論として、1年計砂時計の仕様は下記の通り決定した。また、**図6.7.9**はこの仕様をもとに製作した1年計の外形図面である。

① 可能な限り小さな砂時計を作るためのオリフィス径は0.85mmとする。それ以下では閉塞の可能性が大となる。

② 砂の平均粒子径は110μmとする。容器内での偏積を防止するために最大

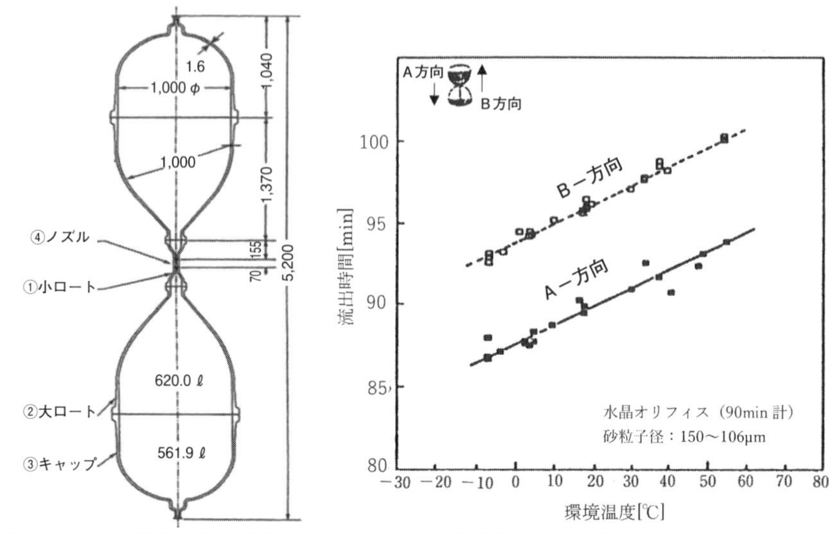

図6.7.9　1年計砂時計の外形図

図6.7.10　砂時計の流出時間に及ぼす環境温度の影響

粒子径は150μm、最小は65μmとする。閉塞を起さないためにオリフィス径の約1/8の粒子径とした。平均粒子径をこれ以上大きくすると閉塞の危険性があり、小さくすると1年間流すための砂の使用量が多くなり過ぎる。

③　オリフィス径と砂の平均粒子径との関係から1年間の砂の量は1tとなり、年間の平均流出量は114.16g/hとなる。

⑵　環境温度の影響

小さな砂時計では気が付かなったが、オリフィス径が小さく、かつ大きな容器へと、次第に長い時間の砂時計になっていくと、砂時計が置かれている環境温度の影響を受け、同じ砂時計でも流れる時間に違いが生じるようになってくる。小さな砂時計では数秒の誤差で治まるが、この誤差の比率を同一と見なしてスケールアップした場合、1時間計では数分、1日計は十数分、1年計になると数日となる。実際には、大きな容器の砂時計では、さらに環境温度の影響が大きく表れるため、より大きな誤差になるであろうことは容易に想像できる。

図6.7.10は、室内環境温度を－7度～55度に変化させて砂の流れる時間を比較した結果である。温度が低い方が5%近く速く流れることが確認された。1年計になると上下の砂時計の温度差が30度近くになり、その温度差は砂の流量に大

図6.7.11　オリフィス部に施した圧力調整用のチューブ（白抜きした部分）

きく影響することは明らかである。大きな砂時計を取り巻く環境（室内の冷暖房、人の出入りによる温度変化、太陽による気温の変動、大気圧の変化など）のコントロールは、建物の構造上不可能である。そこで安定した砂の流れを継続させるために、上下の容器の圧力差をコントロールする方法を導入した。**図6.7.11**には、実際の１年計のオリフィス部に設けた圧力調整用のチューブの写真を示す。この方法では、操作圧力と流出速度の関係を実験により検証し、上部の容器の圧力が年間を通して－25Paになるように、0.1Paの精度でコントロールすることにした。

世界一の砂時計は発案されてから、多くの人たちの協力のもとに５年間の歳月をかけ基礎実験を繰り返し完成した。その後33年経った今も流れ続け、オリフィスから砂が落下する様子は「仁摩サンドミュージアム」のモニターで見ることができる。１分間で約2g（約114g/h）の絶え間なく落下する砂に時の流れを感じていただくのも一興と思う。砂時計製作の意図は、砂時計ではなく「砂歴（すなごよみ）」を作ることであった。下部の砂の山は豊かな過去の時間を表し、上部は残された時間を知り、オリフィス部はせめぎ合う現在を表している。忙しくデジタル化した社会に対しゆったりとした「悠久の時の流れ」を砂時計が表現している。小さな穴から粒子を落下させる単純な操作ではあるが、１年間砂が流れ、また何年も繰り返し流れ続けるためには粉体技術が大いに貢献したと確信している。

<参考文献>

1)　志波靖磨："粉体工学会誌", 28, 694-701 (1991)

第7章
現場と計算から生まれたイノベーション

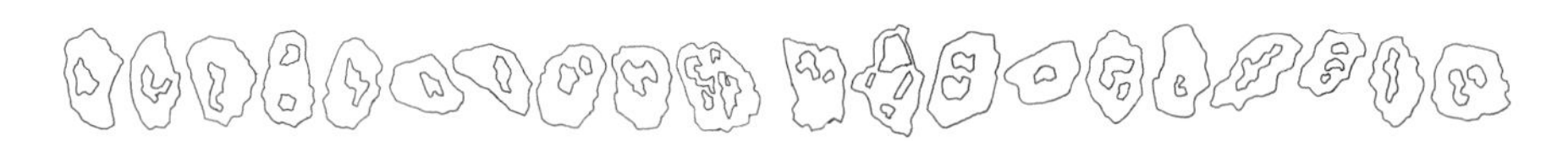

第7章　現場と計算から生まれたイノベーション

本章では、近年その発展が著しい粉体の挙動をシミュレーションする手法について、まず分かりやすく解説する。さらに、粉体のシミュレーションの研究者と㈱徳寿工作所の技術者との実際の共同研究において、粉体混合装置の開発に成功した事例についても紹介する。なお、この章でも、QRコードを介して、粉体シミュレーションについて視覚的に理解できるように工夫した。本文だけでなく動画も活用することによって、シミュレーションとその応用事例について学んで頂きたい。

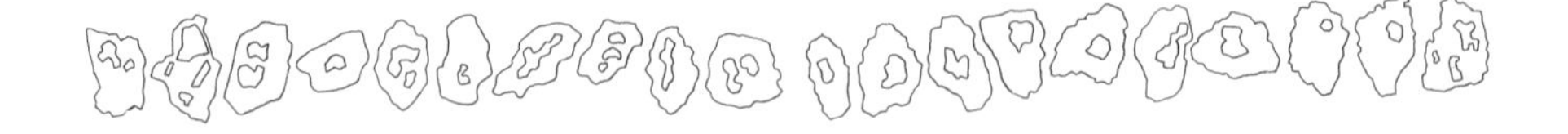

現場と計算から生まれたイノベーション

7.1 粉体シミュレーションが可能にしたもの

7.1.1 はじめに

粉体は固体粒子の集合体と定義され、粉体を扱うプロセスを粉体プロセスという。粉体プロセスは、原料、中間製品、最終製品を製造する過程で古くから用いられている。そのため、粉体プロセスを制御するために膨大な実験がなされており、数多くの知見を蓄積してきた。しかしながら、粉体プロセスの設計の多くはいまだ経験と勘に依存している。これは、粉体挙動が不連続であるためその挙動の予測が難しく、さらに粉体プロセス中の粉体挙動の詳細を実験から解析することも容易ではないためである。

こうした実験では解析困難な粉体挙動に対し威力を発揮するのが粉体シミュレーションである。ここでシミュレーションとは、コンピュータ上で実際の現象を模擬することであり、粉体挙動の解析や粉体プロセスの設計に応用したものが粉体シミュレーションである。本節では粉体シミュレーションがどのような歴史をたどり現在に至ったのか、粉体シミュレーションの役割を実験と対比して明確にすることで、現在の粉体シミュレーションが何を可能にしたのかについて解説する。

7.1.2 粉体シミュレーションの歴史

固体粒子の集合体である粉体の運動を表現するモデルはいくつか提案されている。中でも個別要素法（Distinct Element Method（DEM)、あるいは離散要素法（Discrete Element Method）とも呼ばれる）が粉体シミュレーションに用いられることが多い。そこでDEMによる粉体シミュレーションの歴史に着目し紹介する。

DEMは1970年代にCundallらにより提案されたシミュレーション手法であり、岩盤力学の分野で利用されたのが始めである[1)]。DEMでは、粒子個々に作用する力をモデル化し粒子に作用する合力を求め、粒子毎の運動方程式を逐次解くことで、粒子群である粉体の挙動を表現する。このとき、粒子を軟体球と仮定し粒子同士の重なりを許容することで、多体の衝突でも計算が破綻しないように工夫している。また、粒子個々の運動を計算することで表現される粒子群（粉体）は、粉体の特徴である不連続な挙動を表現できる。こうした特徴からDEMは粉体シミュレーションにおいて頻繁に用いられている。

DEMが粉体工学分野で用いられ始めた当初は、コンピュータ性能の制約から二次元平面上の計算が行われた。日高らは、粉体貯槽から排出される粉体挙動や、粉体層のせん断過程の粉体挙動について報告している[2)]。この報告では、粉体貯槽から排出される粉体の質量流量が脈動したり、せん断過程でせん断応力が変位に対して振動したりするのは、粉体層内部に生じるすべり線に起因することを明らかにしている。このすべり線のような粉体層内部で見られる現象を実験から観察することは、現代の技術をもってしても難しい。この報告は、粉体シミュレーションが実験では困難な粉体挙動の観察を可能とし、粉体現象の解析に応用できることを示した。

その後、コンピュータ性能は著しい向上を見せ、それに伴い粉体シミュレーションはより現実に近いものへと発展してきた。例えば、２次元で行われていた計算を３次元へ拡張したり、粒子に働く作用力として静電気力、ファンデルワールス力、液架橋力などの粒子間相互作用力を考慮したりした粉体シミュレーションも行われるようになった。これにより、充填[3)]や混合[4) 5)]など、粒子の充填構造や相互作用力のモデル化が重要となる粉体プロセスの解析も行えるようになった。

一方で、DEMは粒子個々の運動を計算する必要があることから、一度に扱うことのできる粒子数にはどうしても制限がある。これは、現在のコンピュータを用いても同じであり、実際の粉体現象をそのまま表現できるケースは極めてまれである。そのため、DEMの計算アルゴリズムの高速化[6) 7)]や並列計算の導入[8)]、粗大な粒子で粒子群の動きを表現し計算に必要な粒子数を削減する粗視化モデルの開発[9)]など、同じ制約の中でもよりスケールの大きい粉体現象を扱えるような工夫もなされてきた。

特に、近年の粉体シミュレーションの動向としては、数値流体力学（Computational Fluid Dynamics（CFD））や有限要素法（Finite Element Method（FEM））など連続体力学をもとに発達してきた分野との融合による混相流の分野への展開がある。梶島らは、粒子と流体の相互作用をシンプルかつ詳細に解析可能な体積力型の埋め込み境界法を開発した[10]。また、川口らは、多数の粒子が流体と相互作用する高濃度固気混相流を解析可能な連成モデルを構築した[11]。さらに、流体中の粒子の凝集・脆性破壊挙動を表現するモデルや[12) 13)]、粒子の塑性変形および切断挙動[14]、熱により相変化する粒子挙動[15]など、より複雑な現象も表現可能になりつつある。こうした取り組みにより、液体中での粉砕[13]および分散・凝集[12]、流動層[11]、粒子の軟化・溶融[15]など、より幅広い粉体現象を扱うことができるようになった。また、近年著しい発展を見せる機械学習を粉体シミュレーションへ適用する取り組みも行われてきており、今後の展開が期待されている。

以上のように、粉体シミュレーションが発展することで、これまで解析が困難とされてきた粉体挙動の詳細を把握できるようになった。

7.1.3 粉体シミュレーションの役割

粉体プロセスの解析の最終目標は、その解析から工学モデルを導きだし、粉体プロセスを自在に制御できるようにすることである。この工学モデルを導きだすためには、粉体プロセス中の粉体挙動を把握することが重要である。粉体挙動は、粒子物性・特性、装置形状、運転条件など多くの要素の影響を受ける。しかしながら、各種要素の粉体挙動に対する影響の体系化はおろか、それらの要素それぞれの影響についてもその把握は十分ではない。これは実験から粉体挙動を解析する場合に次の3つの課題があるためである。

1．粒子物性・特性を任意に変えることが難しい。
2．試験機を実際に作ることは容易ではない。
3．装置内の粒子挙動を把握することが難しい。

これに対し、粉体シミュレーションは、次の3つの特徴を有する。

1．粒子特性・物性および操作条件を任意に変更できる。
2．仮想空間上で解析可能なため実際の装置を必要としない。
3．粒子個々の詳細な情報を取得できる。

このように実験における粉体挙動解析の課題を、粉体シミュレーションを用いることで克服できる可能性がある。これが、粉体シミュレーションが粉体挙動解析において有効とされる理由である。

図7.1.1に粉体プロセスの解析により工学モデルを構築する際の実験、粉体シ

ミュレーションの役割をまとめる。まず、粉体シミュレーションにより得られる粉体挙動を実験と比較し、その妥当性を確認する。これは、粉体シミュレーションは多くの仮定を含むため、その現象を表現するのに十分なモデリングができていることを確認するためである。次に、粉体シミュレーションを用いて粉体挙動を解析する。ここで粉体シミュレーションを用いることで、実際の装置を必要としないだけでなく、各要素を切り分け、粒子レベルの運動まで解像した解析ができるためである。これにより、各要素が及ぼす粉体挙動への影響を体系的に整理できるため、工学モデルの導出につなげられる可能性が高くなる。最後に、工学モデルと実験結果を比較し、その適用範囲や矛盾点を整理し、シミュレーションの解析条件へフィードバックし、工学モデルを再構築する。この一連のサイクルを繰り返すことで、実用に適う工学モデルが構築される。

このように実験とシミュレーションがうまく協調することで、工学モデルの構築が実現される。

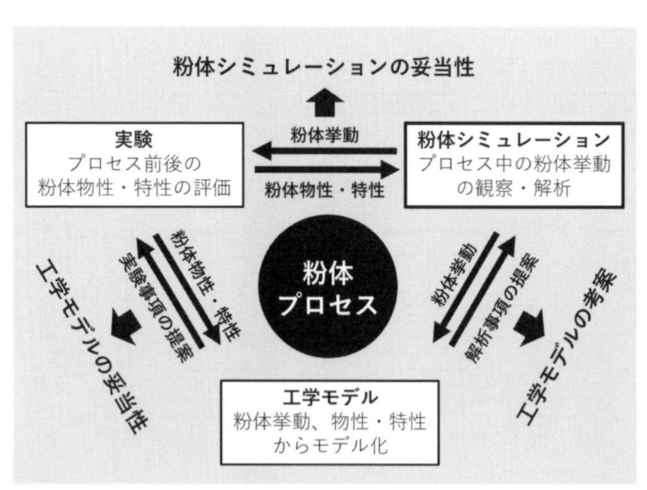

図7.1.1　粉体プロセス解析における粉体シミュレーションの役割

7.1.4 おわりに

粉体シミュレーションの歴史とその役割を示すことで、粉体シミュレーションが可能にしたことについて概要を解説した。粉体シミュレーションで扱うことのできる粉体現象･粉体プロセスは急速に拡大していることと、粉体シミュレーションを用いることで実際の装置を必要とせず、各種要素それぞれが粉体挙動へ及ぼす影響を粒子レベルの運動まで解像した解析ができることを示した。本章では、粉体シミュレーションの効力を実感するために、粉体シミュレーションを粉体プロセスの設計へ応用した事例や粉体シミュレーションで表現可能な具体的な粉体現象を紹介するとともに、粉体シミュレーションの導入となる基礎知識について解説する。本章が粉体シミュレーションを導入するきっかけとなり、粉体シミュレーションによる工学モデルの改良および創成と、粉体プロセスの自在な制御の実現に資することを期待する。

<参考文献>

1) P. A. Cundall, O. D. L. Strack：*Geotechnique*, **29**, 47-65 (1979)
2) 日高重助：“粉体工学会誌”、**29**, 465-471 (1992)
3) 加納純也, 下坂厚子, 日高重助：“粉体工学会誌”、**30**, 188-193 (1993)
4) 河村順平, 久志本築, 石原真吾, 加納純也：“粉体工学会誌”, **58**, 354-366 (2021)
5) 河村順平, 久志本築, 石原真吾, 加納純也,：“粉体工学会誌”, **56**, 598-607 (2019)
6) H. Mio, A. Shimosaka, Y. Shirakawa, J. Hidaka：*J. Chem. Eng., Japan.*, **38**, 969-975 (2005)
7) H. Mio, A. Shimosaka, Y. Shirakawa, J. Hidaka：*J. Chem. Eng., Japan.*, **39**, 409-416 (2006)
8) 西浦泰介, 古市幹人, 阪口秀：“粉体工学会誌”, **56**, 203-210 (2019)
9) 酒井幹夫, 山田祥徳, 茂渡悠介：“粉体工学会誌”, **47**, 522-530 (2010)
10) 梶島岳夫, 瀧口智志, 浜崎洋至, 三宅裕：“日本機械学会論文集(B編)”, **66**, 1734-1741 (2000)
11) 川口寿裕, 田中敏嗣, 辻裕：“日本機械学会論文集(B編)”, **58**, 2119-2125 (1992)
12) K. Kushimoto, S. Ishihara, S. Pinches, M. L. Sesso, S. P. Usher, G. V. Franks, J. Kano：*Adv. Powder Technol.*, **31**, 2267-2275 (2020)
13) K. Kushimoto, S. Ishihara, J. Kano：*Adv. Powder Technol.*, **30**, 1131-1140 (2019)
14) J. Kawamura, K. Kushimoto, S. Ishihara, J. Kano：*Adv. Powder Technol.*, **32**, 963-973 (2021)
15) S. Ishihara, J. Kano：*ISIJ International*, **60**, 1469-1478 (2020)

7.2 速やかに混ぜられる混合機のシミュレーションによる設計・開発

7.2.1 はじめに

混合は、粒子径、摩擦係数、粒子密度など粒子物性・特性の異なる2種類以上の粉体を均一に分散・分配することを目的として行われる粉体プロセスの一種である。混合プロセスの設計において配慮すべき事項としては、処理速度や処理量、偏析と呼ばれる混合中の成分の偏り、撹拌による粉体へのダメージ、装置からのコンタミネーションなど様々である。したがって、混合の目的および考慮すべき事項に応じて、容器回転型混合機、機械撹拌型混合機、流動撹拌型混合機などいくつかの混合方式がこれまでに開発されている。

しかしながら、各種混合機における処理速度の高速化、偏析の抑制、コンタミネーションの抑制などを目的とした混合機自体の容器形状や撹拌羽根形状等の装置形状の改造はあまり積極的に行われてこなかった。これは、混合機の装置形状を改造する場合、装置構造の設計、作製、混合後の評価までの一連を繰り返す上で時間的・経済的な負担が大きいことに加え、粉体の混合挙動を実験から把握することが難しく、装置形状の設計が試行錯誤的にならざるを得ないためである。

一方、シミュレーションであればコンピュータ上で粉体挙動の解析を行うため、それら一連の繰り返しをコンピュータ上で完結でき、こうした繰り返しによる負担を軽減できる。加えて、混合機中の粉体挙動を粒子一粒単位で追跡できるため、装置構造が粉体挙動に及ぼす影響も詳細に解析可能である。そのため、シミュレーションが混合機の設計において有用であるといえる。そこで、混合機の中でも特にイメージしやすい容器回転型混合機と機械撹拌型混合機について、混合速度の高速化と偏析の抑制を目的に、シミュレーションを活用し装置構造の設計を行った事例を紹介する。なお本節では産学連携により容器回転型混合機における混合速度の高速化を実現し商品化にまで至った事例として徳寿工作所製の無限ミキサー®について、次節では機械撹拌型混合機における偏析の抑制に関する事例をそれぞれ取り上げる。

7.2.2 容器回転型混合機の特長

容器回転型混合機とは、円筒型、V型、二重円錐型など様々な形状をした容器の中に複数種類の粉体を投入し、この容器を回転させることにより混ぜ合わせる装置の総称であり、古くから医薬品、食品、セラミックスなど様々な産業界で最も多用されている混合機群である。これらの装置群は、比較的流動性のよい粉体であれば短時間で、容器内全体で均質な混合状態を得ることができる。混合する材料に対して加えられる力は穏やかであり、壊れやすい造粒物や、弱熱性材料も混合することができる。また、構造的に非常にシンプルで、デッドスペースがなく保守点検がしやすいという利点がある。容器回転型混合機の容器形状は、その製造が始まった当初から大きく変わっておらず、新しい容器形状の装置開発はあまり行われてこなかった。それというのも、容器を回すだけの単純な装置構成であること、シンプルかつコンパクトにほぼ完成された装置であったことなどが理由としてあげられる。

一方で凝集、付着性の強い微粒子を混合する場合には、凝集ダマや容器壁面への付着による混合不良の発生、さらには排出ができないなどのトラブルを起こす場合がある。また、粒子径や密度などの物性差のある粉体を混合する場合は、混合中に偏析を起こしやすいなどの欠点も持っている。偏析は粒子径差や密度差などが原因で起きる現象であり、容器回転型混合機で一度偏析が起きてしまうと、混合時間をいくら延ばしても解消しないため、非常にやっかいなトラブルである。

ひと昔前は、容器回転型混合機はそれほど精密な混合精度を要求される装置ではなかったこともあり、偏析が大きく取沙汰されることはなかったが、近年の技術開発の進歩や生産性の向上とともに、混合不良の要因となる偏析に対する改善要求が高まっていた。各混合機メーカーではそれぞれ、従来の容器回転型混合機に様々な工夫を施して偏析に対処してきたが、その対策を講じることでこの混合機群の利点を消すことにもなっていた。

7.2.3 容器回転型混合機による偏析の原因と対策

容器回転型混合機は容器を回転させるための回転軸があり、中には自転と公転を組み合わせたり、揺動させたりするものもあるが、基本的には一定方向にのみ回転させる構造になっている。二重円錐型混合機（**図7.2.1**）をモデルに粉体の動き方（移動速度や移動距離）を描くと、**図7.2.2**に示すように、回転軸に近いほど粉体に作用する遠心効果が小さくなるため動きは小さく、また、回転軸に対して水平方向と垂直方向では粉体の拡散速度が異なることが偏析の発生原因と推定さ

図 7.2.1　二重円錐型混合機

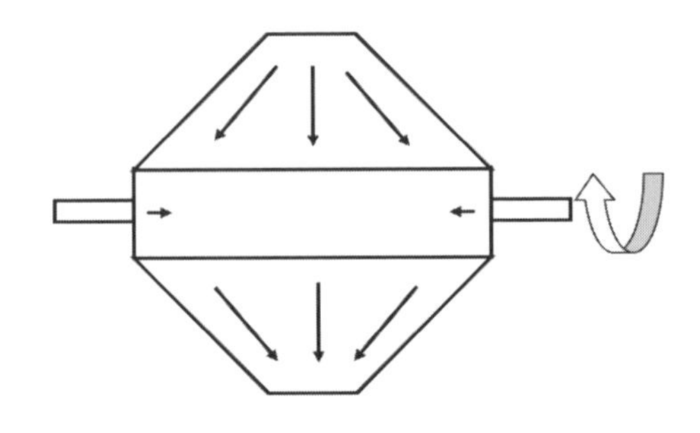

図 7.2.2　二重円錐型混合機の流れ方向と移動距離

れている。つまり、偏析の発生部位としてはこの直胴部の回転軸付近で、ここに物性差のある粉体、特に上層部に集まりやすい密度の軽い粒子や粒子径の大きな粒子があると、これらはほとんど動かずに、いつまでもその場所に留まることが容易に想像される。

偏析対策の多くは投入位置や投入順序の工夫、混合時間の制御、粉体物性の見直しなどで改善を試みるが、これらによっても効果が見られない場合は装置の改造が必要となる。その一例を挙げる。二重円錐型においては回転軸付近の粉体の動きが悪いことが偏析の原因になることを示したが、この部分のものを動かすことができれば、偏析も防止できるはずである。**図7.2.3**はその対策として、バッフルを設けた例である。回転軸両端内壁に固定バッフルを互い違いに取り付ける

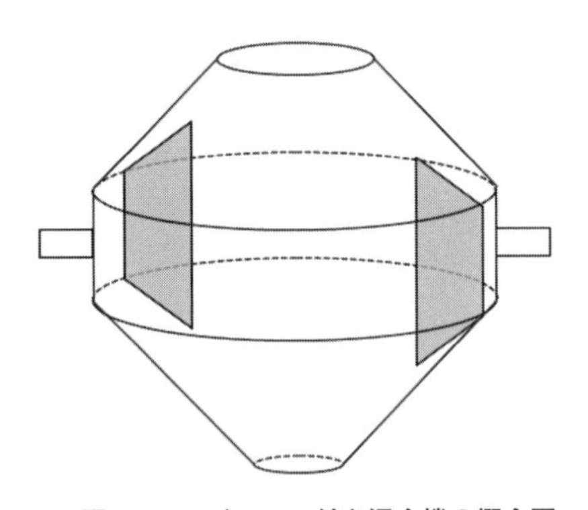

図 7.2.3　バッフル付き混合機の概念図

ことで、この部分に撹拌（かき上げや畳み込みなどの）作用を加え、容器中央部への移動も促進することができる。しかしながら、容器内部に構造物を取り付けることはあまり望ましい姿ではない。というのも、二重円錐型の最大のメリットは洗浄性のよさである。容器内部に何もない状態であれば目のいき届かないデッドスペースはなく、場合によっては自動洗浄でも隅々まで洗浄可能である。ここに構造物が入るとバッフルの裏側や付け根部分などの洗浄が困難となり、最大のメリットをなくしてしまうことになる。

また、V型混合機（**図7.2.4**）は、文字通り２つの円筒をV字型に接合した容器形状を持ち、上下に非対称な形状であるため、比較的偏析は起き難い形式といわれている。しかし、使い方を誤ると当然偏析という問題が発生する。それというのも、V字形の左右で必ずしも全ての粉体が交互に往来しているわけではなく、V字形のどちらに流れるかは確率の問題であるため、投入位置を誤ると偏析が解消しない場合もある。V型混合機は強制的な二分割と集合を繰り返すことで混合を行うものであるが、分割する際の流路が２方向のみであることが偏析の一因になっているともいえる。

図 7.2.4　V型混合機

7.2.4　斜円筒型混合機（無限ミキサー®）の設計計画とシミュレーションへのチャレンジ

容器回転型混合機のメリットをなくさずに、偏析を起こさない装置への要求が高まる中、思いついた形状が斜円筒型混合機であり、現在、産学の連携により無

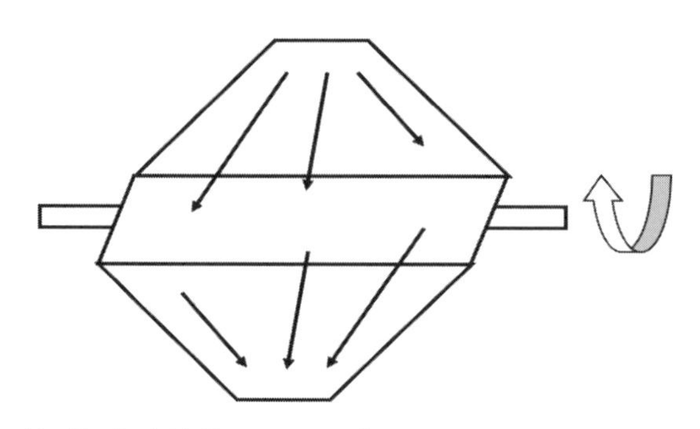

図 7.2.5　斜円筒型混合機（無限ミキサー®）の流れ方向と移動距離

限ミキサー®として製品化されている（**図7.2.5**）。二重円錐型のように投入した粉体を一体的に混合でき、なおかつ、V型混合機のように回転軸部分の壁面に傾斜を設ける、この２機種の長所をかけ合わせたような構造になっている。無限ミキサー®は、二重円錐型の直胴部分を傾斜させるというごく単純な発想ではあるが、回転軸付近の壁面が傾斜していることが偏析防止に繋がることは明らかであり、また、V型のように強制的に二分割することもない。無限ミキサー®内の粉体の動き方を予想すると図7.2.5に示す通り、左右で流れる速度や移動距離が異なると考えられる。この動き方により通常の容器回転型混合機であっても、回転軸付近の粉体を大きく移動させることができるはずであり、この点からも偏析の起き難い形状であると考えられた。

しかしながら、通常、装置開発においては小型装置を試作して実験を行い、その実験結果をもとに解析し、修正した装置の再製作、次いで大型化といった手順を繰り返すのが通例である。この間にかかる費用と時間は膨大なものになり、発案したものの、実際に製作すべきか否か決断できずにいたのである。また、無限ミキサー®は側面からみると左右非対称の容器形状をしている。左右非対称の装置はありそうでいてあまり見かけることはない。機能面もさることながら、ユーザーとしては「見た目」も装置選定の上では気にされるケースも少なからずあるため、このことも無限ミキサー®の発案を具現化できずにいた理由のひとつであった。

ある程度効果が見込めると予測されたものであっても、その予測を実証しなければ次のステップには進めないことはどの業界においても同じことである。ビーカースケールで実証できるのであれば比較的容易ではあるが、産業機械となるとそうはいかない。

従来、混合機内部の混合機構の解析を行うためには、透明の容器を製作して目視確認することを行っていたが、複雑な機構の装置や大型の容器は製作できず、さらに、微粉体の付着により内部を確認できないなどの理由で多用はされていなかった。このため、混合機内部で起こっている現象はいわゆるブラックボックスで、混合機構の解析は経験と勘に頼らざるを得ない部分であり、少しの形状変化でも実行できずに二の足を踏むのである。

このブラックボックスの扉を開け、視覚による機能解析を可能にしたツールがシミュレーションである。今でこそ一般企業がシミュレーションソフトを開発し、簡易的なものであれば市販されるようになり、学習しさえすれば誰でもシミュレーションを扱える時代になってきたが、この無限ミキサー®を開発していた時は、まだ一部の限られた大学の研究室で扱われるものであって、機械メーカーにとっては高嶺の花であった。また、当時の解析技術では、回転に伴う容器の形状変化によるシミュレーションは難解であったため、1分間のシミュレーションを演算するのに要する時間は、おおよそ140時間程度かかるような状態であった。それでも中小の機械メーカーにとっては非常に有益なものになることは間違いなく、産のニーズと学のシーズがマッチングした事例といえる。

7.2.5　シミュレーション利用による無限ミキサー®の開発

(1)　シミュレーションによる無限ミキサー®内の粒子挙動の可視化

混合過程の粒子挙動がシミュレーションにより可視化できるようになると、容器内の動き方がシミュレーションとはいえ、視覚的に目で見て確認できる。これは非常に有益であり、実際に装置を製作しなくともその性能を推し測れるのである。

図7.2.6には二重円錐型と斜円筒型（無限ミキサー®）での離散要素法（DEM）によるシミュレーション結果を示す。図7.2.6は動画の方がよりわかりやすいため、QRコードにその動画を用意した。

対象粒子はϕ10mmペレットで、右端に着色した同径ペレットを5%投入することを想定した。80秒混合後の状態を比較した図7.2.6をみると、着色ペレットの広がりに明確な差が確認できる。シミュレーション動画では、二重円錐型の場

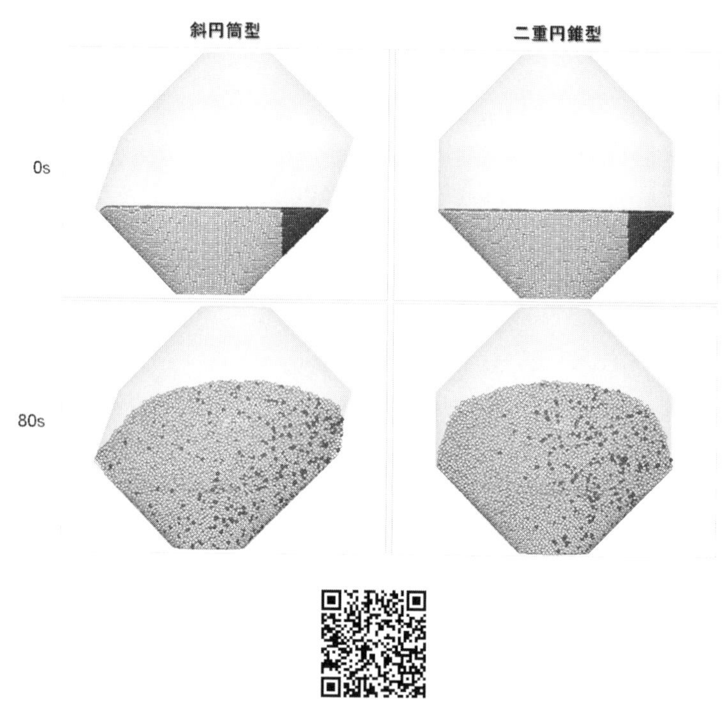

図7.2.6　斜円筒型（無限ミキサー®）と 二重円錐型のシミュレーション比較
（口絵にも掲載）

合、主に中央部分の直線的な流れしか見られなかったが、無限ミキサー®では左右に大きく揺れ動く様子が観察され、この動きにより右端の着色ペレットが中央部からさらに左側へと移動するなど、流れ方向や移動速度が異なっていた。

基本的な混合機構は二重円錐型と同様であるが、左右対称の二重円錐型に対して無限ミキサー®は左右非対称であり、材料の動き方も当然左右で異なったのである。このシミュレーション結果により、実装置化してもその性能は十分に発揮できると判断されたことを受け、小型機ではなく、初めから実生産にも使用できる規模の装置試作を行う決断をしたのである。

(2)　無限ミキサー®の実証実験による混合特性の確認

図7.2.7の写真が試作した容器外観（全容積140L）である。この装置を使用して、シミュレーション結果を再現することを試みた。実験に使用した粉体はφ3mm

図7.2.7　無限ミキサー®

程度の球状樹脂ペレットである。乳白色ペレットを主材として、上層左側に青色、上層右側に赤色、中央下部に茶色ペレットをそれぞれ5wt%ずつ投入、混合時間毎にサンプリングを行い着色ペレットそれぞれの含有量を計測し、標準偏差を算出してばらつきを確認することとした。

ペレットの仕込み率は、容器回転型混合機の標準的な仕込み率である45%とし、無限ミキサー®との比較対象として二重円錐型でも同様の実験を行った。**図7.2.8**にそのデータを示すが、標準偏差のばらつきがほぼなくなり、均質に混合されたとみなされる数値を0.004～0.005とすると、そこに到達する時間は、無限ミキサー®仕込み率45%の場合15分程度である。これに対して二重円錐型は、混合初期のばらつきが大きく、同程度に混合されるまで30分程度を要している。今回のデータは同一粒子径の混合であり、偏析現象は起こり得ないものではあるが、この標準偏差のバラつきが大きいということは回転軸の左右に投入した青色と赤色のペレットが、全体に広がるまでの時間が長く必要であるということを示している。さらにこれが粒子径差や密度差などのある粉体同士では、偏析が起こりやすくなり、混合時間を延ばしても偏析は解消されないことの方が多いのである。

シミュレーション結果同様に、無限ミキサー®の混合性能は二重円錐型を上回ることが実証できた。このことは、無限ミキサー®では、回転軸付近の粉体もより大きく、より速く動かすことができるということの現われである。そうであれば、仕込み率を増やしても回転軸付近の粉体を動かすことができる、言い換えれ

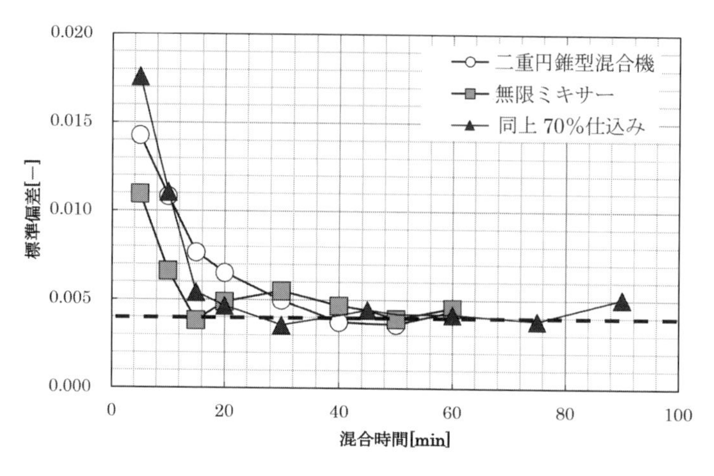

図7.2.8 混合機の混合精度の比較

ば混合が可能なはずと考え、仕込み率70%でのデータも採取することにした。その結果も図7.2.8に示してあるが、仕込み率を70%としても20分程度でほぼ均質になっており、二重円錐型仕込み率45%より短時間で混合できるというデータが得られた。

7.2.6 無限ミキサー®の特長

無限ミキサー®は、二重円錐型の直胴部分を傾斜させるというごく単純な改造を加えたのみで、偏析を抑えつつ均質な混合をより短時間で可能にした。これも回転軸付近の流れ方の違いがもたらした効果であり、偏析の起こる原因がこの回転軸付近にあることを明確にし、その対策を講じた結果である。

さらに、回転軸付近の材料も移動させることができるため、高仕込み率（70%）であっても均質な混合が可能であることも大きな特長となっている。無限ミキサー®のように70%の仕込み率で混合が行える容器回転式混合機は稀である。通常、容器回転式混合機では、粉体全体を対流させるための大きな空間が必要であり、仕込み率を増やしてしまうと回転軸線上の粉体は動きが悪くなるため、最大でも仕込み率50%と定めている。高仕込み率とするためには、全体を撹拌する作用を付与するために、容器内部に固定羽根や突起物を付けるといった細工が必要であった。それに対して無限ミキサー®は、混合容器内部には余計な突起物は一切なく、容器回転式混合機の洗浄性のよさも引き継いだままで、高仕込み率を実現させた混合機となっている。

7.2.7　おわりに

機械メーカーにおいて一つのヒット商品を生み出すには、意図した機能が出せるものにするために試行錯誤して長い開発期間をかけて行うものであった。当然それにかかる開発経費も無視できないため、何とか短期間でできないものかと試行錯誤をしている。これに対して無限ミキサー®は、その形状の発案から製品化して販売を開始するまで１年足らずという短期間で作り上げた混合機であり、この期間での製品化は異例のことといえる。これは装置構造および改善ポイントが極めてシンプルにまとめることができたこと、シミュレーションによる粒子挙動の可視化が非常に有益であったことなどが要因としてあげられる。

装置開発へのシミュレーションの利用は一般的に行われるようになってきたが、今後もシミュレーションはその精度がますます向上していくはずであり、これを活用することで、装置開発においてはコストや期間の縮減に大きな効果が期待される。そのためにも、数mmの球形粒子によるシミュレーションばかりではなく、微粒子であったり、不定形粒子であったり、実際の粉体物性に近い粒子でもシミュレーションが行えるようになることが望まれる。

7.3 偏析をさせない混合羽根のシミュレーションによる設計

7.3.1 はじめに

前節では容器回転型混合機における混合速度の高速化に関しシミュレーションを活用した装置設計･開発事例を紹介した。ここでは、容器回転型混合機と同様、粉体の混合において頻繁に用いられる機械撹拌型混合機に着目し、その内部で発生する偏析を抑制する方法をシミュレーションから解析する。

機械撹拌型混合機一つをとっても、単軸リボン型、二重遊星撹拌型、円錐スクリュー型、高速撹拌型など様々な混合機がある。中でも、高速撹拌型はその処理速度が速いことが特徴とされている。一方で、高速に粉体を撹拌すると、粉体には強い遠心力が働くため、粒子密度や粒子径の違いによる偏析が起こりやすくなるという課題がある。偏析は、混合機内で一度起こってしまうとその解消が難しく混合不良につながるため、製品の品質の低下や歩留まりの低下を招く。そのため偏析は、混合において抑制されるべき重要な粉体現象の一つである。

混合中の粉体の偏析を抑制する方法としては大きく2つ考えられ、一つは粉体そのものの性状や特性の改変、もう一つは混合装置の改造である。前者は、表面改質や造粒など他のプロセスを必要とする他、製品の品質にまで影響を及ぼすことがあるため難しい。そのため、後者の混合装置の改造を試みることが多い。しかしながら、前節同様、装置構造の設計、作製、混合後の評価までの一連を繰り返す上で時間的・経済的な負担が大きい。

そこで本節では、高速撹拌型混合機内の粒子密度差に起因する偏析に着目し、撹拌羽根形状が粉体挙動に及ぼす影響をシミュレーションにより解析することで、偏析を抑制可能な撹拌羽根形状を設計するとともにその抑制メカニズムを明らかにした事例[1)～3)]を紹介する。

7.3.2 高速撹拌型混合機における混合状態の実験による観察

今回対象とする高速撹拌型混合機の概略図を**図7.3.1**に示す。3本の撹拌羽根が容器上面から見て反時計回りに回転することで、粉体を撹拌し混合する構造となっている。また、容器壁面には2本の固定された棒が設置されている。なお、本装置の容器および容器内の構造物は全てSUS製である。

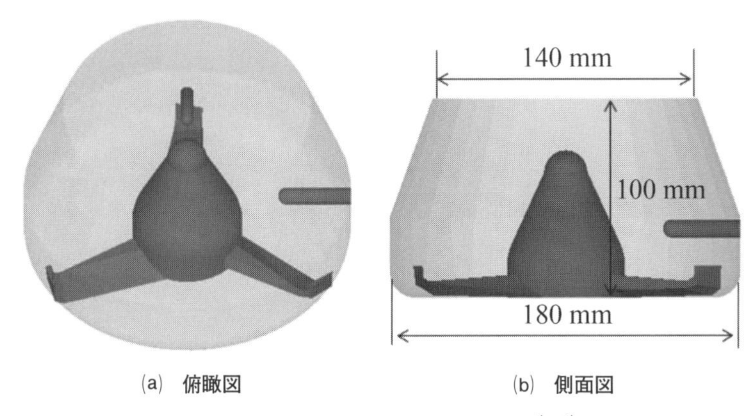

(a) 俯瞰図　　(b) 側面図

図7.3.1　高速撹拌型混合器の概略図 1)～3)

この混合機に、密度の異なる原料粒子を2種類投入する。一つはSUS製（粒子密度：7.93g/cm^3）、もう一つはアルミナ製（粒子密度：3.6g/cm^3）であり、いずれも球形で粒子径が3.0mmの単分散粒子を用いた。これら2種類の粒子を7,500個ずつ、容器を2分割するように配置し、これを初期配置とした。**図7.3.2**にこの粒子の初期配置を示す。白色粒子はアルミナ粒子であり、黒色粒子はSUS粒子である。

撹拌羽根の回転数は100rpmとした。混合時間は30、60、300秒間とし、それ

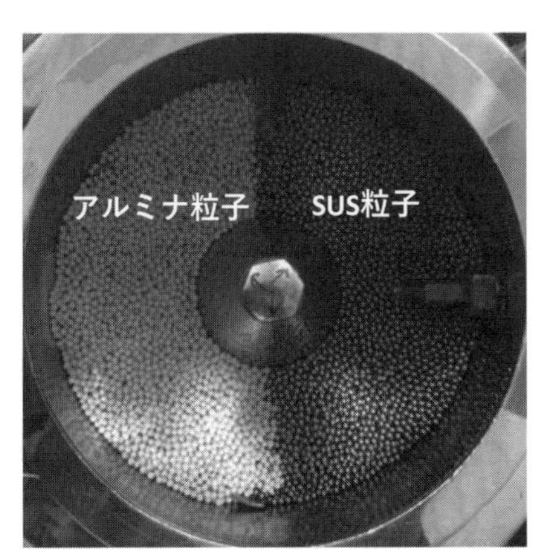

図7.3.2　アルミナ粒子とSUS粒子の初期配置 1)～3)

ら混合時間に達したとき回転を停止させ、混合状態を測定するためにサンプリングを行った。**図7.3.3**にそのサンプリングエリアを円形の実線で示す。

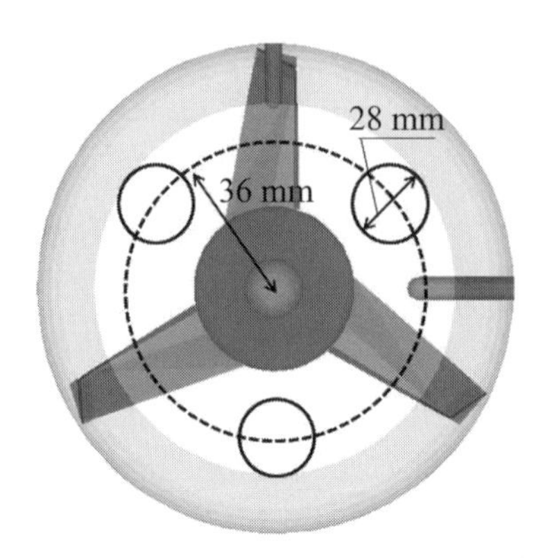

図7.3.3　半径方向混合度を計測するためのサンプリングエリア（実線で示した円形の範囲がそのサンプリングエリア） [1)～3)]

サンプリングエリアは3カ所であり、いずれもその中心が容器中心から半径36mmの円周上に位置する。またサンプルは、サンプリングエリアに沿うよう直径28mmの円筒状の筒を差し込み採取した。サンプル中に含まれる全粒子個数N_{Total}とSUS粒子の個数N_{SUS}からサンプル中のSUS粒子割合を、3カ所のサンプリングエリアから採取されたサンプルそれぞれについて100分率で計算し算術平均を求めた。この平均値を「半径方向偏析度」とし、以下の式で定義した。

$$(\text{半径方向偏析度}) = \frac{1}{3}\sum_{i=1}^{3}\left(\frac{N_{\mathrm{SUS},i}}{N_{\mathrm{Total},i}} \times 100\right) \quad \cdots (7.3.1)$$

半径方向偏析度が50％に近ければ近いほど均一に混合されているといえ、50％より大きいときSUS粒子が、小さいときはアルミナ粒子が50％からずれたぶん、半径方向に偏析していることをそれぞれ意味する。

7.3.3 高速撹拌型混合機における粉体挙動のシミュレーション

離散要素法(DEM)を用い、高速撹拌型混合機中の粒子挙動を追跡することで、混合挙動を解析した。DEMは、粒子個々に作用する力を全てモデル化し合力を求め、その合力を元に運動方程式を逐次解くことで粒子群の運動を追跡する手法である。今回の場合、粒子間に作用するのは接触力と重力であると考えられる。これら接触力や外力の考え方については7.5節にて詳細に説明しているので、ご参照いただきたい。

DEMを用いたシミュレーションをする上で必要となるのは、粒子の衝突挙動に影響するパラメータをいかにして決めるかということである。この衝突に関するパラメータとして典型的なものを列挙すると、粒子径、粒子密度、ヤング率、粘性係数、摩擦係数などが挙げられる。今回の場合、粒子径と粒子密度については実測値をそのまま適用した。ヤング率は、その値が大きくなるとタイムステップを短くする必要があり、計算負荷が著しく増大する。一方で今回の場合、ヤング率を変えても混合挙動に強く影響しないことが予備検討から確認された。したがって、現実的な時間でシミュレーションを行うことができるように、ヤング率を実際の物性よりも小さい値を用いた。粘性係数はヤング率とポアソン比から求められるばね定数から、2体間の衝突が臨界減衰となるよう与えた。最後に、摩擦係数は混合挙動に強く影響することから、実際の混合機に近い運動を示す何らかの方法で決める必要があった。そこで、回転ドラム容器内にSUS粒子とアルミナ粒子を同じ個数投入し50rpmで回転させ、そのときの粒子の持ち上がり高さが実測値と一致するように決定した。なお、本計算では撹拌羽根形状の変更を容易とするために、3次元CADで作成した形状をそのまま壁境界として反映する方法を採用している。

7.3.4 シミュレーションの妥当性の確認

DEMを用いたシミュレーションの混合挙動に関する妥当性を確認するために、標準的な形状の撹拌羽根（以降、標準羽根と呼ぶ）を用いた場合の混合挙動について、実験とシミュレーションの比較を行う。**図7.3.4**は標準羽根の概略図である。

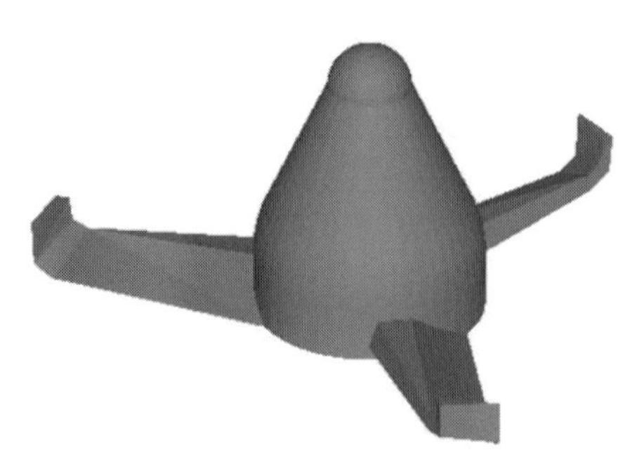

図7.3.4　標準羽根の概略図[1)～3)]

図7.3.5にこの標準羽根を用い100rpmで30秒間撹拌した後の混合状態を容器上面から撮影した画像を示す。なお、初期配置は全て図7.3.2で示したものと同様とした。

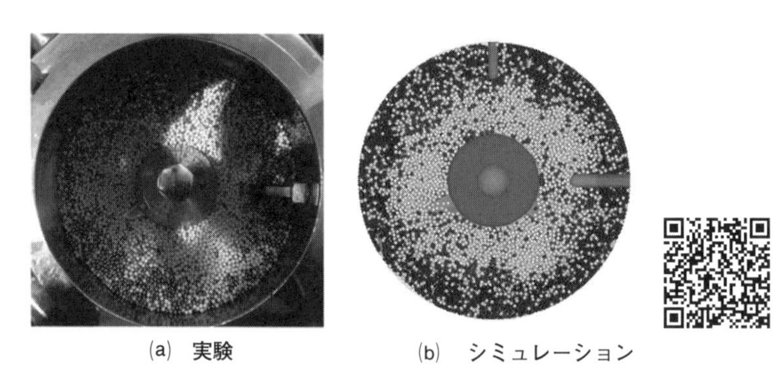

(a)　実験　　(b)　シミュレーション

図7.3.5　混合時間30秒における混合状態の比較[1)～3)]

実験、シミュレーションのいずれにおいても、容器中心付近に白色粒子（アルミナ粒子）が、容器外周部付近に黒色粒子（SUS粒子）がそれぞれ多く存在していることが見て取れ、容器半径方向に偏析が起こっていることがわかる。また、混合の程度を定量的に比較するために、式(7.3.1)で示した半径方向偏析度をシミュレーションにおいても求め、混合時間30秒、60秒、300秒について実験と比較した。**図7.3.6**は半径方向偏析度の実験とシミュレーションの比較である。

実験とシミュレーションのいずれにおいても半径方向偏析度が50%より小さいことから、サンプリングエリアにおいてアルミナが偏析している点で一致して

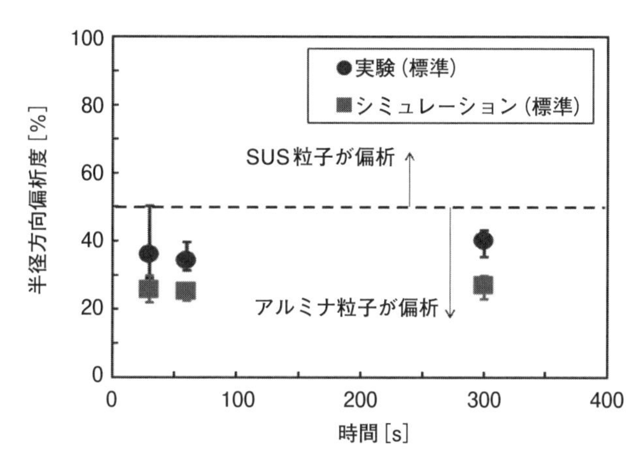

図7.3.6　標準羽根を用いた混合で計算される半径方向偏析度と混合時間の関係の実験とシミュレーションの比較[1)～3)]

いる。以上の比較より、本シミュレーションが高速撹拌混合機中で起こる偏析を表現する上で十分な妥当性があるといえる。

ここで少し話はそれるが、図7.3.6を見た読者の中には、実測値とシミュレーション結果が定量的に完全に一致していないのは問題にならないのかと考える人もいると思われる。もちろん、定量的に一致することが最も理想的である。一方で多くの場合、シミュレーションで得られた結果は実験との誤差を伴うため、定量的に完全に一致させることは難しいことが多い。ここで、このシミュレーションの目的を思い出すと、偏析が起こるメカニズムの解析と偏析を抑制する羽根形状の設計である。すなわち、本シミュレーションで表現するべきは、半径方向偏析度ではなく、偏析という現象そのものであり、半径方向偏析度はあくまで混合の程度を示す指標に過ぎない。つまり、シミュレーションの妥当性を確認する上で重要となるのはその精度ではなく、そのシミュレーションで何を得たいのかという目的に適っているか否かである。

7.3.5　羽根形状の混合挙動への影響

(1)　粒子の混合状態の解析

前節の検討から標準羽根で密度の異なる粒子を混合する場合、容器半径方向の偏析が起こることがわかった。そこでこの偏析を抑制するために、標準羽根とは異なる２つの羽根形状を考案した。**図7.3.7**はその２つの羽根形状の概略図である。

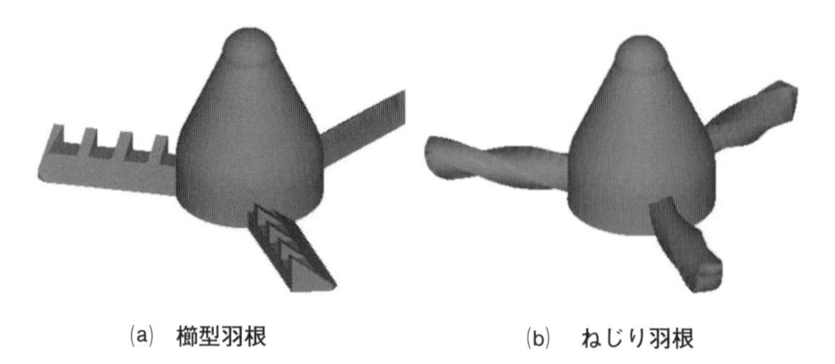

(a)　櫛型羽根　　(b)　ねじり羽根

図7.3.7　櫛型羽根とねじり羽根の概略図[1)～3)]

図7.3.7(a)で示した撹拌羽根は櫛のような形状をしていることから櫛型羽根、図7.3.7(b)で示した羽根は直方柱を180度ねじった羽根であるのでねじり羽根と呼ぶことにする。これら羽根形状が粒子の混合挙動へ及ぼす影響を解析するために、前節のシミュレーションと同じ条件で羽根形状だけ変えて計算した。**図7.3.8**に各撹拌羽根で30秒間混合した後の混合状態を示す。なお、観察を容易とするた

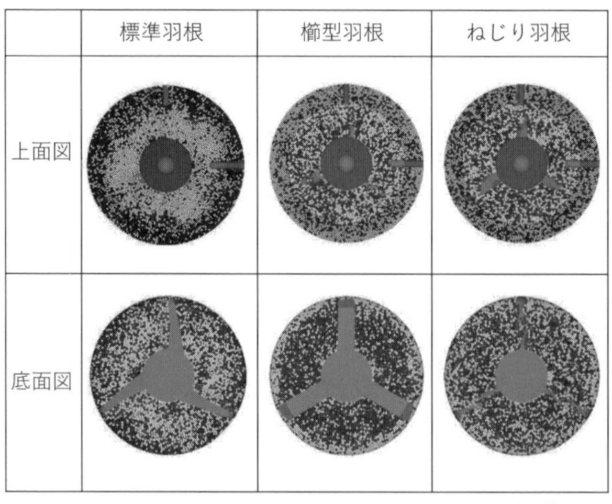

図7.3.8　30秒後の撹拌状態の羽根形状による違い[1)～3)]

めに、容器は半透明で示している。

また、図7.3.8で示した30秒間の粉体挙動を動画形式で示したものを**図7.3.9**に示すQRコードから読み取れるようにした。動画を参照することで、撹拌羽根形状が粉体の混合挙動に及ぼす影響がより明確になり、この後の議論が理解しやすくなるものと思われる。

図7.3.9　各羽根を用いた場合の粉体挙動の動画

標準羽根を用いた場合、容器半径方向の偏析が顕著にみられる。櫛型羽根では、容器半径方向の偏析は抑制されているが、容器上面側にアルミナ粒子（白色粒子）が、容器底面側にSUS粒子（黒色粒子）が偏析しており、深さ方向の偏析が新たに発生している。ねじり羽根では、目立った偏析が見当たらず均一に混合されているように見える。

これら撹拌状態の違いを定量的に評価する。**図7.3.10**に各撹拌羽根で混合したときの半径方向偏析度の経時変化を示す。

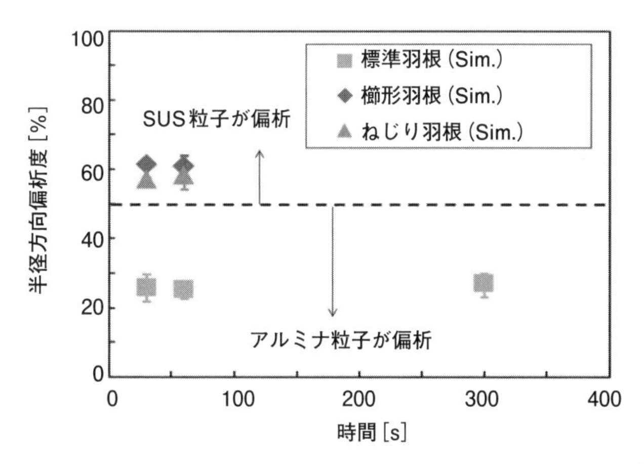

図7.3.10　半径方向偏析度の経時変化の撹拌羽根形状による違い[1)〜3)]

櫛型羽根とねじり羽根の半径方向偏析度が標準羽根に比べてかなり50%に近いことがわかり、偏析が抑制されていることが見て取れる。ここで、半径方向偏析度では容器半径方向の偏析は評価できるものの、深さ方向の偏析の評価は難しい。そこで、容器底面から1cmの距離に存在する粒子の総数を$N_{\mathrm{Total,B}}$とし、その範囲に存在するSUS粒子の総数を$N_{\mathrm{SUS,B}}$とし、その比率を100分率で表した新たな指標を「深さ方向偏析度」として新たに定義した。深さ方向偏析度は以下の式で計算される。

$$(\text{深さ方向偏析度}) = \frac{N_{\mathrm{SUS,B}}}{N_{\mathrm{Total,B}}} \times 100 \qquad \cdots (7.3.4)$$

この深さ方向偏析度を用いて各攪拌羽根の深さ方向の偏析を評価する。**図7.3.11**は各攪拌羽根で混合したときの深さ方向偏析度の経時変化である。

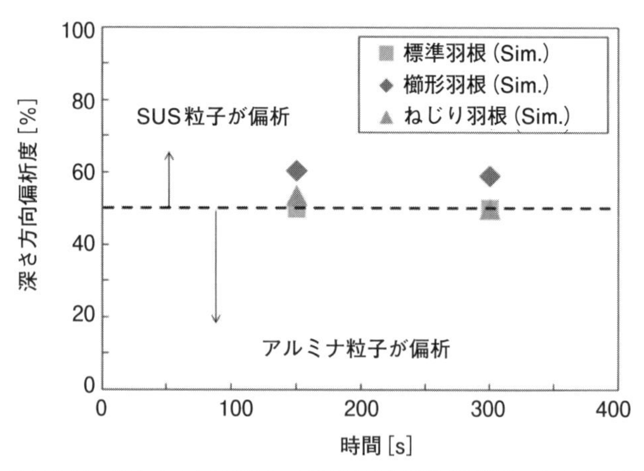

図7.3.11 深さ方向偏析度の経時変化の攪拌羽根形状による違い[1)～3)]

標準羽根とねじり羽根を用いたときに深さ方向の偏析が抑制されていることがわかる。よって図7.3.9から図7.3.11より、ねじり羽根が密度による偏析を抑制するのに効果的な羽根形状であることがわかる。

⑵ 偏析抑制メカニズムの解析

ねじり羽根が密度偏析を抑制できたメカニズムについて解析を行う。標準羽根、櫛型羽根、ねじり羽根それぞれにおける粒子の運動を解析するために、代表的な

SUS粒子を一つ選択し運動の軌跡を可視化する。**図7.3.12**にその粒子の軌跡を示す。図中の粒子の色の濃さは混合時間に対応しており、色が黒色に変化するにつれて混合時間が経過していることを意味する。なお、図7.3.12はカラーでないと粒子の動きがわかりづらいため、スライドショー形式の動画を右のQRコードから読み取れるようにした。

標準羽根と櫛型羽根における粒子の運動は、おおよそ撹拌羽根の回転に合わせ

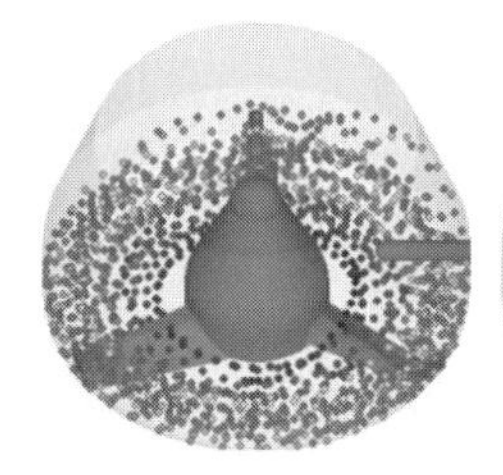

(a) 標準羽根

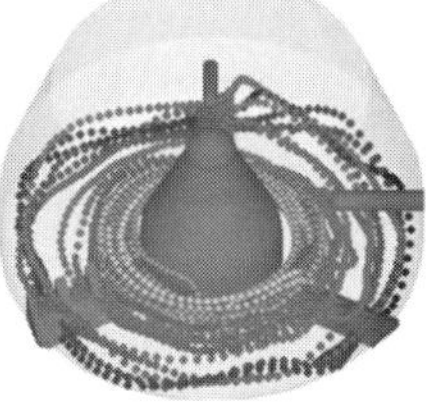

(b) 櫛型羽根

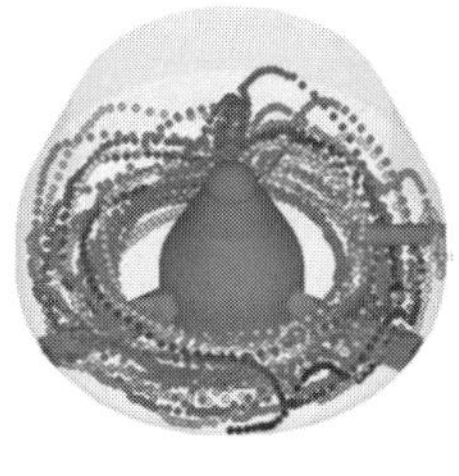

(c) ねじり羽根

図7.3.12 各羽根形状を用いた混合における代表的な1個のSUS粒子の軌跡 [1)～3)]

て運動しているのに対し、ねじり羽根における粒子の運動は高さ方向にも半径方向に大きく乱れながら運動している様子が見てとれる。**図7.3.13**に粒子が撹拌羽根に接触したときの経路の概念図を示す。

容器壁付近に存在する粒子は、容器底面に押さえつけられながら容器中心方向に向かって移動させられるのに対し、容器中心付近に存在する粒子は、容器上面方向に押し上げられながら容器壁方向に向かって移動させられることがわかる。したがって、ねじり羽根は粒子に3次元的な循環運動を強制

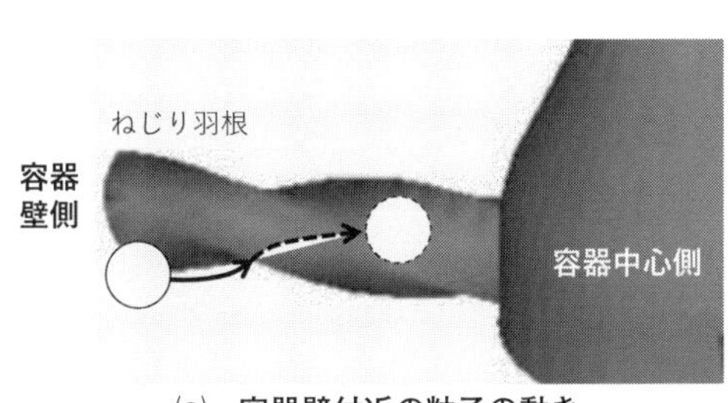

(a) 容器壁付近の粒子の動き

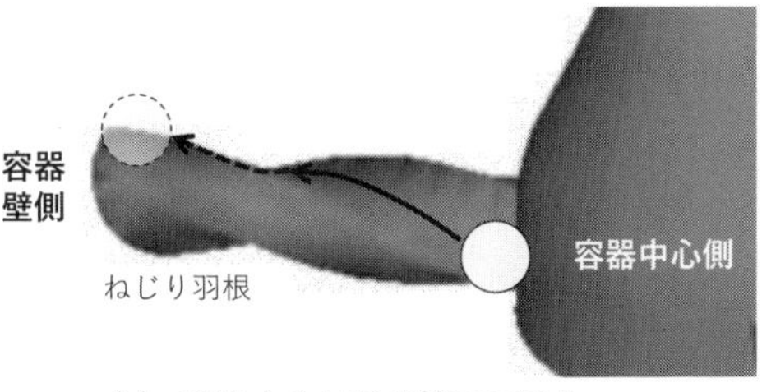

(b) 容器中心付近の粒子の動き

図7.3.13 ねじり羽根による粒子の3次元的な運動の概念図 [1)～3)]

することができるため、密度による偏析を抑制できたと考えられる。

7.3.6　おわりに

ここでは、高速撹拌型混合機内の密度差に起因する偏析について、羽根形状の影響を解析するとともに、偏析が抑制されたメカニズムをシミュレーションにより解析した事例を取り上げた。7.3.4節では、シミュレーションで得られた混合挙動を実験と比較し、今回の目的に対しては十分な妥当性があることを確認した。また、7.3.5節では、コンピュータ上で撹拌羽根形状を変え、混合に及ぼす影響を解析することで、偏析を抑制可能なねじり羽根を、実際に装置を作ることなく見出すことができた。さらに、粒子の運動を抽出し解析することで、ねじり羽根の偏析抑制メカニズムを明らかにした。

通常こうした撹拌羽根形状を設計する場合、羽根形状の図面を作成し、実際に撹拌羽根を作製した上で装置へ組み込み、実験による評価を繰り返す必要がある。そのため、撹拌羽根を作るための時間とコスト、実プロセス上での装置であればその稼働を止めることで損失が生じ、実験による評価にも時間とコストがかかる。一方、今回示した事例のようにシミュレーションを活用すると、撹拌羽根の作製、装置への組み込み、実験による評価の工程をコンピュータ上で行うことができるため、大幅に工数を削減できる。

今回紹介した事例から、シミュレーションの妥当性を実験から確認する方法およびその際の注意点と、装置設計や粉体現象のメカニズムの解析に適用する具体的な流れ、そしてシミュレーションの有効性を示した。今回の事例を参考に、実際の粉体プロセス設計・メカニズム解析にシミュレーションが活用されることを期待する。

＜参考文献＞

1)　山本通典, 石原真吾, 加納純也："粉体工学会誌", **50**, 851-856 (2013)
2)　山本通典, 加納純也："精密工学会誌", **84**, 597-602 (2018)
3)　山本通典："DEMシミュレーションを用いた粉体混合メカニズム解析と混合装置設計に関する研究", 東北大学大学院環境科学研究科博士論文 (2016)

7.4 粉体シミュレーションで表現できる粉体現象

粉体シミュレーションは粉体の離散的な性質を表現し、その特性や挙動を再現するために用いられる。自然界や産業界における様々な粉体挙動の解析に応用されており、物理現象を忠実にモデリングする取り組みの他、近年ではコンピュータグラフィックス（CG）に応用し、テレビゲーム等の映像化にも用いられるようになってきている。ここでは粉体シミュレーションで作成された画像やアニメーションを紹介し、粉体シミュレーションでどのようなことができるのかを感じとってもらいたい。粉体は我々のとても身近な存在であり、日常生活ではあまり意識していないかもしれないが、粉体単位操作と呼ばれるプロセスは身の回りにたくさんあるため、以下単位操作ごとに事例を紹介する。

7.4.1 貯留、排出

粉体の貯留、排出で最も身近な事例は砂時計ではないだろうか。キッチンタイマーとしてや子供用のおもちゃ、最近流行しているサウナでもよく目にすると思う。小さなものでは砂が落ちきるまでに数分のものから、大きなものでは一年計砂時計という世界最大の砂時計も存在する。産業界ではホッパーとして、粉体を貯留し任意の量を排出するための役割を果たしている。粉体の性質に応じて、ホッパー内の粉体挙動が変化するため設計時には注意が必要である。例えば、ホッパー壁面と粉体との摩擦により、壁付近の粉体が滑りにくく、中心部付近の粉体ばかり先に排出され壁付近の粉体が残留する現象が知られている（**図7.4.1**）。ホッパーに投入した順番通りに粉体が排出されないと、貯留時間に差が生じ、品質管理上の問題となる場合があるため、ホッパー内での粉体挙動を把握することが重要である。また、排出口の口径によってはブリッジと呼ばれるアーチ構造を形成して閉塞してしまう現象があり、粉体の粒子径や流動性などの性質をよく理解した上でホッパーを設計する必要がある。粉体の流動性で排出挙動が異なるため、排出

図7.4.1　ホッパーからの粒子排出。動画では初期状態で高さ方向に色分けした粒子が、排出時には順番通りに出てこない様子がみられる。

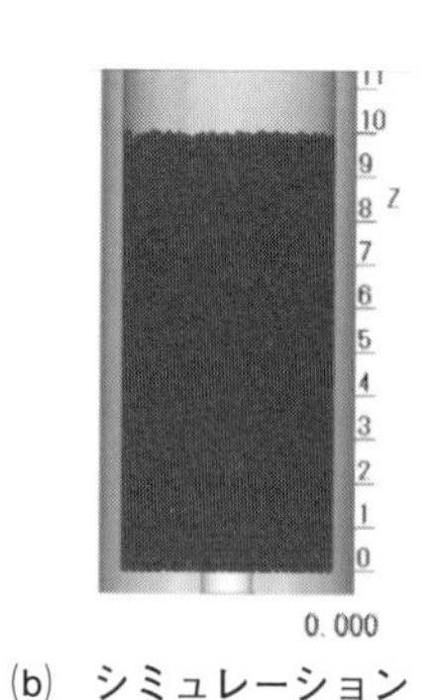

(a) ガラスビーズ排出実験　　(b) シミュレーション

図7.4.2　実験とシミュレーションによる排出挙動の比較。排出速度を測定することで流動性に影響を与える摩擦係数を決定することができる[1]（動画はQRコードを参照のこと）。

挙動を測定することで流動性を評価することができる（**図7.4.2**）[1]。

7.4.2　粉砕、破砕

粉砕は固体粒子を砕いて小さくする操作であり、ハンマーで石を砕いて割ることや、石臼で茶葉を粉砕して粉にするなどの事例がある。産業界における粉砕では、最も広く用いられている粉砕機はボールミルであり、形式によって転動、遊星、振動などに分類されるが、いずれも粉砕媒体としてのボールと被粉砕物（砕料）を容器内に投入し、ボールの衝突による衝撃力で粉砕を行う機構である（**図7.4.3**）。

粉体シミュレーションで粉砕を表現する場合、大別して二つのアプローチに分類できる。一つは、砕料粒子の挙動を直接計算するのではなく、粉砕に支配的な影響を及ぼすと考えられるボール挙動の計算から粉砕結果を予測する試みである[2]。このとき砕料粒子がボール挙動に及ぼす影響は、摩擦係数や反発係数の値によって考慮される。砕料粒子の存在をモデル化することによって計算負荷を低減し、実用的な解析を可能にする手法である。図7.4.3に示した事例がこれにあたる。この手法から粉砕結果を予測する際には、ボール挙動と砕料粒子の破砕とを結びつける情報を抽出する必要がある。ボール同士、ボール壁間における衝突回数と、その衝突イベントにおけるボールの運動エネルギーから算出される衝突エネルギーが粉砕結果と相関することが見い出されており、粉砕機の設計や最適操作条件の探索に有効なことが確認されている。**図7.4.4**にはビーズミルにおける媒体挙動のシミュレーションの様子を示す[3) 4)]。実験では表層のボールを観察することはできるが、内部のボールや断面を観察することはできず、詳細な速度情報や運動状態の把握にはシミュレーションが威力を発揮する。

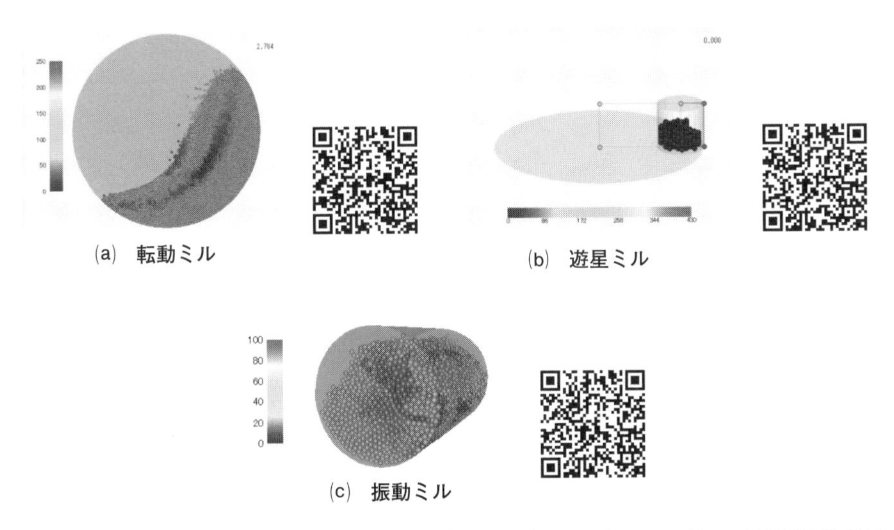

図7.4.3 各方式のボールミルにおけるボール挙動のシミュレーション。ボールは速度で色分けされており、速度が大きいほど赤色（動画参照）で表示される。

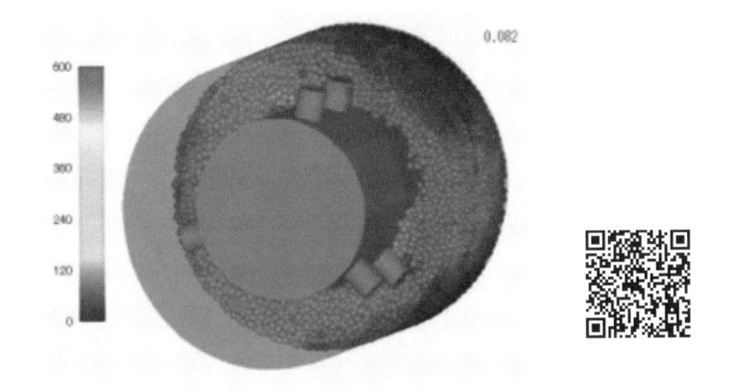

図7.4.4 ビーズミルの媒体挙動のシミュレーション。撹拌シャフトにピンが取り付けられているタイプで、画面手前側のボールを非表示にして断面を表示している[3)]。

上記のように、粉砕に支配的な影響を及ぼす媒体運動のみを対象とする方法を間接解析法とするならば、もう一つの方法は砕料の破砕を直接的に計算する直接解析法である。非球形粒子の運動や破砕挙動を直接解析することを目的として開発されたADEM[5,6]（次節で詳細を説明）は直接解析法にあたる手法であり、粒子間に作用する連結バネのパラメータにより様々な性状の粒子挙動を表現することができる。**図7.4.5**には、材質の異なる球形粒子の圧縮試験における破砕片形状の実験結果と、それを模擬したシミュレーションの様子を示す。結晶性のケイ石および長石は破断面が直線的であり、非晶質なホウケイ酸ガラスでは粉々になるように粉砕される様子が再現されている。結晶性の粒子が示すような直線的な破断面を創出する場合には、ADEMにおける構成粒子の配置を規則的に配置するのがよく、反対に非晶質なガラスでは構成粒子の配置をランダムにするとよい。またケイ石と長石にみられる破砕後の破砕片の数には、せん断破壊の基準が影響する。破壊の様式としてせん断破壊の特徴が大きく発現する材質の場合、大きく二つに割れるような挙動を示すことが知られているため、シミュレーションでも

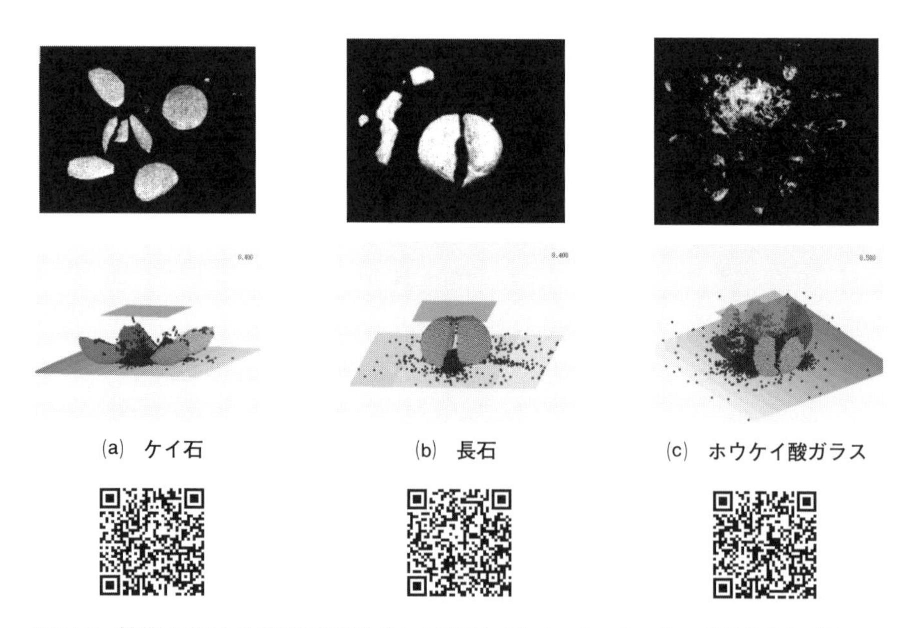

図7.4.5　材質毎に異なる破砕片形状とそれを再現したシミュレーション。結晶性のケイ石、長石は破断面が直線的であり、非晶質なホウケイ酸ガラスは破砕片が粉々になっている。粒子の色はクラスターの構成粒子数で色分けされている（動画参照）[6]。

(a) 実験での破壊の様子[7)]

そのようなパラメータを設定することで破砕挙動の再現が可能となる。

球形以外にも適用可能であり、構成粒子の配置により任意の形状を設定することができる。**図7.4.6**には円柱形状のコンクリート供試体の圧縮試験の再現シミュレーションの様子を示す。せん断破壊の特徴である、斜め方向のすべり線に沿った破壊が生じていることが確認できる。また、単一の粒子の破砕だけでなく、複数粒子を対象とした集合粉砕にも適用

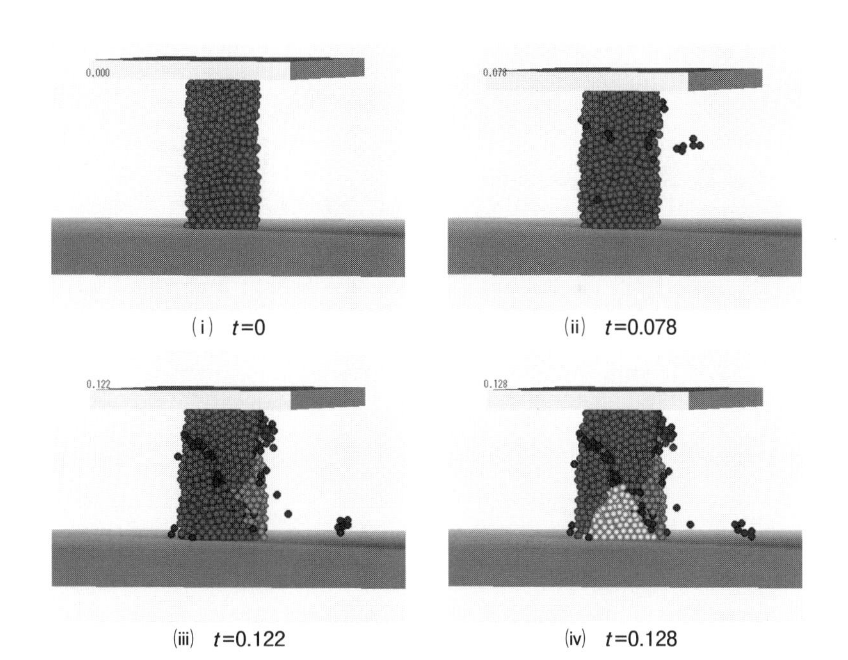

(i) t=0　(ii) t=0.078

(iii) t=0.122　(iv) t=0.128

(b) 破壊挙動の再現シミュレーション

図7.4.6　コンクリート供試体の圧縮試験での破壊の様子。斜め方向のすべり線に沿ったせん断破壊の特徴が確認できる。粒子の色はクラスターの構成粒子数で色分けされている（動画参照）。

することができる。**図7.4.7**には回転ドラムにおける角砂糖の自生粉砕の実験とシミュレーションを行った際の様子を示す。角砂糖の強度物性を予め単粒子の圧縮試験で測定しておき、それを表現するパラメータを連結バネに持たせることで集合粉砕結果の予測が可能である。このときの粉砕試験では、体積粉砕は起こらず表面粉砕が支配的となって粉砕が進行する様子が観察されたが、シミュレーションでもそれを再現できていることがわかる。砕料に加えられる外力の大きさや種類に応じて、このような破壊の様式が自然と発現するため、破壊メカニズムの解明に役立てることができる。**図7.4.8**には大きな衝撃力が加えられるよう、媒体ボールを投入した転動ミルでの破砕の様子を示す。落下してきたボールが直

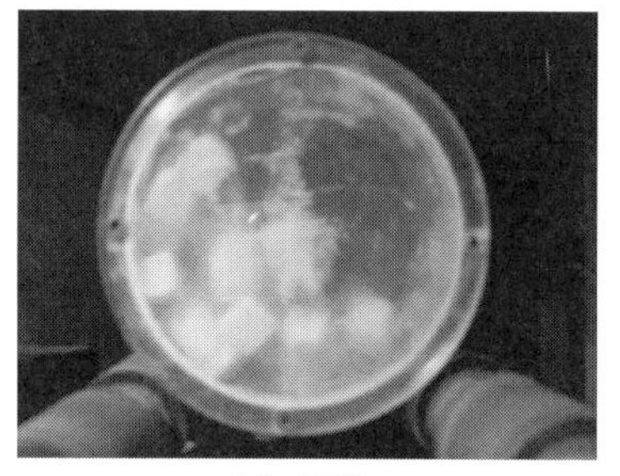

(a) 実験

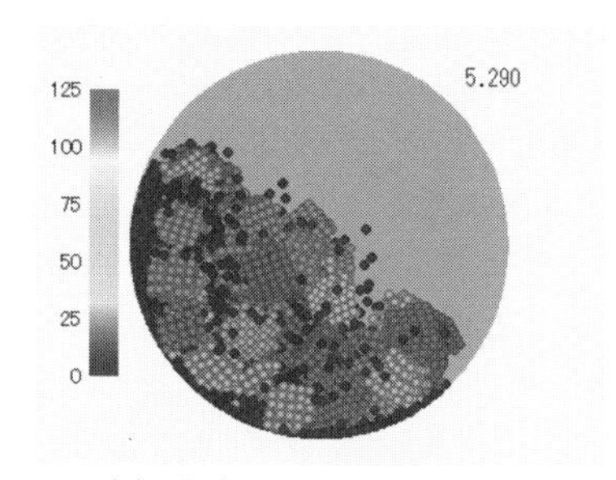

(b) シミュレーション

図7.4.7 回転ドラムにおける角砂糖の自生粉砕実験とシミュレーションによる再現。表面粉砕が支配的となり粉砕が進行する様子がわかる。粒子の色はクラスター粒子数で色分けされている（動画参照）。

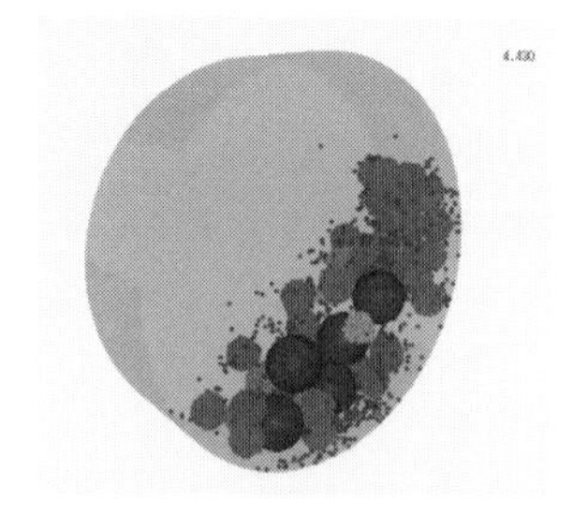

図7.4.8 転動ミルにおける媒体による砕料粒子の破砕挙動シミュレーション。媒体の衝突による大きな衝撃力で体積粉砕が生じている様子がわかる。

接衝突した砕料は体積粉砕され、ミル壁との摩擦で持ち上げられる箇所では表面破壊が起きている様子がわかる。

7.4.3 塑性変形、成形

ADEMを拡張することで塑性変形を表現可能なモデル（延性モデル）[8] が提案されており、金属材料のような延性を示す材料の変形解析にも適用することができる（**図7.4.9**）。従来は連結バネに破壊の閾値のみを持たせていたが、延性モデルでは連結バネの自然長を外力に応じて更新することで外力を取り除いた際に残留するひずみを表現することができる。

対象を複数にすることで、粒子の塑性変形を考慮した圧縮成形を表現することができる（**図7.4.10**）。従来のDEMでは変形のしない球形で、重なり量をもとに接触力を算出するという特徴上、粉体層の圧縮の解析は不得手であった。ADEM

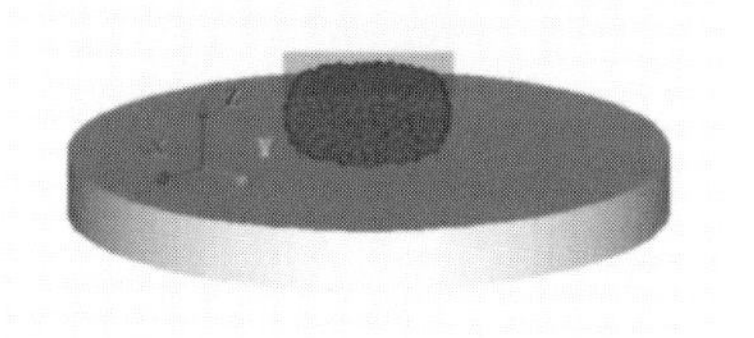

図7.4.9 延性モデルによる塑性変形を考慮した粒子の圧縮シミュレーション。圧縮後に除荷しても粒子の形状が扁平なまま維持されていることがわかる。

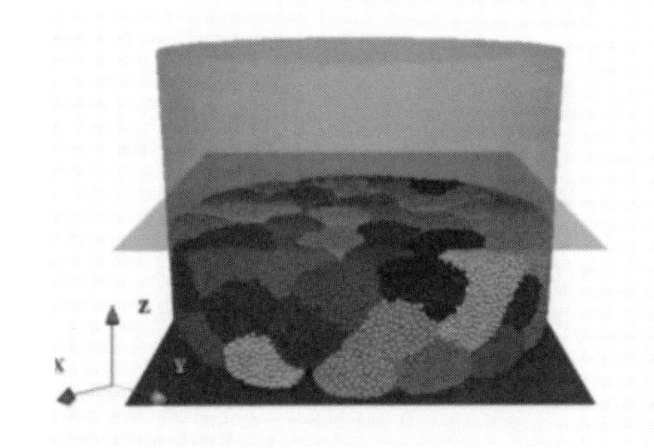

図7.4.10 延性粒子の圧縮成形シミュレーション。粒子が空隙を埋めるように変形し、密な充填構造へと変化していく過程が観察される。

の延性モデルを用いることで、粒子の変形を表現し、圧縮により充填率が増加していく過程における充填構造変化の表現が可能となった。

ADEM延性モデルをさらに発展させたADEM Ductile Fracture model（ADF model）では、延性変形後に破壊されるところまでも表現できるようになった[9]。**図7.4.11**は延性破壊挙動を示す固形油脂が厚みの異なるブレードによりカットされる挙動をADF modelで表現した様子を示す。

その他、張力の異なるシートのローラーでの巻き取り（**図7.4.12**）など、圧縮以外の別のプロセスにも本手法は適用でき、今後さらなる展開が期待できる。

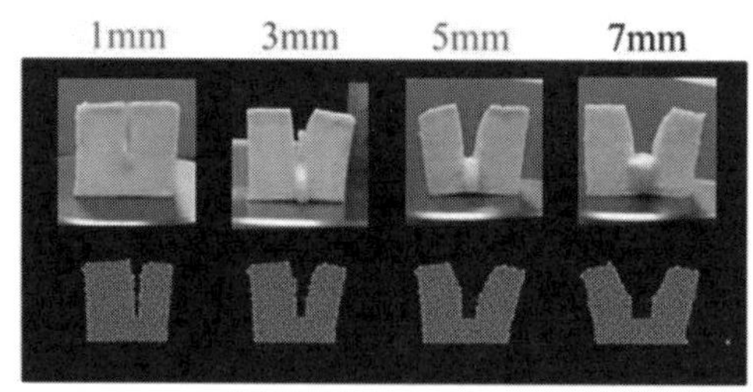

図7.4.11　厚みの異なるブレードによる固形油脂の切断挙動のADF modelによる表現[9]

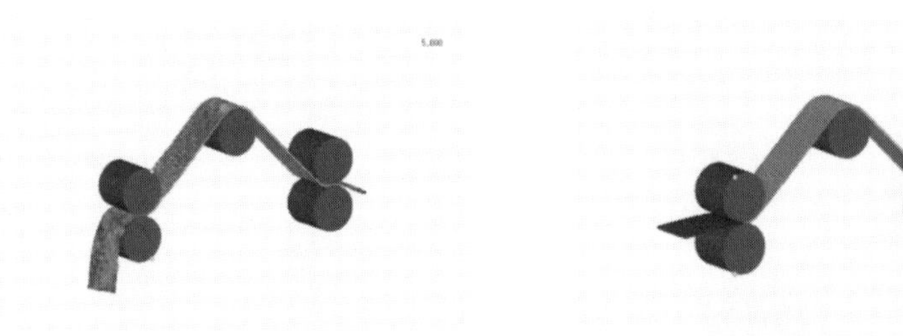

図7.4.12　張力の異なるシートのローラーでの巻き取り。粒子は局所的な応力で色分けしている（動画参照）。

7.4.4　分散・凝集

ここまで、固体としての粉体シミュレーションを単位操作毎に紹介してきたが、流体計算とカップリングすることでさらに適用できる粉体現象が拡張される。流体計算の手法や固体とのカップリングの手法は様々に研究されており、ここではその詳細は省略するが、液体や気体の影響を考慮することで表現できる粉体現象の一例を紹介する。流体計算に関する詳細は文献を参照されたい[10)〜13)]。

微粒子を液体中に分散させたスラリーは、様々な製品やその加工工程で扱われている。スラリーの流動特性に大きな影響を及ぼすのが液中での粒子の分散凝集状態であり、どのような条件で粒子が分散したり凝集したりするのかを理解し、制御することが必要である。DLVO (Derjaguin Landau Verwey Overbeek) 理論に基づく粒子間相互作用力を導入し、せん断場中での粒子の分散凝集状態の解析事例を**図7.4.13**に示す[11)]。粒子の分散安定性の指標としてゼータ電位があり、ゼータ電位の絶対値が大きいと粒子間の反発力が強くなり安定した分散状態を維持できるが、ゼータ電位が0に近い条件では粒子は凝集しやすくなる。粒子径や粒子濃度などの条件に加えて、せん断速度などの流れ場の条件における凝集体の形成過程の解析が進めば、スラリーの工業利用において有益となるであろう。

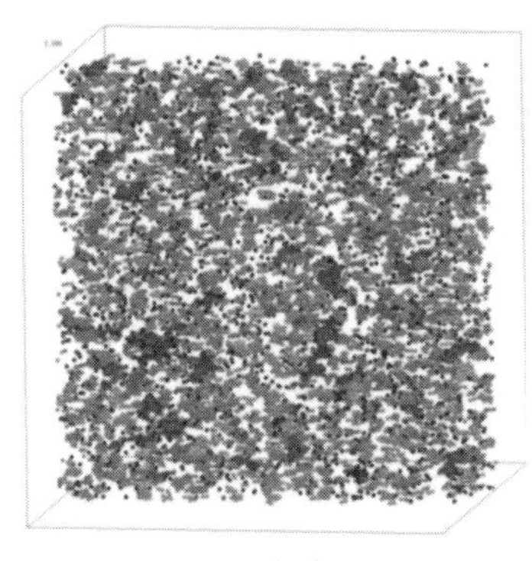

(a) 凝集条件

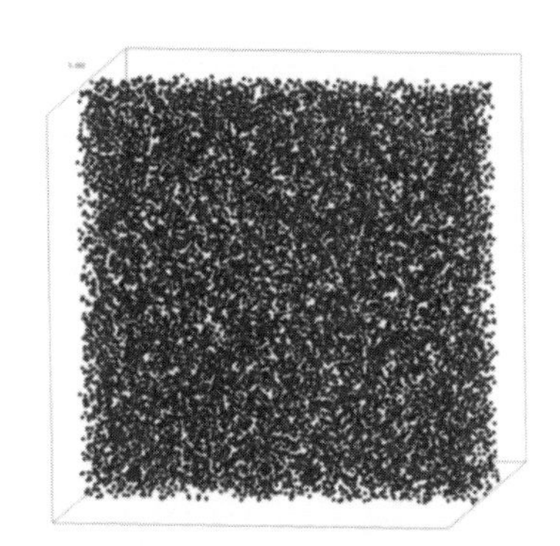

(b) 分散条件

図7.4.13 微粒子凝集体形成過程のシミュレーション。凝集条件では、時間発展に伴い徐々に凝集体が形成していく過程がわかる。一方で、分散条件では安定して分散状態を維持している[11)]。

前述した粒子破砕の解析において、流体計算を導入することで湿式粉砕場での粒子の破砕挙動を明らかにすることが可能となる。**図7.4.14**に、液中での媒体ボールと砕料粒子の衝突の瞬間を解析した様子を示す[12)]。液中では媒体ボールが接近した際に周囲の液体を排除する流れが強力になるため、ミクロな粉砕場でどのように粉砕が行われているのかを把握することは重要である。ADEMで粒子の

図7.4.14 ADEM-CFDによる液中粉砕における衝突場での破砕挙動解析[12]。

破砕性を計算し、流体挙動をCFD（7.5.3を参照）で計算して両者をカップリングした解析を行うことで、湿式粉砕のメカニズムの解明に迫る取り組みが行われている。

扱う流体は液体に限らず、気体を対象とすることで固気二相流の解析が可能となる。超微粉砕機として知られるジェットミルは、内部の気流の状態やそれに伴う粒子挙動、粉砕挙動の実験的な計測が難しいことからまだ十分に解明されておらず、シミュレーションによる解析が進められている（**図7.4.15**）[10] [13]。こうした現象解明が進めば、さらなる微粒子の製造や、高効率な粉砕が可能になっていくと期待される。

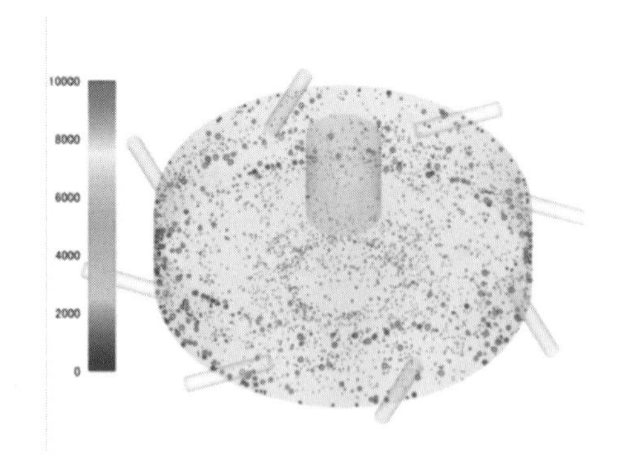

図7.4.15 ジェットミル内の気流と粒子挙動のシミュレーション。粒子径の異なる粒子が粉砕機内部でどのように運動するのかがわかる[9]。

7.4.5 軟化・溶融

固体と流体計算を組み合わせることで、固液の相変化を表現するモデルも提案されている。固体状態をADEMで、液体状態をSPH（Smoothed Particle Hydrodynamics: 7.5.3を参照）で表現し、両者をカップリングするモデルである。連結バネ定数に温度依存性を持たせ、昇温時にバネ定数を減少させることで固体が軟化する様子を再現することが可能である（**図7.4.16**）[14) 15)]。

このモデルを鉄鋼業における高炉内の粒子挙動に適用することで、高温高圧下での粒子軟化、溶融に伴う充填構造変化を解析した事例を示す（**図7.4.17**）[16)]。3Dスキャナーで粒子形状を測定し、リアルな形状の粒子からなる充填層におい

(a) 鉱石溶融試験

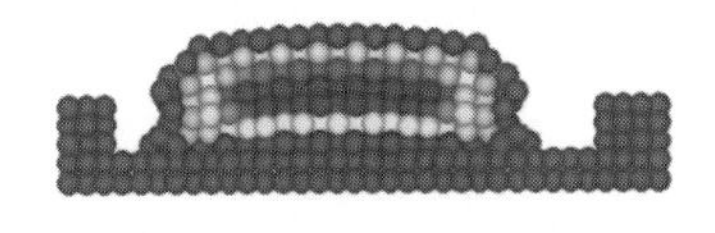

(b) シミュレーション

図7.4.16 鉱石溶融試験とADEM-SPHモデルによる再現シミュレーション。高温では連結バネ定数を減少させ、軟化現象を再現している[14)]。

(a)

(b)

図7.4.17 高炉内充填層の軟化溶融に伴う充填構造変化の解析[16)]。

て、軟化溶融による充填構造変化を解析した事例である。さらに充填層に流れるガス流れ解析と組み合わせることで、高炉操業において重要な通気性の制御に役立てることができる。

<参考文献>

1) 渡邊　亮, 久志本築, 石原真吾, 加納純也："粉体工学会誌", **56**, 218-225 (2019)
2) J. Kano, N. Chujo, F. Saito : *Adv. Powder Technol.*, **8**, 39-51 (1997)
3) Y. Yamamoto, R. Soda, J. Kano, F. Saito : *International Journal of Mineral Processing*, **114-117**, 93-99 (2012)
4) Y. Yamamoto, R. Soda, J. Kano, F. Saito : *Powder Technology*, **219**, 105-110 (2012)
5) S. Ishihara, J. Kano : *ISIJ Int.*, **59**, 820-827 (2019)
6) S. Ishihara, Q. Zhang, J. Kano : "粉体工学会誌", **51**, 407-414 (2014)
7) J.R. del Viso, J.R. Carmona, G. Ruiz : *Cement and Concrete Research*, **38**, 386-395 (2008)
8) K. Ono, K. Kushimoto, S. Ishihara, J. Kano : "粉体工学会誌", **56**, 58-65 (2019)
9) J.Kawamura, K.Kushimoto, S.Ishihara, J.Kano : *Adv.Powder Technol.*, **32**, 963-973 (2021)
10) K. Kushimoto, K. Suzuki, S. Ishihara, R. Soda, K. Ozaki, J. Kano : *Adv. Powder Technol.*, **34**, 103993 (2023)
11) K. Kushimoto, S. Ishihara, S. Pinches, M.L. Sesso, S.P. Usher, G.V. Franks, J. Kano : *Adv. Powder Technol.*, **31**, 2267-2275 (2020)
12) K. Kushimoto, S. Ishihara, J. Kano : *Adv. Powder Technol.*, **30**, 1131-1140 (2019)
13) K. Kushimoto, K. Suzuki, S. Ishihara, R. Soda, K. Ozaki, J. Kano : *Processes*, **9**, 1098 (2021)
14) S. Ishihara, J. Kano : *ISIJ Int.*, **60**, 1469-1478 (2020)
15) S. Ishihara, K.-i. Ohno, H. Konishi, T. Watanabe, S. Natsui, H. Nogami, J. Kano : *ISIJ Int.*, **60**, 1545-1550 (2020)
16) S. Natsui, S. Ishihara, T. Kon, K. Ohno, H. Nogami : *Chemical Engineering Journal*, **392**, 123643 (2020)

7.5 シミュレーションの基礎知識

粉体シミュレーションは、コンピュータを用いて粉体の挙動や現象を解析する技術のことで、観察が困難な装置内での粉体の挙動の可視化や、実験が現実的でないような環境や条件での数値実験をコンピュータ上で行うことが可能である。粉体は固体粒子の集合体であり、粒子は一つ一つが独立している固体であるので、粉体シミュレーションの範疇は非常に幅広い。一般に思い浮かべる粉体というと、小麦粉や塩、砂糖などの食品粉体や、ファンデーションなどの化粧品粉体、飲み薬などの医薬品粉体ではなかろうか。これらは人間から見て小さな粒として認識される大きさの粒子からなる粉体であり、または、粉体シミュレーションの対象となる。スケールを変えて、人間よりももう少し大きな視点に立って考えてみるとどうであろうか。高層ビルの最上階や、空を飛ぶ飛行機から眺めると、地上を動く人間や自動車があたかも米粒のような大きさで認識されるであろう。そうすると人間や自動車も、集合すれば粉体であり、様々な条件下での行動や移動現象を予測することは粉体シミュレーションといえる。さらには、宇宙を運動する太陽や地球などの天体も、銀河のスケールから見ればとても小さな粒であり、宇宙空間での天体運動や、隕石の飛来も粉体シミュレーションといえるかもしれない。いずれも粉体シミュレーションだとして何が決定的に違うのかというと、粒子間に作用する相互作用力がスケールや対象によって大きく異なるということである。ナノやマイクロメートル程度の微粒子の場合、粒子同士の物理的な接触による接触力に加えて、ファンデルワールス力のような分子間力や万有引力も作用しているであろう。万有引力のうち地球との間に働く力が重力であるので、非常に大きな質量の粒子との間に働く万有引力は無視できないが、通常の粒子同士であれば無視しても構わないであろう。人間を粒子に見立てた場合はどうであろうか。満員電車の中にギュウギュウに詰め込まれた場合、隣り合う人との間に働く接触力は感じるであろうが、自分を構成する分子と相手の分子が引かれあうような引力は通常感じない。接触力も様々で、隣り合った人が筋骨隆々のマッチョなタイプの人であれば、跳ね返されるような強力な反発力を感じるかもしれないし、反対にぽっちゃりしたふくよかなタイプの人であればクッションのような柔らかい反発力かもしれない。このような反発力を弾性バネでの反発に見立てれば、電車という箱の中に充填された粒子（人間）に、充填率（乗客の数）に応じて働く圧力を算出することも可能であろう。また、電車が駅に停車してドアが開き、乗客が一斉に出口に向かおうとするとき、単純に出口に向かって最短距離で移動しようとするという条件を仮定してあげれば、ホッパーから排出される粒子の如く、人間が電車から駅のホームに向かって移動する様子を、リアリティをもって再現できるかもしれない（実際にはそれぞれに意思や思考を持った“粒子”なので、運動はもう少し複雑であろうが）。こうした人間の群衆行動を離散要素法（DEM）を使って解析し、災害時の人々の避難行動のシミュレーションや[1)]、群衆雪崩の予防に役立てる研究[2)]も実際に行われている。

このように、シミュレーションでは対象に応じて支配的となる因子や作用力を抽出しモデル化して解析することが重要であり、自らが得たいアウトプットを得るために適した手法やモデルを選択する必要がある。これは粉体シミュレーションに限らず、流体などのその他のシミュレーション解析でも同じことであり、限りある計算資源、時間の中で解を得るために何が重要で、何が重要でないかを判断して解析モデルを創る、あるいは選択することが最も肝要である。先の満員電車の例のように、我々が感じもしない他人との分子間力や万有引力を精緻に考慮したシミュレーションを行ったとして、人間の群衆行動にはほとんど影響せず徒労に終わるであろうことは想像に難くない。

ここでは、粉体シミュレーションとして近年最も広く使われているDEMの基本的な計算手法について説明する。これからシミュレーションを始めたい、という読者を対象としており数式がたくさん出てくるため、中身は気にせずどのような結果が得られるのかに興味がある読者は7.4節で紹介しているアニメーションをご覧いただき、もし自分でも計算をしてみたい、プログラムを書いてみたい、と思っていただけたなら、本節を参考にして頂けると幸いである。

7.5.1 離散要素法（Discrete Element Method：DEM）について

個々の粒子の衝突や摩擦が運動を支配する粉体の運動挙動は、本質的に不連続、不均質な現象であるため数理的な扱いが難しい。古典力学では２体までの衝突しか理論的に挙動を記述することができず、３体以上の粒子の衝突を含む運動挙動に対しては一般的な解が存在しないことから、このような運動を解析するためには数値解析法やコンピュータモデルが必要になる。DEM[3)]は互いに接触した粒子間に働く弾性反発力や摩擦力などの接触力をモデル化し、接触力が作用する個々の粒子の運動をそれぞれの運動方程式をもとにして数値的に解析する手法である。ある瞬間における粒子や壁との間に発生する接触力の値から、微小時間先の未来における速度や座標を求める陽解法に分類される手法である。現在の情報のみから未来の状態を予測するため、計算プログラムが比較的容易であるが、計算の安定性や精度には後述する微小時間の刻み幅Δt（タイムステップ）が大きく影響するという特徴を持つ。

粒子個々の並進と回転を表す運動方程式はそれぞれ式(7.5.1)、(7.5.2)で与えられる。

$$m\frac{\mathrm{d}\boldsymbol{v}}{\mathrm{d}t}=\sum_j \boldsymbol{F}_c+\boldsymbol{G} \qquad \cdots (7.5.1)$$

$$I\frac{\mathrm{d}\boldsymbol{\omega}}{\mathrm{d}t}=\sum_j l\boldsymbol{F}_{c,t}+\boldsymbol{R}_r \qquad \cdots (7.5.2)$$

ここで、mは質量、$\boldsymbol{v}$は並進速度、tは時間、jは接触している粒子の番号、$\boldsymbol{F}_c$は接触力であり、$\boldsymbol{F}_{c,t}$は接触力$\boldsymbol{F}_c$の接線方向成分のベクトル、$\boldsymbol{G}$は外力、Iは慣性モーメント、$\boldsymbol{\omega}$は角速度、lは粒子半径、$\boldsymbol{R}_r$は回転抵抗をそれぞれあらわしている。

接触力は、バネとダッシュポットを並列に配置したVoigtモデルを用い、接線方向には摩擦力をあらわすために摩擦スライダーが挿入されたモデルを適用する（**図7.5.1**）。このように接触力をモデル化し、粒子間の圧縮方向を法線方向、それに直交する成分を接線方向とした座標系（ローカル座標系）を考えると、ローカル座標系における接触力$\boldsymbol{f}_c$は差分形式で次式のようにあらわされる。

$$\boldsymbol{f}_c=\begin{pmatrix} f_n \\ f_{ty} \\ f_{tz}\end{pmatrix}=\begin{pmatrix} e_n \\ e_{ty} \\ e_{tz}\end{pmatrix}+\begin{pmatrix} d_n \\ d_{ty} \\ d_{tz}\end{pmatrix}$$

$$=\begin{cases} \begin{pmatrix} K_n L_{ij} \\ e_{ty,(k-1)\cdot\Delta t}+K_t\Delta u_{ty} \\ e_{tz,(k-1)\cdot\Delta t}+K_t\Delta u_{tz}\end{pmatrix}+\begin{pmatrix} \eta_n\Delta u_n/\Delta t \\ \eta_t\Delta u_{ty}/\Delta t \\ \eta_t\Delta u_{tz}/\Delta t\end{pmatrix} & \text{when } \sqrt{{e_{ty}}^2+{e_{tz}}^2}<\mu e_n \\ \begin{pmatrix} K_n L_{ij} \\ e_{ty,(k-1)\cdot\Delta t}+K_t\Delta u_{ty} \\ e_{tz,(k-1)\cdot\Delta t}+K_t\Delta u_{tz}\end{pmatrix}+\begin{pmatrix} \eta_n\Delta u_n/\Delta t \\ \mu e_n\cdot e_{ty}/\sqrt{{e_{ty}}^2+{e_{tz}}^2} \\ \mu e_n\cdot e_{tz}/\sqrt{{e_{ty}}^2+{e_{tz}}^2}\end{pmatrix} & \text{otherwise}\end{cases}$$

$$\cdots (7.5.3)$$

ここで、添え字n、tはそれぞれ圧縮方向、接線方向であり、ty、tzは接触面上にあり互いに直角な2つのベクトルの方向をあらわす。また、eはバネによる弾性力、dはダッシュポットにもとづく粘性力あるいは摩擦力、Kはバネ定数、ηは粘性係数、ΔuはΔt間における相対変位の成分、L_{ij}は重なり距離、μは摩擦係数をそれぞれ表す。なお、kはタイムステップ数であり、$t=k\cdot\Delta t$と書ける。

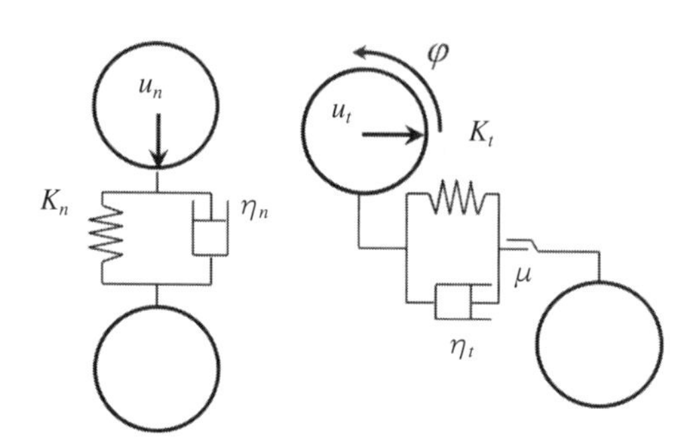

図7.5.1　バネとダッシュポットによる接触力モデル

式（7.5.3）で示した接線方向の接触力の式において、摩擦スライダーの成分と、バネおよびダッシュポットからなる成分のうち、値が小さくなる方を採用することに注意されたい。これは、概念としては静止摩擦、動摩擦の考え方を元にしており、法線方向の接触力や相対速度に応じていずれかの成分が採用される。しかしながら、バネとダッシュポットを用いた接触力計算を行っている性質上、接触状態にある物体が静止しているという状態は数値計算上存在せず、常に微小な振動をしている状態にある。そのため、DEMの計算で設定する摩擦係数は動摩擦係数ということになる。また、個々の粒子は変形しないと仮定し、接触の際に生じる変形は粒子間の微小な重なりL_{ij}で表現される。

ここで粒子同士の接触判定を考えるために、**図7.5.2**に示すような半径l_iの粒子iと半径l_jの粒子jが接近する状況を考える。粒子iの中心座標が$P_i\ (X_i,Y_i,Z_i)$、粒子jの中心座標が$P_j\ (X_j,Y_j,Z_j)$とするとき、それら中心座標から重なり距離L_{ij}は次式で与えられる。

$$L_{ij} = l_i + l_j - l_{ij}, \quad l_{ij} = \sqrt{\left(X_i - X_j\right)^2 + \left(Y_i - Y_j\right)^2 + \left(Z_i - Z_j\right)^2} \quad \cdots (7.5.4)$$

ここでl_{ij}は2つの粒子中心間の距離である。このL_{ij}が正のとき接触した状態にあり、負のとき離れた状態にあるため、L_{ij}の符号により粒子同士の接触が判定で

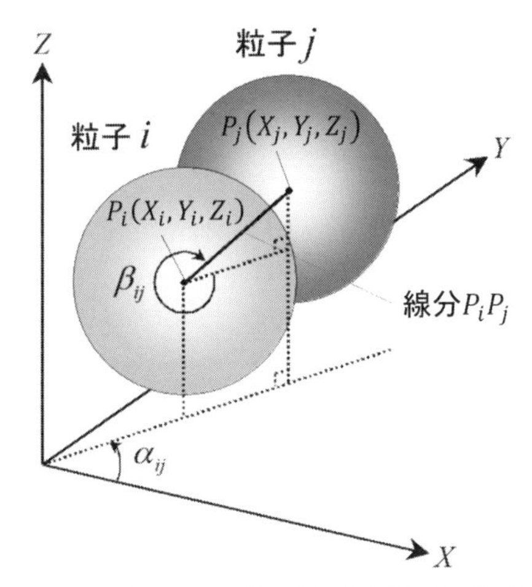

図7.5.2　接触する２粒子間の位置関係と接触角度

きる。

図7.5.2で示したようにX、Y、Zの座標系（グローバル座標系）において、粒子iと粒子jが、２粒子の中心間を結ぶ線分$P_i\ P_j$のXY平面への投影線がX軸となす角α_{ij}、線分$P_i\ P_j$がXY平面となす角β_{ij}で接触するときを考える。式（7.5.3）の接触力$\boldsymbol{f}_c$はローカル座標系の相対変位（$\Delta u_n, \Delta u_{ty}, \Delta u_{tz}$）がわかれば求めることができる。ローカル座標系の相対変位は、粒子の接触点での相対変位であり、次式のように、グローバル座標系の相対変位（$\Delta U_X, \Delta U_Y, \Delta U_Z$）と相対角変位（$\Delta \Phi_X, \Delta \Phi_Y, \Delta \Phi_Z$）をそれぞれローカル座標系に変換し、その和で求められる。

$$\begin{pmatrix}\Delta u_n\\ \Delta u_{ty}\\ \Delta u_{tz}\end{pmatrix}=\begin{pmatrix}\cos\beta_{ij} & 0 & -\sin\beta_{ij}\\ 0 & 1 & 0\\ \sin\beta_{ij} & 0 & \cos\beta_{ij}\end{pmatrix}\begin{pmatrix}\cos\alpha_{ij} & \sin\alpha_{ij} & 0\\ -\sin\alpha_{ij} & \cos\alpha_{ij} & 0\\ 0 & 0 & 1\end{pmatrix}\begin{pmatrix}\Delta U_{X,i}-\Delta U_{X,j}\\ \Delta U_{Y,i}-\Delta U_{Y,j}\\ \Delta U_{Z,i}-\Delta U_{Z,j}\end{pmatrix}$$
$$+\begin{pmatrix}0 & 0 & 0\\ \cos\alpha_{ij}\sin\beta_{ij} & \sin\alpha_{ij}\sin\beta_{ij} & \cos\beta_{ij}\\ \sin\alpha_{ij} & -\cos\alpha_{ij} & 0\end{pmatrix}\begin{pmatrix}l_i\Delta\Phi_{X,i}+l_j\Delta\Phi_{X,j}\\ l_i\Delta\Phi_{Y,i}+l_j\Delta\Phi_{Y,j}\\ l_i\Delta\Phi_{Z,i}+l_j\Delta\Phi_{Z,j}\end{pmatrix} \quad \cdots (7.5.5)$$

ローカル座標系の相対変位（$\Delta u_n, \Delta u_{ty}, \Delta u_{tz}$）を式（7.5.3）へ代入し、ローカル座標系の接触力$\boldsymbol{f}_c$=（f_n, f_{ty}, f_{tz}）を求め、次式によりグローバル座標系の接触力$\boldsymbol{F}_c$=（F_X, F_Y, F_Z）に変換する。

$$\boldsymbol{F}_c = \begin{pmatrix} F_X \\ F_Y \\ F_Z \end{pmatrix} = -\begin{pmatrix} \cos\alpha_{ij} & -\sin\alpha_{ij} & 0 \\ \sin\alpha_{ij} & \cos\alpha_{ij} & 0 \\ 0 & 0 & 1 \end{pmatrix} \begin{pmatrix} \cos\beta_{ij} & 0 & \sin\beta_{ij} \\ 0 & 1 & 0 \\ -\sin\beta_{ij} & 0 & \cos\beta_{ij} \end{pmatrix} \begin{pmatrix} f_n \\ f_{ty} \\ f_{tz} \end{pmatrix} \quad \cdots (7.5.6)$$

$$l\boldsymbol{F}_{c,t} = \begin{pmatrix} M_X \\ M_Y \\ M_Z \end{pmatrix} = -l \begin{pmatrix} 0 & \cos\alpha_{ij}\sin\beta_{ij} & \sin\alpha_{ij} \\ 0 & \sin\alpha_{ij}\sin\beta_{ij} & -\sin\alpha_{ij} \\ 0 & \cos\beta_{ij} & 0 \end{pmatrix} \begin{pmatrix} f_n \\ f_{ty} \\ f_{tz} \end{pmatrix} \quad \cdots (7.5.7)$$

ここで、Mはモーメントの成分を表す。

粒子間の転がり摩擦を考慮するために回転抵抗$\boldsymbol{R}_r$を次式で与える。

$$\boldsymbol{R}_r = -\mu_r h f_n \frac{\boldsymbol{\omega}}{|\boldsymbol{\omega}|} \quad \cdots (7.5.8)$$

ここで、μ_rは転がり摩擦係数、hは粒子の接触面の半径である。このようにして得られた接触力から加速度が求められ、加速度をタイムステップΔtごとに積分することで速度が得られ、同様にして位置が得られる。以上の演算を繰り返し、タイムステップで区切られた各瞬間の状態をパラパラ漫画のようにつなぎあわせることで粉体の挙動の追跡が可能となる。

数式で記述すると難しく見え、計算に馴染みがない方は拒否反応を示すかもしれないが、要は、高校の物理で習うニュートンの運動方程式を対象とする全ての粒子に対して解く力技であり、実際はとても単純な計算が根幹となっている。人間が手計算で行うとなると数十粒子でも気が遠くなるが、そこをコンピュータの力に任せて計算してもらうわけである。

DEMの利点は拡張性にあり、ここでは接触力のみを対象として記載したが、他の外力を考慮したい場合は式（7.5.1）の右辺に独立項として追加していけばよい。微小な粒子に働く外力としてファンデルワールス力や静電気力、また水分の影響として液架橋力などの外力を考慮した事例が報告されている[4)～7)]。摩擦係数や粘性係数の変更や、外力のオンオフが容易なため、粉体現象の解析においてそれぞれの因子の影響の切り分けが可能である。

材料定数は、Hertzの弾性接触論[8)]により以下のように求めることができる。法線方向の弾性定数K_nは、粒子のヤング率E、ポアソン比νの値を用いて式（7.5.9）で与えられる。

$$K_n = \frac{4}{3\pi}\left(\frac{1}{\delta_i + \delta_j}\right)\sqrt{\frac{l_i l_j}{l_i + l_j}} \quad \cdots (7.5.9)$$

$$\delta_i = \frac{1 - {\nu_i}^2}{E_i \pi} \quad \cdots (7.5.10)$$

$$\delta_j = \frac{1 - {\nu_j}^2}{E_j \pi} \quad \cdots (7.5.11)$$

接線方向の弾性定数K_tは物質のせん断率とヤング率の関係をあらわすラメ定数の定義式に基づいて得ることができる。

$$K_t = \frac{K_n}{2(1 + \nu_i)} \quad \cdots (7.5.12)$$

ボールミルのように粉体が存在する系を対象とする場合、粉体がクッションの役割をはたすことから反発係数を0として臨界減衰となる条件を用いるとよい。弾性バネと粘性ダッシュポットを有する一自由度の振動方程式において、臨界減衰となるηは式(7.5.13)で与えられる。

$$\eta_n = 2\sqrt{mK_n} \quad , \quad \eta_t = 2\sqrt{mK_t} \quad \cdots (7.5.13)$$

タイムステップΔtは、計算の収束性と安定性に直結し、タイムステップが大きいと計算コストは小さくなるが、時間発展させる際に粒子間の重なり量が大きくなるなどして計算が不安定になりやすい。安定的に計算が行える範囲でなるべく大きなタイムステップを選択すべきであり、式(7.5.14)を考慮して決定する[9)]。

$$\Delta t < \frac{\pi}{5}\sqrt{\frac{m}{K_n}} \quad \cdots (7.5.14)$$

実際には対象とする計算系における粒子の速度によっても安定性が変化するため、粒子が跳ねるなどの不安定な挙動がみられた場合はひとまずタイムステップを小さくしてみるとよい。

摩擦係数は粒子の挙動に最も大きな影響を及ぼすパラメータであり、可能な限り対象とする粒子挙動を実験的に観察し、それを再現するように決定する必要がある。摩擦係数はDEMにおける計算上のパラメータであり物性値とは異なるということに注意する必要がある。これは上述したバネやダッシュポット、タイムステップなどの条件で接触の状態が異なるという数値計算上の性質のためである。

実際にDEM計算を行ってみると計算時間をなるべく短くしたいという要望がでてくるであろう。計算コストを削減するテクニックとして、ヤング率を実際の値よりも1/10～1/1000程度小さく設定し、タイムステップを大きくすることが有効である。ヤング率の値が粒子の運動挙動に及ぼす影響は比較的小さいことからこのような手段がとられているが、ヤング率の値をどこまで小さくしても良いかは検証して決定する必要がある。ヤング率を実際の値から徐々に小さくして計算を行い、粒子挙動に影響を及ぼさない範囲で選択すればよい。ただし、粒子を堆積させて積層するような系を対象とする場合、ヤング率を小さくすると粒子間の重なり量が増えて見かけの体積が減少するため、あまりヤング率を小さくしない方がよい。その他に、実際の粒子よりも大きいサイズの粒子で置き換えて対象とする粒子数を減らす粗視化手法[10)11)]が提案されている。

7.5.2 Advanced Discrete Element Method：ADEMについて

従来のDEMでは、離散体としての粒子挙動を取り扱うことはできたが、連続体としての挙動を計算することはできなかった。非球形粒子の運動挙動や破砕挙動を直接計算することを目的として開発されたのがADEM[12) 13)]である。球形粒子を構成要素として、近傍に存在する構成粒子同士を連結バネで接続することで連続体としての応力や変形、剛体回転などの挙動計算が可能である。粒子の集合体で弾性的な連続体を計算する手法はMPS (Moving Particle Semi-implicit)[14)]やSPH (Smoothed Particle Hydrodynamics)[15)]でも提案されているが、ADEMでは応力の計算を簡略なバネで計算するシンプルな方法である。連続体を解析する手法としてはFEM (Finite Element Method)[16)]があるが、ADEMはFEMとDEMの中間に位置する手法といえる。連結バネが破壊されると粒子間の結合が失われ、構成粒子は従来のDEMと同様の離散体として扱われるため、連続体が破砕され、破砕片が生じていく過程をシームレスに1つのモデルで取り扱うことができる。

ADEMでは、大別して2つの力の計算を行う。1つは、従来のDEMと同様の接触時の力の計算である。これについては7.5.1節で述べた。もう1つは連結バネによる近傍粒子との相互作用力の計算である。連結バネには法線方向、接線方向の2種が用いられ、減衰を考慮するためのダッシュポットが並列に挿入されている。連結バネによる法線方向、接線方向の相互作用力はそれぞれ次式であらわされる。

$$\boldsymbol{F}_{n\_c} = K_{n\_c}\boldsymbol{a}_n + \eta_{n\_c}\frac{\Delta\boldsymbol{a}_n}{\Delta t} \qquad \cdots (7.5.15)$$

$$\boldsymbol{F}_{t\_c} = K_{t\_c}\boldsymbol{a}_t + \eta_{t\_c}\frac{\Delta\boldsymbol{a}_t}{\Delta t} \qquad \cdots (7.5.16)$$

ここで、$\boldsymbol{a}_n$、$\boldsymbol{a}_t$はそれぞれ連結バネの自然長からの法線方向変位ベクトル、接線方向変位ベクトルをあらわす。K_{n_c}、K_{t_c}、η_{n_c}、η_{t_c}はそれぞれ法線方向、接線方向の連結バネ定数および粘性係数をあらわす。**図7.5.3**に連結バネの自然長からの変位を図示する。

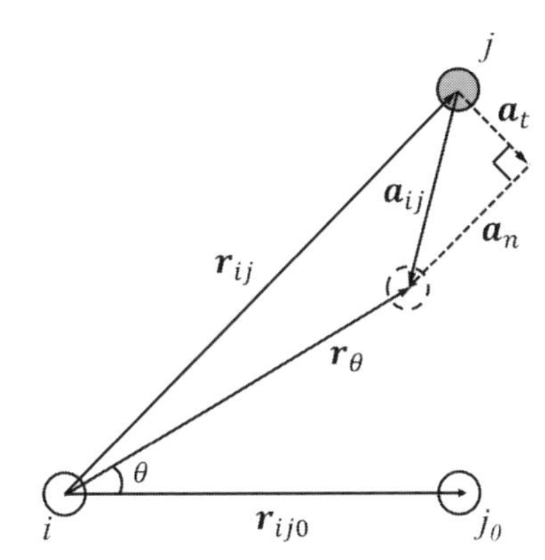

図7.5.3　連結バネで接続された構成粒子間の変位と位置関係

接続された二粒子i,jについて、粒子iに対する粒子jの初期の相対位置をj_0とし、初期の相対位置ベクトルを$\boldsymbol{r}_{ij0}$、ある時刻における相対位置ベクトルを$\boldsymbol{r}_{ij}$、連結バネの剛体回転後の相対位置ベクトルを$\boldsymbol{r}_\theta$とする。連結バネの変位ベクトル$\boldsymbol{a}_{ij}$は、現在の相対位置ベクトルから連結バネの剛体回転を取り除いたものとして以下の式であらわされる。

$$\boldsymbol{a}_{ij} = \boldsymbol{r}_\theta - \boldsymbol{r}_{ij} \qquad \cdots (7.5.17)$$

$$\boldsymbol{a}_n = \left(|\boldsymbol{r}_{ij}| - |\boldsymbol{r}_{ij0}|\right)\cdot\frac{\boldsymbol{r}_{ij}}{|\boldsymbol{r}_{ij}|} \qquad \cdots (7.5.18)$$

$$\boldsymbol{a}_t = \boldsymbol{a}_{ij} - \boldsymbol{a}_n \qquad \cdots (7.5.19)$$

連結バネの剛体回転を考慮するため、それぞれの粒子は独立に角速度$\boldsymbol{\omega}_a$を計算している。初期の相対位置ベクトルから剛体回転した後の位置ベクトル$\boldsymbol{r}_\theta$は、角速度$\boldsymbol{\omega}_a$からクォータニオンqを用いて回転行列$\boldsymbol{R}$を求め、各粒子の回転量の平均をとることで以下の式であらわされる。

$$\boldsymbol{r}_\theta = \frac{1}{2}\left(\boldsymbol{R}_i \boldsymbol{r}_{ij0} + \boldsymbol{R}_j \boldsymbol{r}_{ij0}\right) \quad \cdots (7.5.20)$$

各粒子の回転行列$\boldsymbol{R}$はクォータニオンqから以下のように求められる。ある時刻$t = k \cdot \Delta t$におけるクォータニオン$q_{k\cdot\Delta t}=$（$q_s, q_x\ q_y\ q_z$）は、クォータニオンの微小時間における変化量Δqから次式で求められる。なお、kは計算ステップ数である。

$$q_{k\cdot\Delta t} = q_{(k-1)\cdot\Delta t} + \Delta q \quad \cdots (7.5.21)$$

クォータニオンの変化量Δqは、角速度$\boldsymbol{\omega}_a$を用い、回転角θと回転軸$\boldsymbol{b}$から求める。

$$\Delta q = \left[\cos\frac{\theta}{2},\ \boldsymbol{b}\sin\frac{\theta}{2}\right] \quad \cdots (7.5.22)$$

$$\theta = |\boldsymbol{\omega}_a| \quad \cdots (7.5.23)$$

$$\boldsymbol{b} = \frac{\boldsymbol{\omega}_a}{|\boldsymbol{\omega}_a|} \quad \cdots (7.5.24)$$

$q_{k\cdot\Delta t}$を回転行列$\boldsymbol{R}$に変換すると次式であらわされる。

$$\boldsymbol{R} = \begin{pmatrix} 1-2q_y^2-2q_z^2 & 2q_xq_y-2q_sq_z & 2q_xq_z+2q_sq_y \\ 2q_xq_y+2q_sq_z & 1-2q_x^2-2q_z^2 & 2q_yq_z-2q_sq_x \\ 2q_xq_z-2q_sq_y & 2q_yq_z+2q_sq_x & 1-2q_x^2-2q_y^2 \end{pmatrix} \quad \cdots (7.5.25)$$

角速度を求める際には、接続している2粒子間の平均をとると角運動量が精度よく保存できる。接続している粒子全てにおいて同様の計算を行い、和をとることで角速度が求まる。

$$\Delta\boldsymbol{\omega}_a = \boldsymbol{R}_i \boldsymbol{r}_{ij0} \times \frac{\left\{\boldsymbol{r}_{ij} - \frac{1}{2}\left(\boldsymbol{R}_i \boldsymbol{r}_{ij0} + \boldsymbol{R}_j \boldsymbol{r}_{ij0}\right)\right\}}{\left|\boldsymbol{r}_{ij0}{}^2\right|} \quad \cdots (7.5.26)$$

$$\boldsymbol{\omega}_{a,k\cdot\Delta t} = \boldsymbol{\omega}_{a,(k-1)\cdot\Delta t} + \sum \Delta\boldsymbol{\omega}_a \qquad \cdots (7.5.27)$$

計算の安定性を考慮して連結バネで接続される範囲を粒子径の1.5倍とし、その距離よりも近くに存在する粒子を近傍粒子として相互作用力を計算する。**図7.5.4**に２粒子間の法線方向距離に着目した際の接触バネおよび連結バネにより働く力を模式的に表した図を示す。バネの伸び速度が一定の条件では図に示すような2段階の非線形な相互作用力となる。連結バネには引張破壊およびせん断破壊の2つの基準を設定した。引張破壊に関しては破壊に至る最大ひずみをパラメータとし、せん断破壊に関してはモール・クーロンの破壊基準を基にして、式(7.5.28)、(7.5.29)のいずれかを満たすときに破壊することとした。

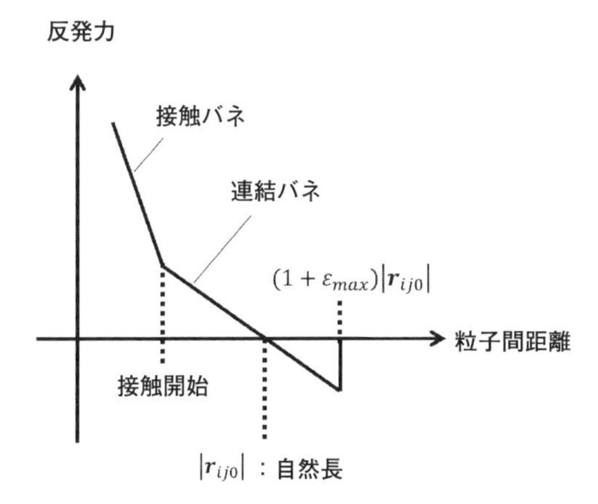

図7.5.4　構成粒子間の相互作用力の模式図

$$a > (1+\varepsilon_{max})|\boldsymbol{r}_{ij0}| \qquad \cdots (7.5.28)$$

$$\tau > c + \sigma\tan\phi \qquad \cdots (7.5.29)$$

ここで、ε_{max}は最大ひずみ、τはせん断応力、σは垂直応力、cは粘着力、ϕは内部摩擦角をあらわす。最大ひずみや粘着力などの値が大きいと、外力に対して壊れにくくなる。ADEMにおける計算フローを**図7.5.5**に示す。

ここでは、脆性的な破壊を扱うADEMの基本的な計算手法を紹介したが、連結バネの相互作用を工夫することで様々な現象を表現することが可能である。バネが伸びたときに塑性変形が始まる降伏点を設定し、外力を取り除いたとしてもひずみが残るように設定することで延性を表現する延性モデルが提案されている[17]。また、油脂のように粘弾性的な性質を持つ物体の変形・切断挙動を表現する延性破壊モデルも提案されている[18]。

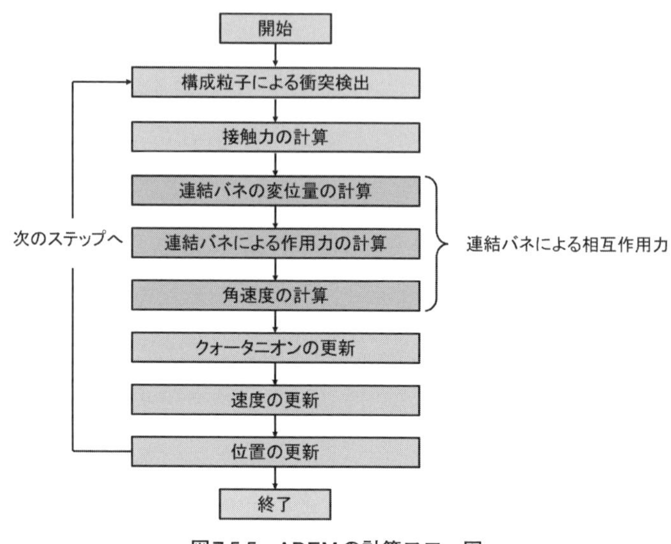

図7.5.5　ADEMの計算フロー図

7.5.3　流体と粒子の連成シミュレーション

本節では、流体中で運動する粒子の運動を解析する手法としてDEMと数値流体力学（Computational Fluid Dynamics：CFD）を連成する手法について概要を述べる。CFDは流体の運動をコンピュータ上で表現し解析する手法の総称であり、この流体の運動は微小領域における質量保存と運動量保存から導かれる2つの基礎式を解くことで表現される。特に、非圧縮ニュートン流体が仮定できる場合はそれぞれ次のようになる。

$$\nabla \cdot \boldsymbol{u}_\mathrm{f} = 0 \quad \cdots (7.5.30)$$

$$\frac{\partial \boldsymbol{u}_\mathrm{f}}{\partial t} + \nabla \cdot (\boldsymbol{u}_\mathrm{f}\boldsymbol{u}_\mathrm{f}) = -\frac{1}{\rho_\mathrm{f}}\nabla p_\mathrm{f} + \frac{\mu_\mathrm{f}}{\rho_\mathrm{f}}\nabla^2 \boldsymbol{u}_\mathrm{f} + \boldsymbol{f}_\mathrm{f} \quad \cdots (7.5.31)$$

ここで、$\boldsymbol{u}_\mathrm{f}$は流体の速度ベクトル、$p_\mathrm{f}$は流体の圧力、$t$は時間、$\rho_\mathrm{f}$は流体の密度、

μ_fは流体の粘度、f_fは単位体積・単位質量あたりの流体に作用する外力ベクトルである。

これら基礎式の一般解は今のところ発見されていないため、何らかの方法で近似解を求めることになる。この近似解を求めるとき、コンピュータは連続した数値を取り扱うことができないという事情から、計算領域は計算格子や粒子によって分割することが必要となる。このとき、計算領域を格子で区切る方法を格子法、粒子で区切る方法を粒子法と呼ぶ。格子法と粒子法の長所や短所については様々な議論があるため両者を比較することは容易ではないが、一般に粒子法は大変形する界面の扱いを得意とし、格子法は充満系を得意とするとされることが多いように思う。しかしながら、解析対象や現象によって最適な手法は異なるため、用途に応じて適宜選択することができる知識を得ることが重要といえる。

こうした理論的背景や得意とする解析対象の違いから、格子法と粒子法を用いたCFDとDEMの連成手法は多種多様な発展を見せており、それら多くの手法から適切なモデルを選択するのにも、より多くの知識が要求されるようになってきた。そこでここでは、粒子法と格子法それぞれにおける連成手法を概説する。

(1) 粒子法

流体シミュレーションの計算手法のうち、流体を複数の粒子の集まりとして表す手法を粒子法と呼ぶ。1個の粒子は流体を分割したある大きさの流体の塊であると考えられ、分割する個数に応じた質量を有しているとみなされる。ここでの流体粒子は仮想的なものであるため、現実には存在せず、あくまで計算のための便宜上のものである。DEMにおける粒子は明確な大きさと質量を持った固体粒子を指すが、流体シミュレーションにおける粒子は連続的な流体を離散化した計算点であるということに注意されたい。実際の流体は連続的なものであるので、計算点である粒子のまわりには密度や圧力などの物理量が滑らかに分布していると考えられる。こうした物理量の広がりを重み関数と呼ばれる計算点からの距離に応じた関数で計算し、流体に関わる変数の空間分布を表す手法がSPH (Smoothed Particle Hydrodynamics)[15)19)]である。計算に格子を用いないため、大変形や分裂・合体を含む問題を対象とするのに適している。SPHの特徴は、DEMと同じく陽解法である点であり、比較的低計算負荷であるといえる。もともと天体の衝突等の宇宙物理学を扱うために提案された手法であるため、それらの分野でよくみられる圧縮性流体を扱うことを基本としているが、非圧縮性を強制する手法[20]や粒子座標を圧力に応じて更新する方法[21]など、様々に発展させた手法が提案されている。水などの流体を扱う場合は、厳密な非圧縮性を持たせるのではなく、弱圧縮を許容することで計算安定性や計算速度を優先する手法[22]が広く用いられている。同じ粒子法で流体を扱う手法としてMPS（Moving Particle Semi-implicit）[14]があるが、こちらはもともと非圧縮流体を対象として開発されており、名前の通り陰的に一部の変数を計算するため、自身の計算対象とする系に応じて得意とする手法を選択した方がよい。ただ、SPHで陰的に計算を行う手法が提案されたように、MPSでも陽的に計算を行う手法[23]も開発されてきており、その垣根がなくなってきているといえる（MPSの“S”もSemi-implicitでなく、Simulationとする場合もある）。より安定的に、高精度に計算するための手法の開発が現在も精力的に行われており、固気液三相の挙動解析[24]など、その応用事例や適用事例も拡大してきている。

⑵　格子法

格子法により表現される流体とDEMで表現される粒子を連成する場合、流体と粒子の相互作用をどのようにして求めるのかが重要となる。この相互作用を計算する方法を大きく分けると次の２つの方法が考えられ、**図7.5.6**はそれらを模式的に示したものである。

⒜　粒子と流体の境界に境界条件を与えることで直接的に計算する方法

⒝　粒子と流体の相互作用に物理モデルを適用し推算する方法

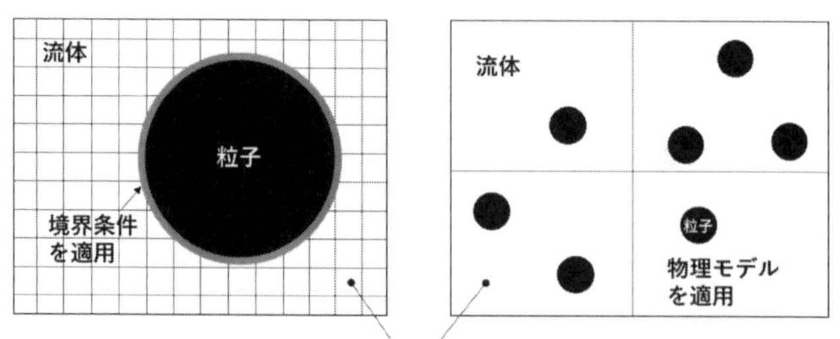

図7.5.6　格子法における粒子と流体の相互作用の与え方

(A)の境界条件を与える方法を選択する場合、粒子と流体の境界を十分な解像度で分割する必要があるため、格子の分割領域は粒子よりも小さい必要がある。一方で、(B)の場合は粒子と流体の境界で生じる現象はモデル化されるため、格子の分割領域は粒子より大きくても問題ない。(A)と(B)の方法それぞれに長所と短所があるため、投入できる計算リソースや解析対象の規模等に応じて適宜選択する必要がある。したがって、それぞれの方法の長所や短所を把握しておくことがDEMとCFDを連成する上でまず必要となる。そこでここでは、粒子と流体の相互作用について、(A)の境界条件を直接与える方法と、(B)の物理モデルを適用する方法のそれぞれについて特徴を示すとともに、その適用事例を紹介する。

(A) 粒子と流体の境界に境界条件を与えることで直接的に計算する方法

粒子と流体の境界に直接境界条件を与えることで、粒子と流体間の相互作用を計算する場合、流体を分割する格子を粒子よりも十分に小さくし、境界を十分に解像できるようにする必要がある。したがって、(B)の物理モデルを用いる場合に比べて計算負荷は高いことが短所となる。一方で、粒子周りの流れを取り扱うことができるため、粒子と流体の相互作用の計算に特別な物理モデルを必要としない。これは、物理モデルの影響を受けない解析が行えたり、物理モデルそのものをシミュレーションから構築できたりすることを意味する。例えば、梶島らはDNS（Direct Numerical Simulation）の一種と考えられる体積力型埋め込み境界法を用い粒子の集合体（Cluster）の形成・破壊過程を解析した。その結果、レイノルズ数が高くなると、粒子後方で生じる渦により、粒子が集合したり離散したりすることがわかった[25)]。また鷲野らは、2粒子間に形成された液架橋により生じる潤滑力をDNSにより計算し、より実現象に近い新たなモデルを構築した[26)]。粒子スケールの流れに起因する現象の解析やモデル化が可能な点が境界条件を与える方法の長所といえる。

(B) 粒子と流体の相互作用に物理モデルを適用し推算する方法

粒子と流体の相互作用の推算に物理モデルを適用する場合、方法(A)と比べて格子の分割領域は粒子よりも大きくても計算が可能である。したがって、選択した物理モデルに応じたある程度の確かさを持った粒子の流体中での運動を低計算負荷で実行できることを意味する。こうした手法の多くは流体の運動を記述する

表7.5.1 粒子-流体連成手法の特徴

	(A) 境界条件を与える方法	(B) 物理モデルを与える方法
計算負荷	大きい	小さい
粒子スケールの現象	解析可能	解析困難
粉体スケールの現象	容易ではない	解析可能

式（7.5.30）と式（7.5.31）ではなく、空隙率ε_fで局所体積平均化処理が施された以下の基礎式が用いられる[27]。特に物理モデルは、これら式中の粒子—流体間相互作用$\boldsymbol{f}_\mathrm{p}$に適用される。

$$\frac{\partial \varepsilon_\mathrm{f}}{\partial t} + \nabla \cdot (\varepsilon_\mathrm{f} \boldsymbol{u}_\mathrm{f}) = 0 \quad \cdots (7.5.32)$$

$$\frac{\partial}{\partial t}(\varepsilon_\mathrm{f} \boldsymbol{u}_\mathrm{f}) + \nabla \cdot (\varepsilon_\mathrm{f} \boldsymbol{u}_\mathrm{f} \boldsymbol{u}_\mathrm{f}) = -\frac{\varepsilon_\mathrm{f}}{\rho_\mathrm{f}} \nabla p_\mathrm{f} + \varepsilon_\mathrm{f} \frac{\mu_\mathrm{f}}{\rho_\mathrm{f}} \nabla^2 \boldsymbol{u}_\mathrm{f} + \boldsymbol{f}_\mathrm{p} + \varepsilon_\mathrm{f} \boldsymbol{g} \quad \cdots (7.5.33)$$

辻らは、この手法を用い、流動層中に形成される流動構造を解析し、空隙率の高いところで粒子は上昇し、低いところでは下降し、これにより循環が生じていることを明らかにした[28]。また、西浦らは微粒子が液体中で浮遊している液体の乾燥後の粒子構造形成過程を調査するために、流体抵抗力に加え気液界面と粒子の相互作用にも物理モデルを適用し、乾燥時の粒子挙動を解析した。本解析から、粒子間の相互作用、粒子濃度、表面張力係数の大きさや粒子の濡れ性により、乾燥後の充填構造の粗密が影響を受けることが明らかになった[29]。このように方法(A)に比べて大規模な計算が可能なため、粒子が集合することにより生じる現象のメカニズム解析が行える点が長所といえる。一方、選択する物理モデルにシミュレーション結果が強く依存することが短所といえ、解析対象に合わせたモデルの選定が必要となる。

本節では、流体と粒子の連成手法として、(A)境界条件を与える手法と(B)物理モデルを与える手法に分けて比較し、それぞれの手法の特徴を紹介した。**表7.5.1**

は今回の比較結果をまとめたものである。実際にはさらに細かく分類分けされることに加え、粒子と流体の境界条件に物理モデルを組み込むことで低解像度でも精度よく計算できるように工夫されたモデルも開発が進んでおり[30]、この分類の境目は明確ではなくなってきている。したがって今後は、統一的なモデルや、汎用性と精度の高いモデルが開発されることで、シミュレーションで表現できる範囲が拡大していくことが期待される。

<参考文献>

1) 後藤仁志, 原田英治, 久保有希, 酒井哲郎：“海岸工学論文集”, **51**, 1261-1265 (2004)
2) 清野純史, 東山寛之：“地域安全学会論文集”, **7**, 273-280 (2005)
3) P.A. Cundall, O.D.L. Strack：*Geotechnique*, **29**, 47-65 (1979)
4) M. Kroupa, M. Vonka, M. Soos, J. Kosek：*Langmuir*, **31**, 7727-7737 (2015)
5) K. Kushimoto, S. Ishihara, S. Pinches, M.L. Sesso, S.P. Usher, G.V. Franks, J. Kano：*Adv. Powder Technol.*, **31**, 2267-2275 (2020)
6) K. Washino, H.S. Tan, M.J. Hounslow, A.D. Salman：*Chem. Eng. Sci.*, **93**, 197-205 (2013)
7) Y. Tsunazawa, D. Fujihashi, S. Fukui, M. Sakai, C. Tokoro：*Adv. Powder Technol.*, **27**, 652-660 (2016)
8) S.P. Timoshenko, J.N. Goodier：Theory of elasticity, 3rd ed., International student ed., McGraw-Hill Kogakusha (1970)
9) Y. Tsuji, T. Kawaguchi, T. Tanaka：*Powder Technology*, **77**, 79-87 (1993)
10) H. Nakamura, H. Takimoto, N. Kishida, S. Ohsaki, S. Watano：*Chemical Engineering Journal* Advances, **4**, 100050 (2020)
11) M. Sakai, M. Abe, Y. Shigeto, S. Mizutani, H. Takahashi, A. Viré, J.R. Percival, J. Xiang, C.C. Pain：*Chemical Engineering Journal*, **244**, 33-43 (2014)
12) S. Ishihara, Q. Zhang, J. Kano：“粉体工学会誌”, **51**, 407-414 (2014)
13) S. Ishihara, J. Kano：*ISIJ Int.*, **59**, 820-827 (2019)
14) S. Koshizuka, Y. Oka：*Nucl. Sci. Eng.*, **123**, 421-434 (1996)
15) J.J. Monaghan：*Computer Physics Communications*, **48**, 89-96 (1988)
16) R.L. Williamson, B.H. Rabin, G.E. Byerly：*Composites Engineering*, **5**, 851-863 (1995)
17) K. Ono, K. Kushimoto, S. Ishihara, J. Kano：“粉体工学会誌, **56**, 58-65 (2019)
18) J. Kawamura, K. Kushimoto, S. Ishihara, J. Kano：*Adv. Powder Technol.*, **32**, 963-973 (2021)
19) R.A. Gingold, J.J. Monaghan：*Monthly Notices of the Royal Astronomical Society*, **181**, 375-389 (1977)
20) S. Shao, E.Y.M. Lo：*Advances in Water Resources*, **26**, 787-800 (2003)
21) B. Solenthaler, R. Pajarola, *ACM Trans. Graph.*, **28**, Article 40 (2009)
22) M.S. Shadloo, A. Zainali, M. Yildiz, A. Suleman：*International Journal for Numerical Methods in Engineering*, **89**, 939-956 (2012)
23) M. Oochi, S. Koshizuka, M. Sakai：*Transactions of the Japan Society for Computational Engineering and Science*, **2010**, 20100013 (2010)
24) S. Natsui, K. Tonya, A. Hirai, H. Nogami：*Chemical Engineering Journal*, **414**, 128606 (2021)
25) T. Kajishima, S. Takiguchi：*Int. J. Heat and Fluid Flow*, **23**, 639-646 (2002)

26） K. Washino, S. Hashino, H. Midou, E. L. Chan, T. Tsuji, T. Tanaka：*Chem. Eng. Res. Des.*, **132**, 1030-1036 (2018)

27） T. B. Anderson, R. Jackson：*Ind. Eng. Chem. Fundament.*, **6**, 527-539 (1967)

28） T. Tsuji, K. Yabumoto, T. Tanaka：*Powder Technol.*, **184**, 132-140 (2008)

29） 西浦泰介，下坂厚子，白川善幸，日高重助："混相流"，**23**, 53-65 (2009)

30） J. Gu, M. Sakaue, S. Takeuchi, T. Kajishima：*Powder Technol.*, **329**, 445-454 (2018)

第 8 章
持続可能な社会を支える粉体技術

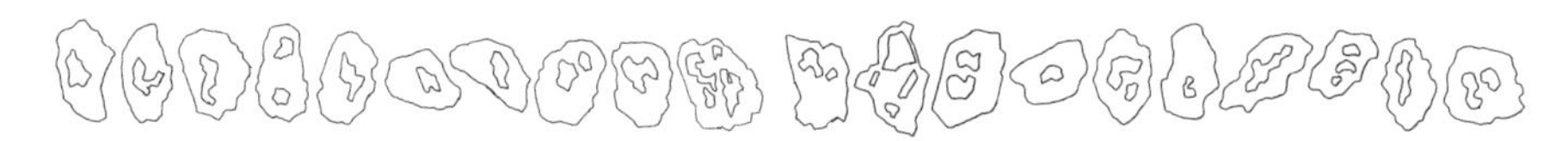

第８章　持続可能な社会を支える粉体技術

本章では、持続可能な社会を実現していくために、粉体技術が鍵となる技術であることを、私たちの生活に必要な製品の製造に実際に使われている製造工程の事例も含めて、８件の話題を提供する。粉体技術は、表には出てこないが、縁の下の力持ちとしてあらゆる産業分野に貢献していること、また、人類の未来を支える上で重要な技術であることを、ぜひ感じ取って頂きたい。

持続可能な社会を支える粉体技術

8.1 小麦粉の品質を保証するふるい機の開発

8.1.1 はじめに

小麦粉は年間約600万トンも消費される主食の１つである。その用途はさまざまでありパン、麺、お菓子、飼料など胚乳部分から外皮に至るまで、余すところなく消費されている。主食として日々の食卓の安定供給を担っているだけでなく、美味しさを追求することでも心身の健康、幸福感の体験を創造している。食品メーカーでは、すべてのお客様に安全で高品質な商品を提供するために食の安全・安心の確保に向けた体制と取組を推進している。小麦粉製造や小麦粉を使用した食品製造の食の安全・安心に欠かせない異物管理に関する歩みを紹介する。

8.1.2 小麦粉製造フロー

小麦粉を製造するための一般的なフローについて説明する[1)]。主に海外から輸入される小麦は大型のタンカーから、国内の小麦はトラックを用いて工場内へと納入される。納入される小麦には農作物であるが故に、茎や小石、大麦、蕎麦粒といった小麦以外の作物などが紛れ込んでおり、アペックスセパレーター（大きな異物）、ミリングセパレーター（茎や割れ小麦、小麦以外の農作物）、ストナー（小石）、色彩選別機（ガラス、変色小麦など）、アスピレーター（皮）、スカラー（塵、ダスト）といった様々な精選機器を用いて除去され、綺麗で丸く大きい正常な小麦だけに分別される。その後、適切な水分値になるように加水・調質された小麦は、ロール機やシフター、ピュリファイヤーなどの製粉機器によって、粉砕・ふるい分け・純化を繰り返し、何度も段階的に製粉され、小麦粉となる白い胚乳部分とふすまと呼ばれる外皮の部分とに分けられ、製品としてそれぞれサイロに貯蔵される。

8.1.3 ふるい分けの仕組み

小麦粉製造に用いられる異物と製品を分別するふるい分けには、大きく２種類の仕組みが用いられている。１種類目は水平回転式のふるい分け方法であり、スクエアシフター(**図8.1.1**)と呼ばれる大型のふるい機を用いる。スクエアシフターにはふるい分ける部屋として、２～８室に分かれており、その室内には最大30段のシーブ網と木枠が一体化したシフター枠がセットされる。シフター枠の１枚１枚には網目のサイズが異なったシーブが貼られ、小麦粉の大きさによってさまざまな行先へとふるい分けられる。ふるい分け可能な種類の多さがスクエアシフターの一番のメリットである。

スクエアシフターの中心部には、おもりを携えたモーターが１台（モーター容量2.2～6.0kW）設置されており、おもりの回転により、約60mmの回転半径で回転数100rpm程度の水平運動を行い、小麦粉をふるい分けている。このスクエアシフターでシーブ網目の切れ・目飛び・破れなどがないことを確認するには、シフターを停止し、扉を外し、30段のシフター枠をすべて取り外し、１枚１枚のシーブ網目が正常であるか点検を行う（開放点検と言う）。シフターの開放点検は人員４名で、１～1.5時間程度の時間を必要とする。

これまで説明したような水平回転するスクエアシフターに対して、２種類目の方法はモーターでシーブ面を上下に振動させることでふるい分ける振動ふるいがある（**図8.1.2**）。振動ふるいは小麦粉製造工程で使用されるスクエアシフターの

図8.1.1　左：スクエアシフター、右：シフター枠（写真提供：㈱ニップン）

ように何種類にもふるい分けることは難しいが、１種類の小麦粉と異物とをふるい分ける用途では効率が良い。しかしながら、これまでの振動ふるいは、振動が弱く、ふるい分けの能力（処理能力）も低い傾向があった。さらに小麦粉などをふるい分けている最中にシーブ網目の目詰まりが発生するため、シーブの下段にタッピングボールと呼ばれる直径20mm程度の丸いウレタンボールを金網との間に挟み込んで、シーブ網目の目詰まりの解消を行うのが基本の構造となる。このタッピングボールは劣化によって一部が破損し欠片が製品に混入してしまうことや、タッピングボールがシーブに直接接触するため、シーブが摩耗し、シーブの切れ・破れがしばしば発生するという問題を抱えていた。

図8.1.2　左：振動ふるい（㈱徳寿工作所TMC型）、右：タッピングボール

8.1.4　使用者視点の技術革新

食の安全・安心には、異物を除去し、製品の中に小麦粉以外の異物が含まれていないことが重要である。また、製造ラインに万が一異常が発生した場合、異常の発生に気付き、復旧するまでにかかる時間は短いほどよい。その点において、スクエアシフターでは点検することは容易ではなく、作業者への負担も大きいことから代わりとなる新たなふるい機の開発が望まれていた。

装置を使う側として大きな問題であった、点検のしにくさを解消したいため、振動ふるいをベースとして代わりとなるふるい機の開発が開始された。また、従来の振動ふるいにはふるい分け能力の低さが問題としてあり、両方の問題を解決する必要があった。注目したのは加振力である。加振力を上げるために、モーターを特注し、振動に用いる重りも重くすることで、これまでの倍程度の振幅を持つ振動ふるいを開発した。しかしながら、加振力を大きくしたため、従来の振動ふるい機のフレームでは耐えることができずフレームの破損や、シーブ枠の外れなども発生し、そのたびに設計や管理方法を見直し、継続して開発を行っていった。数年の歳月を費やし、従来の振動ふるいの数倍のふるい分け能力をもつ振動ふるいが誕生した(**図8.1.3**)。

この振動ふるい機（強振動ふるいと命名）は、振幅が従来の振動ふるいよりも大きいためシーブ網目の目詰まりが発生しにくくなり、その効果によってタッピングボールが不要となり、タッピングボールの異物混入の危険性がゼロとなった。さらに強振動ふるいの専用点検蓋も開発したことで、強振動ふるいが稼働している間でも、振動するシーブ面を確認することが可能となった（特許5411104）。これにより、小麦粉以外の異物混入があった場合はシーブ上の残留物の確認や回収が可能であり、ラインを停止させれば即座にシーブ網目の切れ・破れを直接確認し点検することも可能となり、異物管理の向上、点検作業における作業者への負担軽減も行うことができた。また、シーブの管理においても、スクエアシフター

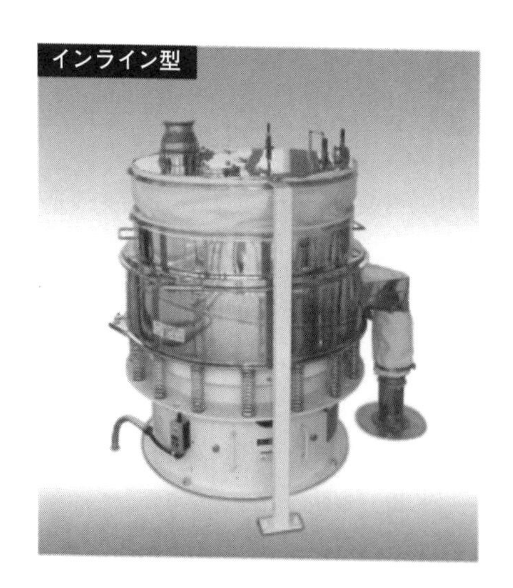

内部点検は蓋を開けるだけで行え、機械内部は網以外何もないので点検作業も簡単。

図8.1.3　左：強振動ふるい(TMG-100)、右：点検時の様子[2)]

では、15段程度必要であったシーブが1枚で済むことから、シーブの在庫管理も容易となった。

8.1.5 異物管理装置の決定版

表8.1.1に新しく開発した強振動ふるい（TMG-100）の様々な試料における処理能力を示す。これは従来の振動ふるいと比較し数倍以上の処理能力となっている。また、4室のスクエアシフターを強振動ふるい1～2台で篩うことができるなど、これまでにないレイアウト設計も可能となった。モーター容量は従来の振動ふるいが1.5kWの4台で計6.0kW、強振動ふるいでは2.2kWの2台で計4.4kWとなり、動力費の削減も可能となった。また、強振動ふるいには100型よりも大型のTMG-120も開発し、モーター容量が2.2kWと変わらないにも関わらず、TMG-100の約1.4倍程度の処理能力を実現しており、さらなる省エネでのふるい分けが可能となっている。

部品点数に着目すると、製品出荷前の最終点検用のふるいとして使用されるスクエアシフターは1室にシフター枠が約15段で4室タイプでは計60枚のシフター枠、シーブ1枚あたり2個の掻き出しブラシと8個の目詰まり防止のウレタンブラシ、天井からの梁2本、シフターを吊るためのロッド棒24本、落下防止ワイヤー

表8.1.1　強振動ふるい（TMG）の処理能力[2)]

サンプル名	目開き［μm］	処理能力［t/h］
強力粉	600	12.5
薄力粉	600	7.2
澱粉	600	4.4
全卵粉	600	2.3
卵黄粉	670	0.8
コーンフラワー	800	15.3
強力粉	200	7.2
薄力粉内麦	200	3.6
ライ麦	250	6.2
鉱物	150	2.4
軽資鉱物	150	0.8

※TMG-100の場合（テスト実績値）

４本、集合ホッパー１つ、各部位のパッキンなどから構成されている。同様に製品出荷前の最終点検用の篩として、強振動ふるい２台で同等の処理能力を置き換えることが可能なため、２枚のシーブ枠、ブラシ類は一切なし、梁・ロッド棒・ワイヤー・集合ホッパーなども必要ない構成となる。このように強振動ふるいにすることで、構成部品点数の削減やシーブの管理枚数の削減も可能となり、機械自体の設備管理面においても大きな改善を行えることとなった。

8.1.6 おわりに

今回、小麦粉製造や小麦粉を使用した食品製造における異物管理の決定版としての装置開発の一つとして紹介させていただいた。装置使用者の側からの安全・安心な商品をすべてのお客様に届けたいという強い想いから課題・改善点を着眼点として、一つ一つの課題を克服していくことで、これまで考えられなかったような高効率なふるい機を世に出すことができた。この効率化はふるい機自身が異物の発生源となることなく、点検を容易にすることで製品の品質を向上させつつ、作業者の作業負担をも軽減することができる、人にも優しいふるい機となった。今後もさらなる効率化、製品や人への安全･安心を求めて、社会に貢献していく。

<参考文献>

1) ㈶製粉振興会：“第２次改訂版　小麦粉ハンドブック”, 10-11 (2020)
2) ニップンエンジニアリング　製品パンフレット

8.2　ユーザーニーズに寄り添う調味料の品質向上

8.2.1　はじめに

粒状の調味料といえば、鳥ガラスープやコーンスープ、お茶漬けの素の中に入っている緑色の造粒体など、多くのインスタント食品に使われている。造粒された調味料は、何よりも使いやすさが求められている。粉体工学的にいうと、開封して使うときに発塵しない、水に溶けやすくダマになり難い、他の材料や具材と混ぜて保存しても使用時に偏析しないなどである。様々なユーザーの声をもとに改良を重ね、品質管理手法の確立と製造技術の向上があって、今日のようになくてはならない調味料のひとつになってきた。

基本的な製造工程のフローを**図8.2.1**に示すが、粉体を取り扱う単位操作のほぼ全てが網羅されている。ここでは、粉体を造粒する製造設備の最重要ポイントを、異物混入の防止や金属異物検査などの品質向上の観点も織り交ぜて解説する。

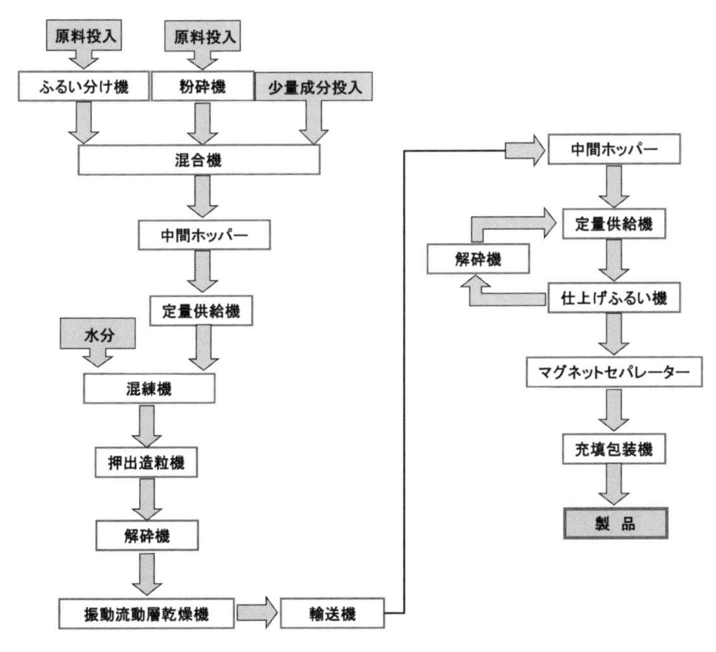

図8.2.1　粒状調味料の製造フロー

8.2.2 原料の受け入れから混合工程のポイント

主要な原料は食塩や糖類、乳糖などでその他にエキス類や調味料といった少量成分が幾つか配合される。使用する容量や原料の性状により受け入れ方法も様々であり、この中で主なものを**図8.2.2**に図示する。食塩や糖類、乳糖などの主成分となるものは、紙袋で購入してそのまま原材料として使用するケースと、フレコンバッグで大量に購入し、粉砕機や解砕機、ふるい分け機を通して原料とするケースに大別できる。ここで、粉砕や解砕などの前処理を施す目的は、次工程の混合や加湿混練でトラブルを起こさないようにするためであり、粒子径を調整することで、混合時間の短縮や混合不良、造粒不良の発生を防止できる。工程としては一つ増えるので煩雑にはなるが、このひと手間が目的とする造粒体を得るために重要なのである。

食品原料の混合では油脂分やエキスを添加するケースがある。これらは固形油

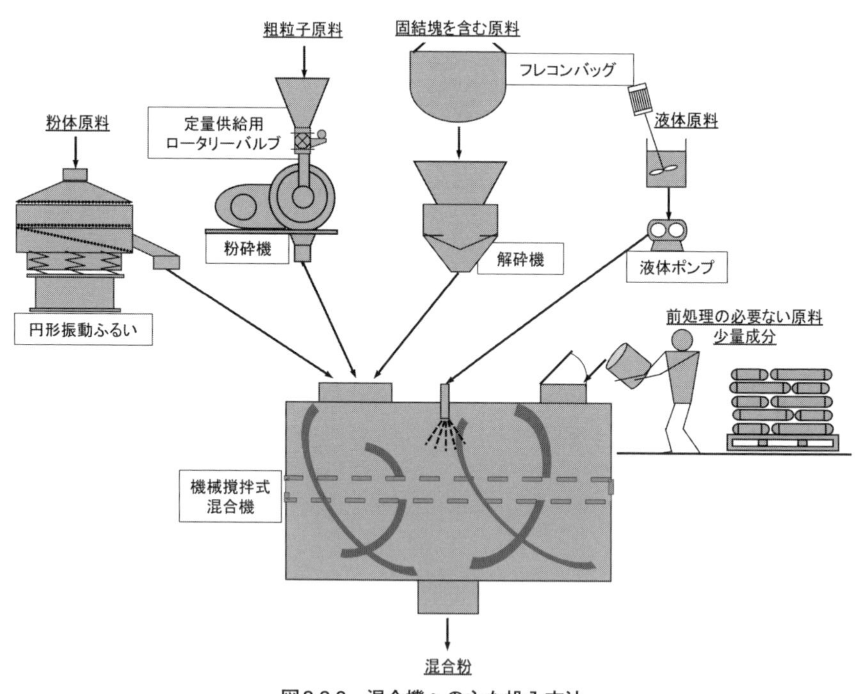

図8.2.2 混合機への主な投入方法

脂であったり、粘性のある液体であったりするため、これらを粉体に添加して混ぜ合わせるためには、強いせん断力が作用する機械撹拌式混合機が使われる。この機械撹拌式混合機は、添加する液体と求められる混練状態がうまく合致すれば、後工程の混練まで一台で行える可能性もある混合機である。具体的にどのような特長を持つ混合機かは、第6章4節6.4.2項に一例を示してあるので参照されたい。他方でこの混合機は洗浄し難いというデメリットがある。洗い残しがあるとその部分に雑菌が繁殖する、変質したものが剥がれ落ちて異物になるなど大きなトラブルの原因になるため、導入する前には、分解のしやすさや洗浄性がどの程度考慮されているかという点もポイントになる。撹拌羽根を缶体から引き抜いて、洗浄のしやすさを追求した機械撹拌式混合機の一例を**図8.2.3**に示す。

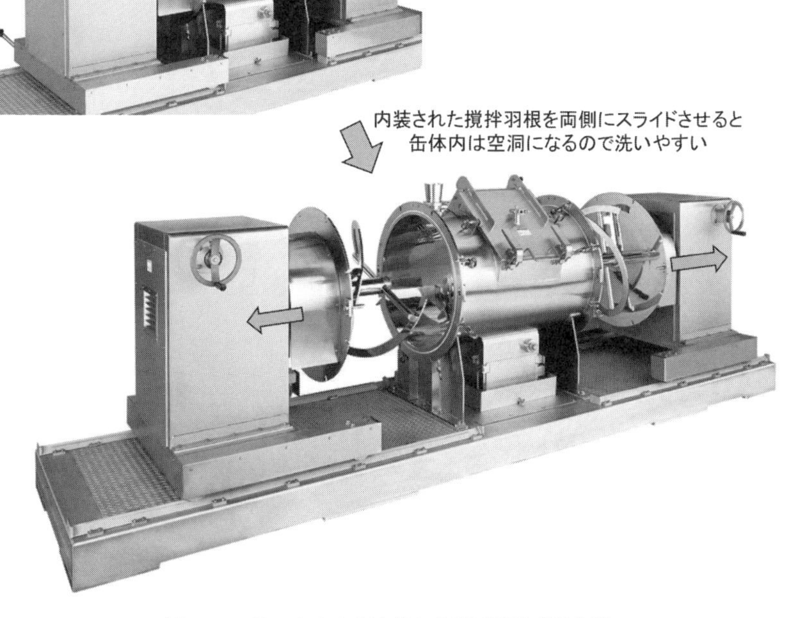

図8.2.3　洗いやすさを追求した機械撹拌式混合機
（商品名：ジュリアミキサーリムーバブル型　㈱徳寿工作所）

8.2.3　粉体の加湿混練と造粒、乾燥工程におけるポイント

粉体を造粒や成形するために、水を加えて練る混練工程と、造粒機を使用して粒状に成形する工程が必ず必要になる。この工程では、粉体に加えた水分量と粉体原料の練り具合が重要なポイントになる。混練は水を加えた後ある程度のせん断力や圧縮力を加えて、粉体に水を馴染ませるプロセスである。この力を次第に強くしていくとぱさぱさの状態から、ねばねばの状態へと変化していく。最適な加水量と混練強度の加減を見極めることができるか、全てはここにかかっているといっても過言ではない。

造粒体の水分を乾燥させることは、形状の保持と長期保存性の向上のために必須である。乾燥機は加熱空気を使用する流動層式もしくは振動流動層式乾燥機が使われる。振動流動層式乾燥機の詳細については第6章５節を参照されたい。乾燥の処理能力を大きくするには、また、乾燥時間を短くするには、できるだけ高い温度の熱風を使う方が有利になる。しかし添加したエキスやバインダーなどの添加剤の中には、水分を含んだ状態で熱をかけると軟化、溶融しやすくなるものがある。水分量や混練強度によってこの軟化、溶融する温度が変わり、乾燥時の熱風温度にも制約が生じ、思ったように熱風温度を上げられなくなる。また、軟化した状態で例え乾燥できたとしても、その造粒体は非常に硬くなり、調理に使う際、水やお湯に溶けにくいものになってしまう。

造粒体強度を保ちつつ、溶けやすさも求められる調味料の製造において、この混練から造粒、乾燥に至る一連のプロセスは最重要工程であり、使用する食品原料の性質を確実に把握し、その性質に合わせた最適な加水量と混練強度、熱風温度を選択する必要がある。

8.2.4　各機器を繋ぐ輸送

輸送にも色々な方法がある。輸送する粉粒体の物性や輸送距離に応じて使い分けがされている。全ての機器を上から下へ縦に並べることができれば、輸送機は使わなくとも済むが、機器スケールや工場建屋の高さの制限の兼ね合いでどうしても処理する粉体を横に移動させたり、上に持ち上げたりしなければならない。

空気を使用して輸送する方式は、長距離の輸送に向くことおよび輸送ルートのレイアウトの自由度が大きいことなどの理由から多くの食品製造プラントで使わ

れている。**表8.2.1**に示したように、空気輸送にも圧送式と吸引式の2通りあるが、これも輸送する粉体物性に応じて使い分ける必要がある。

粒体輸送時の輸送速度の違いによる粒子破砕への影響を調べた実験結果を示す。平均粒子径D_{50} = 90μm程度の無機物造粒体を、低圧吸引式と高圧圧送式の両者で、水平距離10m、垂直5m先にあるホッパーへ輸送を行った。輸送前後でそれぞれ粒子径分布を測定し、比較した結果を**図8.2.4**に示す。圧送式（実験時の輸送速度7.5m/s）の輸送後の平均粒子径はD_{50} = 76μm程度で留まったが、吸引式（輸送速度21.3m/s）の結果はD_{50} = 60μmまで小さくなっていた。輸送速度の

表8.2.1　空気輸送（吸引式と圧送式）の概要

輸送方式	空気源	輸送圧力［MPa・G］	輸送速度［m/s］	混合比［－］	最長輸送距離の目安［m］
低圧吸引式の特長	ブロワー	0.01～0.03	20～25	2～5	10～15
	輸送先は1カ所に限定されるが輸送元は複数でも可能。 輸送元での発塵が少ない。 輸送元供給機の選択肢が多い（ホッパー、ロータリーバルブ、混入器、人手によるノズル吸引など）。 少量の短距離輸送に対応しやすい。				
高圧圧送式の特長	コンプレッサー	0.15～0.70	5～15	40～150	50～80
	輸送元は1カ所で複数の輸送先への分岐可能。 使用空気量が比較的少ないため、輸送先バグフィルター集塵機をシンプルにできる。 大気圧を上回る圧力の容器などへの輸送が可能。 空気源は高圧、大容量も製作されているので、長距離、大量輸送が可能。				

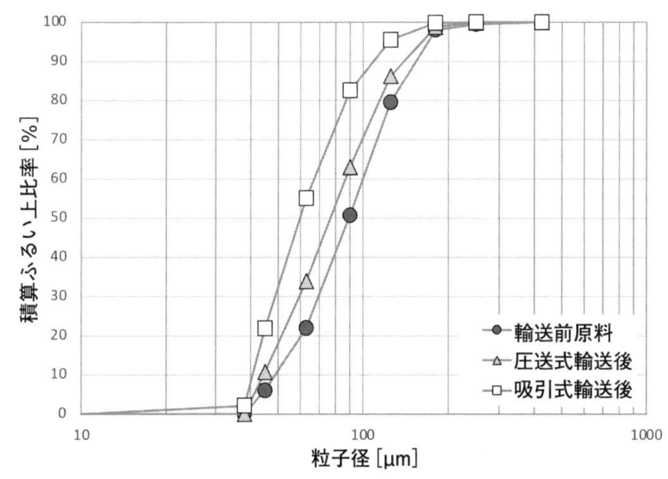

図8.2.4　吸引式と圧送式の輸送速度の違いによる粒体粒子径への影響

違いにより輸送前後で材料物性が変化することもあるので、後工程への影響を考慮して輸送方式を選択すべきであり、粒子径分布や物性などに注意する必要がある。

8.2.5 調味料の最終チェック工程における異物混入対策

原料の受け入れ段階でふるい分け機を通して異物チェックを行い、製造工程中への異物の混入を防止したとしても、工程中の各機器から発生する可能性、また、各機器の繋ぎ部分から混入する可能性は皆無というわけにはいかない。異物の混入などあり得ないと考えるのではなく、万が一の可能性を考慮しておくことが必要である。これは食品プラントに限らず、どのような工業製品であろうと同じことである。

乾燥後の造粒体は、全て同じ大きさに揃っているわけではなく、造粒時の成形不良や乾燥時の融着、固結などが原因で発生する粗大粒子や、割れ、欠けにより発生する微粉が少なからず混在している。出荷前乾燥品の最終チェック工程のフロー図を**図8.2.5**に示す。ここで使われるふるい網は、上段は大半の造粒体が通過できる大きめの目開きを、下段はそれが抜けない程度の小さい目開きを選定し、その上下２段の中間品が製品になる。

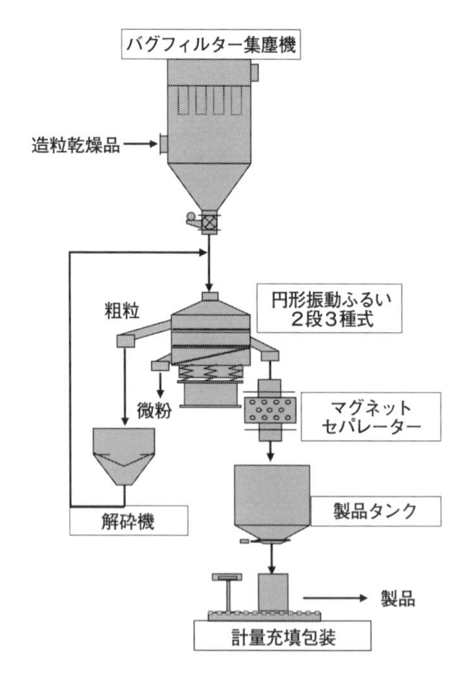

図8.2.5　製品の出荷前最終チェックのフロー図

直接口に入るお菓子などの製造ラインでは、金属検出器による金属異物のチェックのみならず、色や形などもインラインで判別し、全数検査できる工程を組み入れることが増えてきた。しかし、生産量が格段に多い調味料ではまだそこまでの異物対策は難しく、できることは限られるが、何かしらの異物チェックは最終工程に入れておきたい。その対策の

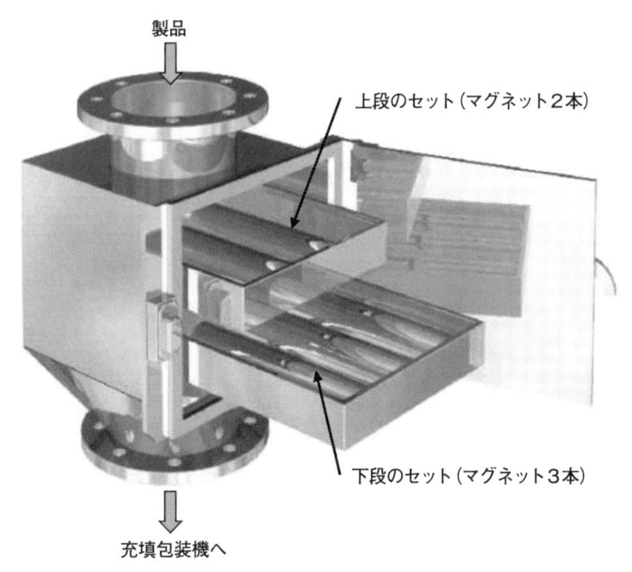

図8.2.6　マグネネットセパレータ（２段式の構成例）

一つがマグネットセパレータである。**図8.2.6**にマグネット２段式の例を示す。このマグネットをふるい分け機の排出口と充填包装機のホッパーとを繋ぐ配管途中に取り付け、ふるい分けられた製品全量を通過させると、表面磁力0.8T（テスラ）という強力な磁力により金属の微細な粒子が捕獲できる。

8.2.6　おわりに

食の安全性が問われるようになって長い月日が経つ。今や日本の食品品質は世界に誇れるものとなっている。この品質を維持するために、食品メーカーでは日々品質チェックを厳格に行い、安心・安全を保障するための努力を重ねている。また、調味料そのものばかりでなく、環境への配慮という観点から包装資材までも含めて一体となって新商品の開発に力を注いでいる。ここでは包装材の素材開発が主ではあるが、調味料の製造過程を見直すことにより、どのような環境下であっても長期保存できるような造粒体ができれば、包装材選択の幅も広がる可能性もある。まだ今後も使いやすさの追求や環境への配慮を考慮した新製品の開発に、粉体技術が大いに貢献できるものと考える。

8.3 医薬品錠剤の製造プロセスの変遷

8.3.1 はじめに

人々の健康な生活の維持に欠かせない飲み薬にも色々な形態があり、その製造方法も様々であるが、錠剤や顆粒剤、散剤など多くの医薬品は粉体を出発原料としている。医薬品製造と粉体工学の繋がりは深く、安心安全な医薬品を製造するために、医薬品の品質向上とその製造装置の機能性能向上はお互いに影響を与えつつ共に成長してきたといえる。製造プロセスの省力化、無人化は古くから取り組まれてきたことであるが、そのための粉体処理機器の開発は今現在も進行中である。また、粉体材料の受け入れから最終製品となるまでのプロセスにおいて、廃棄ロスをなくす取り組みについても、粉体処理機器の観点から取り上げてみる。

8.3.2 製造プロセスの連続化、インライン化

錠剤の製造フローを**図8.3.1**に示す。錠剤も出発原料は粉体であり、乾粉混合から加湿、混練、造粒、乾燥、打錠といった過程を経て錠剤になる。薬効成分である主薬は極微量を服用するだけでよいが、主薬のみでは錠剤のように形作ることはできず、また量的な問題とともに苦味や刺激が伴うものも多く、そのまま粉体の状態で服用することも難しい。そこで、乳糖やコーンスターチなど（賦形剤と呼ばれる粉体材料）で適度に増量、造粒した後、錠剤の形に成形されている。

現在の製剤プロセスはバッチ式によるものが多く、各工程で製造する部屋を区切り、その工程間を、コンテナを使用して粉体材料を輸送している。洗浄性を第一に考慮した工場設計であり、他の工程が稼働中でも生産終了した工程から洗浄ができるメリットがある。

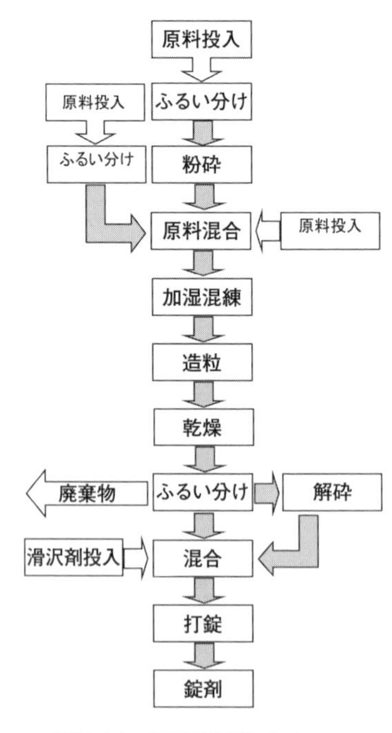

図8.3.1　錠剤の製造フロー

一方で、各工程でそれぞれ作業員が必要であったり、工程間の移動時間が無駄になったりするなどの問題点もあり、工程の省力化、無人化を図る取り組みが進められている。その中の事例を2点ほど取り上げる。

先ずは、粉体材料の受け入れ工程である。賦形剤は医薬品グレードで生産されたものであるため、製粉メーカーでも異物混入には注意を払っているはずであるが、輸送中や開袋時などの万が一の混入に備えて、受入れ時に異物除去用ふるいを通しているケースが多い。一般的には取扱い易さと洗浄性の観点から円形振動ふるいが採用されるが、大量処理には向かないことと、輸送機と組み合わせたインラインふるいへの対応が難しいことから、**図8.3.2**に示すような強制撹拌式ふるいを、インライン用に改良して使用することもある。強制撹拌式ふるいは、粉体材料を全通させる異物除去専用のふるい分け機であり、円筒のスクリーンの中でパドルが回転し、その撹拌力でふるい分ける機構である。インラインにするメリットは作業員の負担軽減や効率UP、発塵による作業環境の汚染防止などである。**図8.3.3**にはフローの一例を示すが、粉体材料の投入方法は様々であり、紙袋からノズルで吸引したり、フレコンバックから吸引ホッパーの中に投入したりする。ふるい分け機により異物が除去された後、回収ホッパーに至るまでの間で外部から異物が入り込むリスクはほぼなく、密閉状態で粉体原料を取り扱える。一方デメリットとして挙げられることは、

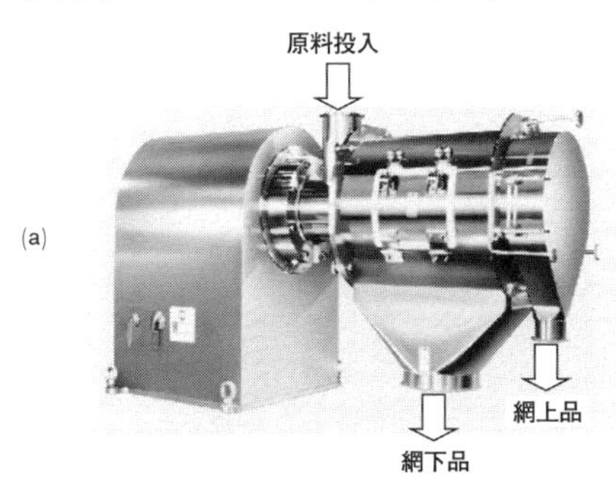

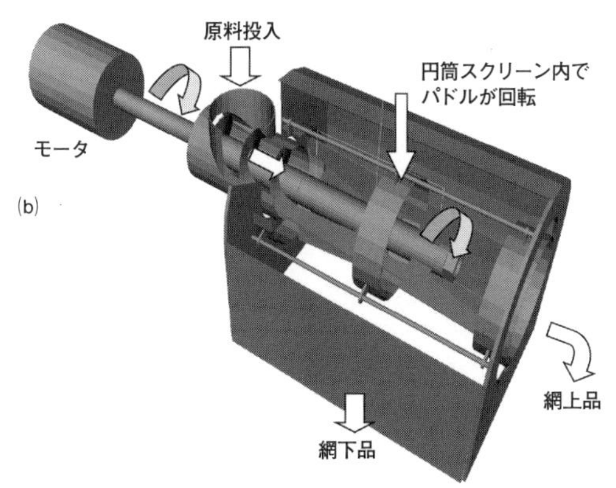

図8.3.2　強制撹拌式ふるいの外観とふるい分け模式図
(UX-25型：㈱徳寿工作所)
(a)　外観写真　(b)　ふるい分け模式図

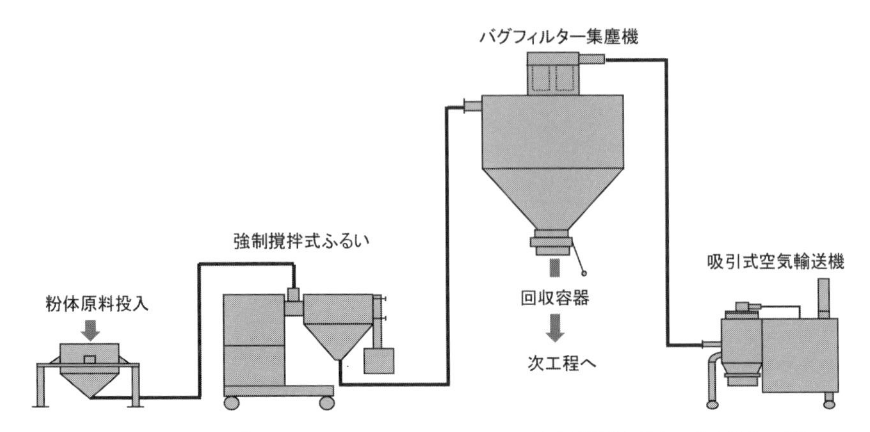

図8.3.3　強制撹拌式ふるいのインラインフローへの適用（粉体原料の受け入れ工程）

密閉系であるがゆえにふるい分け機の内部や輸送配管中に粉残りが発生しても気が付き難いという点である。この機内残粉は生産ロットから外れたものとして廃棄処分されるため、生産効率を考えると機内残粉の発生は望ましくない。どこに溜まる可能性があるかを事前に検証し、構造的に改良できるところは構造変更を行い、できないところは、受け入れ輸送の終わった後にエアーブローができるようにエアーノズルを取り付けて残粉を吹き飛ばすなどの対策を行うこともある。

次の工程は、主薬と賦形剤との乾粉混合であるが、微量の主薬を均一に分散し、混合しなければ、錠剤１粒の中に含まれる主薬含有量が異なってしまうため、重要な工程の一つとされている。このため主に使用される混合機は、せん断力の強いバッチ式の機械撹拌式混合機である。近年この製造プロセスの連続化が検討されており、一部実用化された製剤もあるが、この混合工程もバッチ式から連続式にすべく改良が重ねられている。その後の加湿混練、造粒、乾燥、打錠の各工程は既に連続式の装置が造られているため、混合工程が連続式にできれば、ほぼ全ての工程を、人手を介することなく無人で稼働することが可能になる。さらに前段階である主薬の製造ラインもこの自動化プロセスに組み込むべく、第６章6.2節でも紹介したような連続式の晶析装置の開発も進められており、今後の展開が期待されているプロセスである。

8.3.3 打錠用顆粒の製造プロセスと解砕操作

錠剤は打錠機により粉体材料を圧縮し、打錠することで形作られる。打錠は粉体のままで行うケースもあるが、大半は造粒された顆粒を打錠する。造粒する理由は、粉体材料の発塵防止、流動性改善、成形性の向上、錠剤の硬度や崩壊性の調整がしやすいなど様々なメリットがあるためである。ただし処理する全ての粉体が、望む大きさの粒子径に造粒できるわけではなく、粉状のままであったり、想定以上に大きな粒（以下凝集塊という）になってしまったり、打錠用顆粒の粒子径を造粒工程のみで制御することは難しい。

一般的に造粒工程において発生する凝集塊の処理は、ふるい機を使用して取り除き、リサイクルできるものについては別ラインで粉砕や解砕を行い生産工程に戻すプロセスを組むが、リサイクルできないものは異物として廃棄されている。図8.3.1に示すように、リサイクルプロセスを組むと工程が複雑となり、また廃棄となれば歩留まりの低下という問題が生じる。生産性を上げ、なおかつシステムの省力化を図るために、凝集塊を含む造粒品全てを通過させながら、凝集塊のみを解す整粒プロセスも行われている。凝集塊を解すために使われる解砕機を取り上げ、その構造や特徴などを紹介しつつ無駄のない凝集塊の解砕方法について解説する。

① 横軸解砕機

横軸の解砕機は数百r/min程度の低速回転をするものが大半であり、**図8.3.4**に示すように、回転するロータの下半面をU字形スクリーンが覆う構造となっている。粗大粒子はロータとの接触時の衝撃力と、ロータとスクリーンの間隙で摩砕力を受けて解砕され、解砕後の粒子径は主に使用するスクリーンの穴径で決められる。解砕された材料は、ロータの回転により撹拌されながらスクリーンを通過することになるが、回転速度は低速であるため、解砕品を押し出すような力はかからない。つまりスクリーンを通過するのは、材料の自重による落下が支配的であり、粒子はスクリーン穴径よりも十分に小さくなるまで機内に留まることになる。この滞留時間は粉化量に大きく影響し、滞留時間が長くなるとせん断力を受け続けて粉化しやすくなる。よって、横軸解砕機を整粒プロセスに使用する場合は、製品となる造粒品粒子径よりもやや大きめのスクリーン穴径を選択し、製品の滞留時間が短くなる条件にすることが望ましい。また、粉化を極力少なくす

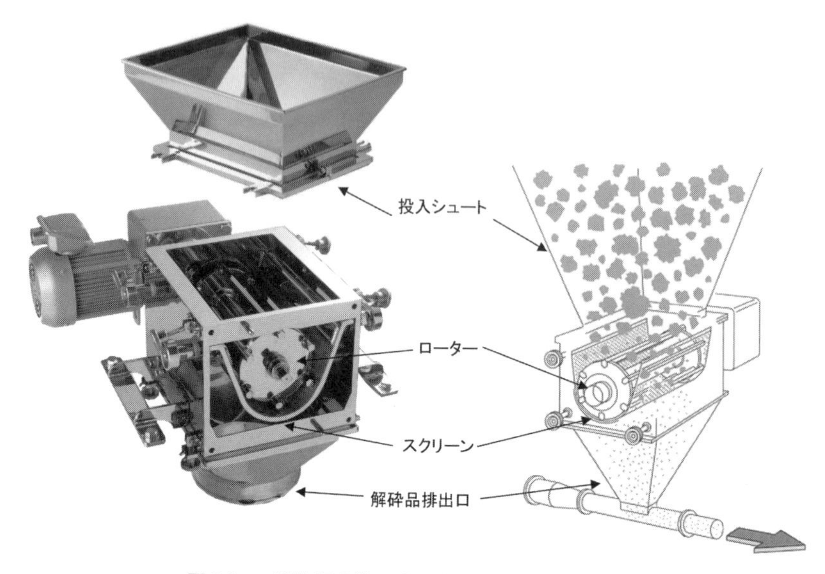

図8.3.4　横軸解砕機の外観（分解時）と解砕の模式図
（ランデルミルRM-1N型：㈱徳寿工作所）

るために、目標粒子径よりもやや粗めになる条件で解砕を行い、後工程でふるい分ける閉回路プロセスを選択するケースもある。

横軸解砕機の構造は非常にシンプルであり、簡単に解砕操作が行える、各機器を繋ぐシュートの間に入れることもできる、さらに分解洗浄性がよいというメリットがある。このため、少量含まれる粗大粒子を解砕しつつ、大量の製品を全通処理する場合には最適な装置といえる。この特長を生かし、粉体材料の受け入れ工程でも、保管や輸送中に固結した粉体材料を解す装置として使われており、様々な用途で多目的に使える装置になっている。

② 縦軸解砕機

縦軸解砕機の構造図を**図8.3.5**に示す。1,000 ~ 3,000r/min程度と比較的高速回転するチョッパーやインペラーの周囲に、円筒形や円錐形バスケット状のスクリーンを取り付けた装置であり、分散力が大きいため投入された材料が速やかにスクリーン外へ排出される構造となっている。このため粉化を抑えた解砕が可能となり、さらには加湿された湿粉の解砕も可能であるという特長をもつ。インペラーでの解砕はせん断力に加えて、スクリーン間での摩砕力も加わり、やや硬質

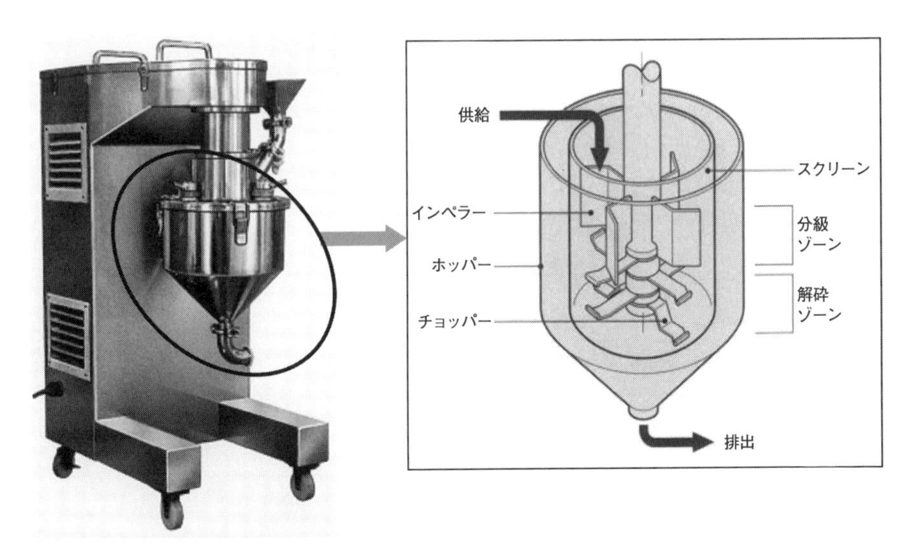

図8.3.5　縦型解砕機の外観と解砕部の模式図
（フィオーレF-0型：㈱徳寿工作所）

な凝集塊の解砕も可能にしている。粒子径の調整は、スクリーン穴径とチョッパーの回転速度により決められる。横型との違いは、チョッパーやインペラーの枚数などの組み合わせ方により、解砕する材料、解砕したい粒子径に合わせた調整が比較的容易に行えることである。

この装置を使い、乳糖－デンプン系の造粒プラセボの解砕プロセスを想定した事例を紹介する。撹拌造粒機にて加湿造粒を行い、これを乾燥させたものを材料とし、ふるい分けを行わずに全てをこの解砕機に通した。解砕機の操作条件として、φ1.2mmの穴径のスクリーンを使用し、チョッパー回転速度は1,500r/minとした。解砕後の造粒品規格は、500μm以上の粗粒混入率5％以下、75μm以下の微粉混入率10％以下である。乾燥品は500μm以上の凝集塊を40％程度含むが、これを解砕することにより、**図8.3.6**のグラフのように、平均粒子径D_{50}=180μm程度のシャープな分布をもつ細粒になっている。解砕造粒品中の規格外の混入率も500μm以上の粗粒が2％、75μm以下の微粉は7％とクリアしており、造粒乾燥品を全量解砕機に通すプロセスにおいて、粉化を抑えた解砕が十分可能であることが示された。

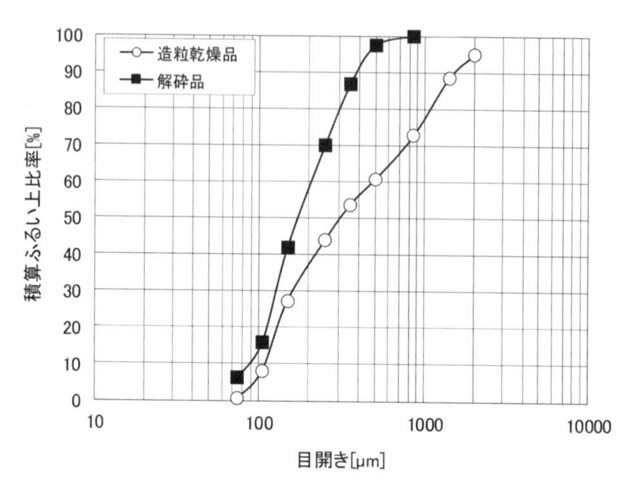

図8.3.6　造粒乾燥品顆粒の解砕前後の粒子径分布

8.3.4　湿式解砕

造粒機により製造される造粒品中には大きな凝集塊も多数含まれるケースがある。この凝集塊をそのまま乾燥すると、内部まで完全に乾燥せずに乾燥ムラが生じたり、大きな凝集塊のまま固結し、解砕が困難になったりするなど、後工程の処理に悪い影響を及ぼすことがある。造粒直後の湿った粒体の状態で解砕を行うことができれば、乾燥中の凝集をある程度防止し、乾燥状態にもばらつきが少なく均質な造粒品が得られる可能性が高まる。

図8.3.7には加湿造粒した後に湿式解砕を行ってから乾燥したものと、造粒後そのまま乾燥したものの粒子径分布を示す。材料は乳糖－デンプン系のプラセボで、加湿量は15%である。解砕機は前述の縦型解砕機で、スクリーンはφ5mmを使用し、チョッパーの回転速度は1,500r/minとした。使用した乾燥機は第6章6.5節で解説した振動流動層乾燥機である。乾燥中の凝集により若干大きな塊は生成しているが、造粒後そのまま乾燥したものに比べると、かなりシャープな粒子径分布になっている。この粒子径分布では、乾燥後の再解砕も必要であるが、大きな凝集塊の割合が少なく粒子径がある程度揃っているため、その分解砕機にかかる負荷も小さくて済む。負荷が小さければ余計なせん断力がかかることもなく、より粉化の少ない解砕も可能となる。このように湿式解砕により乾燥前に粒

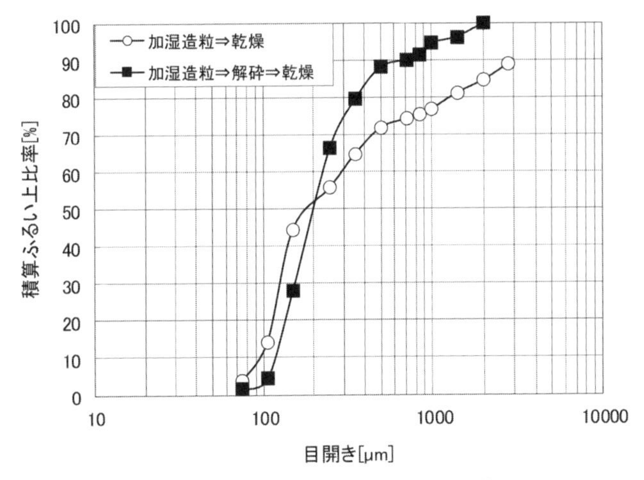

図8.3.7　粒子径分布に及ぼす湿式解砕の効果

子径をコントロールするメリットは大きいといえる。

ただし、湿った状態の粒体に強いせん断力を加えると湿分が染み出し、付着や閉塞の原因となる。また、スクリーンに押し付けてしまうとそのまま閉塞にいたるため、選択したチョッパーの条件は、図8.3.5にあるようなインペラーとチョッパーの組み合わせではなく、インペラーの部分もチョッパーにした組み合わせを使用している。チョッパーは凝集ダマを瞬時のせん断力により細かく切ることができるため、湿式の解砕には効果的である。また、スクリーン穴径も通常の乾式解砕時よりは大きめに設定し、スクリーン内で材料にかかる負荷を減らし、よりスムーズに排出できる条件とすることも必要である。

8.3.5　インライン解砕プロセスへの応用

従来医薬品固形製剤の製造プロセスでは、主薬の含量均一性を保証するため、また変質した材料の混入防止のために、ふるい分けや解砕工程で発生した粗粒や微粉をリサイクルすることはせずに廃棄されていた。このロスの削減のために、使用した材料全てを製品とすることが求められ、全量を製品化できるプロセスが採用される理由になっている。最近では製造プロセスの省力化や異物混入防止などの目的で、空気輸送で全てを接続したインラインプロセスが組まれ、自動化、無人化も図られるようになってきた。解砕操作をインラインで行うことも実際に

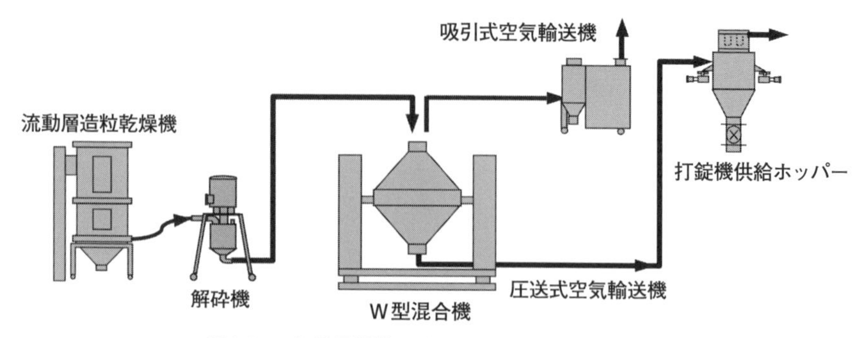

図8.3.8　打錠用顆粒のインライン解砕システム例

設備化されている。その一例を**図8.3.8**に示す。流動層乾燥機で造粒、乾燥したものを、混合機の容器を回収ホッパーとして吸引輸送する。この輸送途中に前述のインライン式解砕機を設置することで、材料全てを製品として解砕し、回収できるようにしている。解砕機の操作条件は、解砕後の粒子径分布が打錠用顆粒としての規格値に適合するように事前に検定されていることが必須ではあるが、インラインで行えるという点に大きなメリットがある。

8.4 トナーの製造における超音波式ふるいの導入による品質向上

8.4.1 はじめに

現在コピー機といえば、液体インクを使用したレーザープリンターが主流になりつつあるが、トナーを使用したコピー機も業務用としてまだ数多く使い続けられている。トナーは文字だけの複写だけに留まらず、写真画質の複製までを可能にするため、絶えず品質向上とそのための製造プロセスの改良を重ねてきた。製法も混練粉砕法や重合法などがあるが、何れもより細かい粒子径のトナーを造り出すことに注力してきた。それというのも画質を鮮明にするために、さらに小さいトナー粒子が必要とされたためである。商用化された当初のトナーの平均粒子径は12～14μm程度であったが、現在は5～7μm程度のものが使われている。粒子径を1/2にするために、大変な努力の積み重ねがあり、粉体技術の進歩にも係わりをもって相互に発展してきた経緯がある。

8.4.2 粉砕トナーの製造方法

トナーの製造方法は混練粉砕法と重合法に大別されるが、最も多くのトナーを製造した製法は混練粉砕法である。混練粉砕法で製造されるトナーの主成分は第2章2.4節中の**表2.4.1**に示されている。その製造工程の概略を**図8.4.1**に示すが[1)]、着色剤となるカーボンブラックや各種顔料と、紙にその顔料を定着させる役割をする熱可塑性樹脂とを溶融混練する。コピー機の中で溶かして紙に定着する熱可塑性樹脂の溶融温度はできるだけ低いものが望まれる。それは、コピー機の予熱時間短縮と待機電力の削減に影響を与える要因であり、コピー機の性能向上と差別化のためにそれぞれのメーカーが最重要課題として取り組んだポ

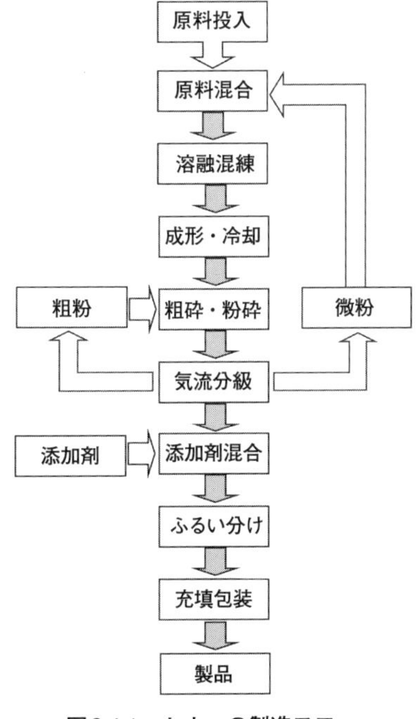

図8.4.1 トナーの製造フロー

イントである。ただし、溶融混練後、冷却固化し、目標となる粒子径まで粉砕していくことになるが、樹脂の融点が低いということは、この後工程である粉砕や分級でも、発熱させないように細心の注意を払う必要がある。例えば、一度に大きなせん断力をかけないように段階的に粒子径を小さくしたり、発熱が懸念される装置は、ジャケット構造にして冷却しながら処理を行っている。

粉砕だけではその粒子径を揃えることは不可能であり、粉砕後のトナーはある分布を持ったものが得られる。画質の良し悪しを決めるのは、トナー粒子の小ささとともにシャープな粒子径分布であることが重要である。製品トナーの中に粗大粒子が一粒でもあると、粗大粒子の周りが白くなる白抜けの原因となる。このため、粉砕後に分級機を通して粗大粒子を除去しているが、分級機でも粗大粒子を100％除去しきれるとは限らず、最終工程には必ずふるい分け操作が入る。次項は、最終製品の品質向上に必要不可欠なふるい分けに着目し、技術開発の変遷について解説する。

8.4.3 トナーの機能向上のための粗大粒子除去用ふるい

トナーのふるい分けに使用されてきたふるい分け機を**表8.4.1**に示す。水平旋回式の面内運動ふるいや円形振動ふるいは第6章6.3節にも記述があるので、そちらも合わせて参照いただきたい。トナーの製造が始まった当初は、面内運動ふるいが主に使用されていた。これはふるい分けの精度や歩留まりの高さに加え、網段数を重ねることで網面積を増し、処理能力を増やせるというメリットがあったためである。トナーは品種が極めて多く、凝集性の強弱によってふるい分け可能な目開きや処理能力が大きく異なるが、使用目開きとしては80～120μmの範囲であり、平均的にみると105μm程度が処理可能な最小目開きであった。また、面内運動ふるいでの処理能力としては100～300kg/h·m^2程度である。

トナーの機能を向上させるために、製造されるトナーの粒子径が徐々に小さくなっていくにしたがって凝集性が強くなり、さらに帯電特性の改善が行われるようになると、ふるい分け機の中では静電気の帯電による付着目詰まりが激しく起きるようになった。このようにトナーの機能向上の陰で、性状の変化に伴い処理能力が大きく下がるケースも発生するなど、ふるい分け工程にとっては取り扱い難い材料へと変わっていったのである。この能力低下へ対処するため、**図8.4.2**にあるようなディスクブラシを網上に置いてふるい分けを行うようになった。網

表8.4.1 トナーのふるい分けに使用されてきたふるい分け機

ふるい分け機名称	機構	特長
水平旋回式面内運動ふるい ジャイロシフター*	網面が水平の旋回運動を行い網上を粒子が転がるように移動しふるい分けを行う。	適用可能な網目の範囲が幅広い、網枠を多段に重ねることによりふるい分け滞留時間をコントロールすることが容易で精度の高いふるい分けができる。
円形振動ふるい	水平方向と垂直方向の両方向の振動成分をもつ三次元すりこぎ運動によりふるい分けを行う。	適用可能な網目の範囲が幅広く、湿式でも使用可能である。また軽量コンパクトであり取扱いが容易。
音波ふるい パルファイナー RF-1型* (図8.4.3)	装置上部に組み込まれたスピーカーから発せられた音波が、網面上で粉体材料を分散させ、振動する空気の力によりふるい分けを行う。	音波による粉体の分散効果は比較的大きく、従来のふるい分け機よりも、小さい目開きでのふるい分けを可能にした。
脈動気流式ふるい パルファイナー PF-2型* (図8.4.4)	ブロワの吸気・排気を切り替えることにより発生する脈動気流を利用し、網面上で上下に粉体を動かすことでふるい分けを行う。	音波ふるいの改良型として開発された装置であり、ふるい分けの原理は音波ふるいとほぼ同じであるが、空気流による脈動は音波よりも大きく、単位面積あたりの処理能力は大きい。
超音波式円形振動ふるい スイープシーブ*	円形振動ふるいをベースに、網面に超音波を伝達できるように発信機を設け、超音波の強い加振力によりふるい分けを行う。	超音波の発信機構は非常にコンパクトでありながら、網面に伝わる振動は非常に大きいため、軽量コンパクトという円形振動ふるいのメリットを継承しつつ、より小さい目開きでのふるい分けと処理能力向上を可能にした。

＊：㈱徳寿工作所商品名

図8.4.2 ディスクブラシの使用事例

上からブラッシングをすることで、網上で凝集したトナーを分散させ、さらに網面に付着した粒子を網下に通過させることができるようになり、面内運動ふるいがトナー用ふるいとして大きく注目される契機になった。しかしながら、ブラシの使用は網の寿命が著しく短くなるという難点があり、また網の摩耗粉やブラシの毛などが異物として混入することも起こり得るというデメリットも併せ持っていた。

そこで、タッピングボールもディスクブラシも使用せずに、細かい網目でのふるい分けを目指して、様々な装置が考案されてきた[2)]。**図8.4.3**のような、ふるい機上部に設けられたスピーカーから発信される音波を利用して、網上で粉体材料を分散させ、空気の振動力によりふるい分けを行う音波ふるい、**図8.4.4**のようなブロワの吸気、排気を連続的に切り替え、網面に対して上下の脈動気流を発生させてふるい分けを行う脈動気流ふるいなど

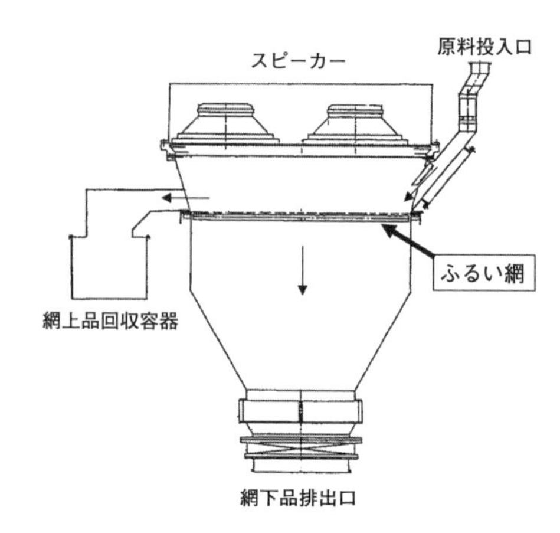

図8.4.3　音波ふるい略図

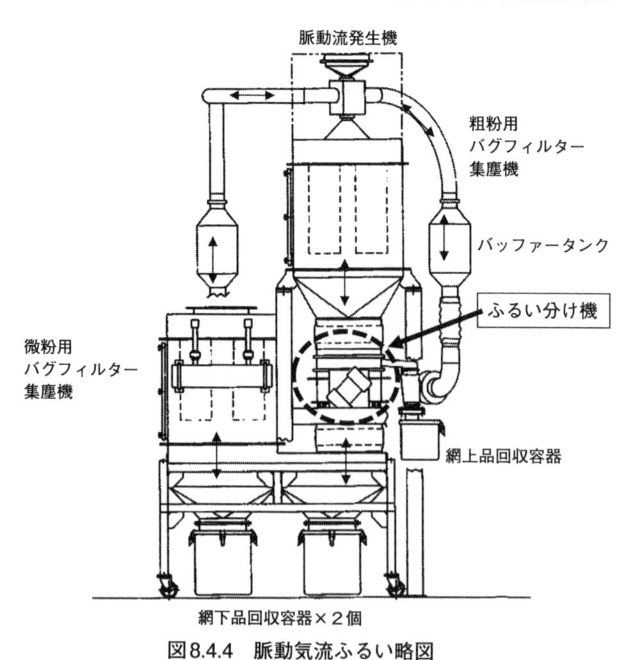

図8.4.4　脈動気流ふるい略図

が開発、実用化される段階まで至った。これらのふるい分け機は、今現在は製作されていない装置であるため詳細は割愛するが、ほぼトナー専用として開発されたものであり、従来の振動ふるいなどと比較して、粉体材料を分散させる効果が大きく、細かい網目でのふるい分けを可能とした。しかし音波ふるいでは、大型のスピーカーを使用するため騒音対策が必要などの問題が、また脈動気流ふるいでは、多量の空気を使用するため、大型のブロワやバグフィルター集塵機などの付帯設備が必要となり、イニシャルコスト、ランニングコストともに高額になるなど実用化する上でのデメリットの方が大きかった。トナーをできるだけ小さな目開きで、なおかつ大量にふるい分けたいというニーズを実現させるために、面内運動ふるいから超音波ふるいに移り変わる過渡期に翻弄された装置群であった。

8.4.4 超音波式ふるいとトナー

超音波をふるい分けに利用するシステムについては、第6章6.3.5項に詳しく解説しているので、そちらも参照されたい。超音波式ふるいによるふるい分け実績は**表8.4.2**にもある通り、20～109μmの範囲の網目開きで使われているが、その中でもトナーにおいては32～44μm程度でのふるい分けが主流であり、200～550kg/h･m^{2}の処理能力が得られている。トナーの品質向上のためには、トナー粒子のサイズからみても、10μm以上の粒子は粗粒として除去できることが理想ではあるが、実生産でのふるい分けに使用できる網目開きは32μmが限界と考え

表8.4.2　超音波式ふるいの処理能力データ

材料名称	平均かさ密度 [g/cm^3]	目開き [μm]	処理能力 [kg/h･m^2]
蛍光体	1.50	25	860
蛍光体	1.50	20	450
ガラス粉体	0.97	109	410
シリカ粉体	1.20	36	50
トナー（青）	0.54	44	550
トナー（青）	0.54	36	330
トナー（黒）	0.52	109	1,200
トナー（黒）	0.52	44	200
トナー（黒）	0.69	32	330
トナー（黒）	1.22	20	35
樹脂ビーズ	0.54	34	120
粉体塗料	0.88	44	290

処理装置：ϕ700mm円形振動ふるい（網面積0.29m^2）

られる。これよりも小さな目開きの網も製作されてはいるが、網目の開いている部分（開孔率）が小さく、生産量に見合うだけの処理能力が出せないため、実生産用として使われることはほぼない。理想のふるい分けには至っていないが、今までは105μmで辛うじてふるい分けられていたトナーが、超音波式ふるいでは32μmを全通にすることができた。これは、ふるい網を使用しているため、32μmより大きな粒子が確実に入っていないことを保証することができ、トナーの品質向上に大いに貢献できた事例といえる。

従来の1/2以下の目開きで、従来よりも高い処理能力を達成した超音波式ふるいであるが、トナーをふるい分ける際に気を付けるべき事項がある。それは網面上に超音波振動の応力が集中するポイントを作らないようにすることである。超音波の発信点から網面への伝達方法は各メーカーにより若干異なるが、超音波の波紋は放射状に広がり、波と波とが互いに重なる部分(応力が集中するポイント)が多かれ少なかれ発生する。応力集中が起こるとそのポイントで超音波振動が熱に変換され、トナー粒子の融点を越える発熱が起きた場合、そこでトナー粒子が溶融固化することになる。網の上で発生した分については、それが剥がれ落ちても異物として網上排出口から排出される可能性が高いが、網面の下側で溶融固化が発生すると剥がれ落ちたものは網下製品中に異物として混入することになる。この現象を回避するために、超音波の強さを調整する必要があるが、この発信出力の最適値は処理能力にも影響するファクターでもあり、各メーカーのノウハウになっている。

8.4.5 おわりに

現在製作可能な織網の最小目開きは20μmである。しかし網の素線径も20μmであり、この網の開孔率は25%と極めて小さい。開孔率はふるい分け処理能力に大きな影響を与える。20μmによるふるい分けを可能とした超音波ふるいではあるが、実際の生産ラインでこの網を使用することは現実性が薄いといわざるを得ない。微粒子のミクロンサイズによるふるい分けを実現させるためには、ふるい分け機構の改良ばかりではなく、ふるい網の進歩が不可欠の要素である。

<参考文献>

1) 守屋博之："粉体と工業", 28, 10, 54-60 (1996)
2) 森　貴広："粉体と工業", 30, 2, 60-61 (1998)

8.5 リチウムイオン電池の製造に貢献する噴霧乾燥プロセス

8.5.1 噴霧乾燥の原理と構造

噴霧乾燥は液状原料を噴霧微粒化し、熱風中で乾燥して粉体状にして回収する原理で、送液微粒化部、熱風発生部、乾燥室、粉体分離回収部からなる。牛乳から粉ミルク製造、陶土スラリーからタイル用砂製造に始まった装置である。乾燥は微粒子化することにより、低温、短時間で可能になり、また、粒子形状、内部構造についてもある程度の制御が可能である。

また、噴霧された液滴は自身の表面張力により球形を保ったまま短時間で乾燥するため、作製された粒子は球形度が高く、その結果として流動性の良い造粒体が得られる。一般的に粉体のハンドリングにおいては、製品の粒子径分布は狭い方が好ましい。

噴霧乾燥品は様々な分野にて使用され、下記に示すような特長があり、高付加価値製品の製造にも使用されている。

(1) 液体原料から直接、平均粒子径数μm～数百μmの粉粒体製品が得られるため、生産工程の簡略化が可能となる。

(2) 乾燥時間が数秒から数十秒と短く、製品温度も排気温度以上に上がらないため、製品への熱影響が少ない。

(3) 液体原料の性状や運転条件などを変化させることにより、製品への残留溶媒量（水分量)、粒子径分布、かさ密度などを一定の範囲内で調節することができる。

(4) 噴霧された液は表面張力で球形となるため、乾燥した製品も球形度が高い。

(5) 乾燥速度が速いことから粒子は多孔質になりやすく、乾燥製品の溶解速度が高い。

(6) 連続操作であり、大量生産が可能である。

噴霧乾燥装置は一般的に様々な仕様の機器で構成されており、典型的なフロー図を**図8.5.1**に示す。

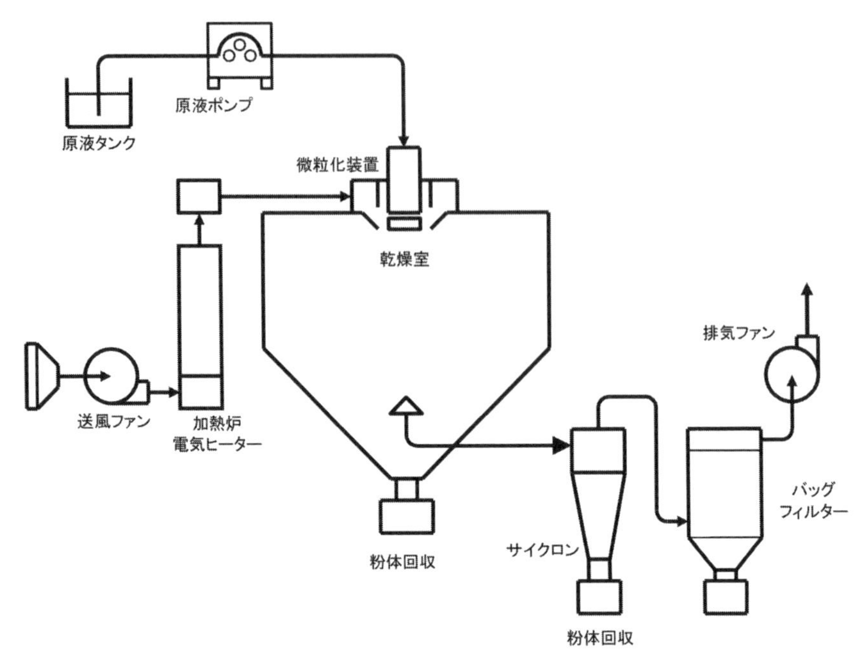

図8.5.1　噴霧乾燥装置の典型的なフロー図

8.5.2　噴霧乾燥装置の適用分野

従来噴霧乾燥装置は、大量処理かつ、いかに高温で省エネルギー的に粉体製品を製造できるかがテーマであった。その中では、牛乳から粉ミルク、乳糖、合成洗剤、ゴム添加シリカ、デキストリン、タイル陶土、脱硫用石灰乳などに大量生産装置として使用されてきた。また、中規模のものとして、調味料、漢方薬、フェライト、セラミックス、顔料、超硬材料などの乾燥粒子化に使われてきた。

さらに1985年過ぎからは、高機能材料への要望から、粒子設計に基づく粒子加工の装置としての機能が要望されるようになった。例えば、フェライトや圧電体、工具のドリル先端部などの焼結体の大きさは1オーダー小さくなり、その他のコンデンサーや周波数フィルターなどの電子部品も1～2オーダー小型化されている。

これらに対応するために、平均粒子径が小さくても流動性が良い粉体、すなわち、粒子径分布が狭く、粒子の球形度が高く、かつ粒子の内部が均一な粒子が望まれるようになった。

また、食品や医薬品材料についても、吸湿性の高いものや、熱に弱いものなど、品質と流動性を維持しながら、計量包装し易い粉体にすることが望まれてきた。これらに対応するために、材料特性と製品粉体特性を考慮した装置の提供が望まれてきた。

8.5.3 リチウムイオン電池正極材料の原料粉体加工への展開

ここでは、リン酸鉄リチウムを例として紹介する。この材料はオリビン結晶構造という特殊な構造をしており、その構造の中にリチウムイオンが出入りする。それをインターカレーション反応と言い、その際に結晶の変化が起こらないことが特徴である。そして、発熱発火の原因となる酸素が放出されないという特徴があり、電池の熱的安定性がさらに高くなる。

一方、結晶構造は竹のように節を持った筒状体の集合構造を取ることが知られており、節の間にイオンが入っていくことができないため、また、導電性の低さと相まってエネルギー密度が低くなるという欠点が知られている。

これらの欠点を解決するため、合成されたリン酸鉄リチウムを超微粉砕し、さらに他の金属を少量加えるなどし、適度なる粒子径に造粒・焼結して、カーボン粉を被覆するなどして、性能を改善してきた。一方、日本を中心に携帯電話やハンドツールなどの用途には、変形しやすい層状岩塩構造を持ったコバルト酸リチウムや三元系材料を正極材料とした電圧が高くエネルギー密度の高いリチウムイオン電池が使われている。しかしながら、当初から3元系のリチウムイオン電池の安全性に不安を持っていた中国で、リン酸鉄リチウムは各種のバス、トラック、電気自動車などに採用され、さらに進化し、ついにテスラ（米）の電気自動車に採用された（2023年3月“図解まるわかり　電池の仕組み”より）。

この工程の超微粉砕と混合に媒体撹拌型粉砕機などが、微粒子の造粒に噴霧乾燥機が使われる。得られた造粒体はさらに焼結され、カーボン粉とリン酸鉄造粒焼結粒子と電解質とが混合混練されて、正極物質が出来上がる。**図8.5.2**にリン酸鉄リチウムイオン電池の正極材の製造工程の一例を示す。

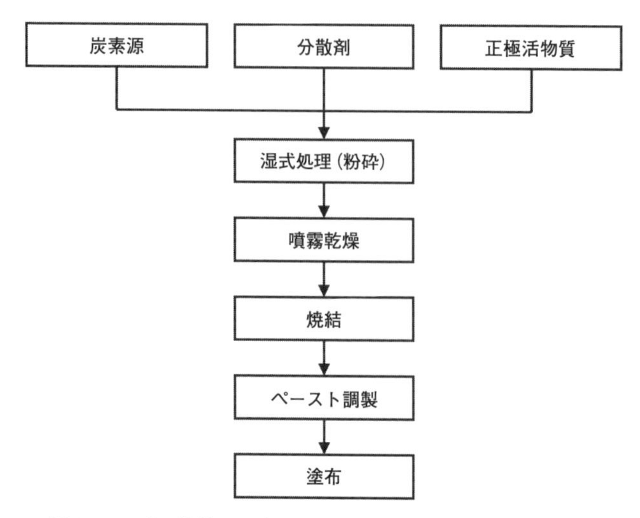

図8.5.2　リン酸鉄リチウムイオン電池の正極材の製造工程例

超微粉砕では、平均粒子径0.1 ～ 0.5μmの大きさに、適度な粒子径の造粒体として、10 ～ 30μｍの平均粒子径に調製している。大容量の電池の正極材の生産であることから、生産設備としては1ラインが500 ～ 5000kg/h程度の製造能力となり、数ラインで１工場が形成される。中国ではこのような工場が数十あり、韓国、EU諸国、米国での工場計画が進んでいるが、残念ながら2023年現在、日本ではこのような工場はできていないようである。

8.5.4　おわりに

この正極材およびハンドリング性向上のための負極材の造粒工程に噴霧乾燥機が使われており、その造粒粒子の形状・平均粒子径や粒子径分布には、各社・各種の電池材料、処理量に応じて、それぞれ最適なものが求められている。

噴霧乾燥は現代社会の多くの産業設備の基本要素として重要な位置を占めている。製品の高機能化、高付加価値化にともない粉体原料への要求も高くなっており、解決すべき課題も多いのが現状である。これらについて粒子づくりの観点をもとにして、微粒化技術、乾燥技術についての知見・知識の収集と開発を材料開発者・製造技術者と共に考え、その進歩に貢献できれば幸いである。

8.6 焼かないセラミックス製造プロセスの開発に向けて

8.6.1 はじめに

科学技術の発展は、豊かな生活を送るため、種々の発明・発見・工夫の積み重ねの歴史である。古代メソポタミアでは小麦粉を水でこねて焼いた膨らんでないパンのような物を食べていたとされている。小麦に対する食べ易さや美味しさへの探求と小麦粉を効率よく作るための工夫として、原始的粉砕装置であるサドルカーン（saddle quern：鞍形挽臼（**図8.6.1**）を用いたと言われている。その後、サドルカーンはさらに効率良く小麦粉を得るための工夫としてロータリーカーン（現代でも見かける回転式の石臼）へと発展している。さらに、動力が人力から水力や風力へと変わり、ついにはジェームズ・ワット（James Watt）により改良された蒸気機関となる。技術史的には紡績を中心とした「第一次産業革命」として説明を受けるが、蒸気機関を動力として機械化し、作業能率を大幅に上昇させることは製粉を含めたあらゆる産業の革新へとつながった。これにより、１人あたりのGDP（国内総生産）が増加を始めた。科学技術の進歩により、人間一人のもつ生産能力を遥かに超えたと言っても良いかもしれない。

この産業革命が近年重要な国際的な枠組みの基準となっている。それは、「世界の平均気温上昇を産業革命前と比較して、2℃より十分低く抑え、1.5℃に抑える努力を追求する。」とする、2015年12月にフランス・パリで開催されたCOP21（国連気候変動枠組条約第21回締約国会議）で成立した「パリ協定」である。「パリ協定」の基準が第一次産業革命時というのはいささか遡りすぎではと思うが、確かにその時から人の力だけで作れる量を超えはじめたと考えると以外にリーズナブルなのかもしれない。そして、第一次産業革命により人類の欲望が満たされてゆく裏で、地球温暖化という負の要素を人類が負っていたと言える。戦争も科学技術と欲望の負の要素であるが、地球温暖化は悲惨さが目に見え

図8.6.1 メソポタミアの原始的粉砕機サドルカーンのイメージ図

にくい分だけ質が悪い。よって産業革命後200年の今頃になって、付けが回ってきている。この状況を打開するためには、原始人の生活にもどるわけには行かないので、進歩の歩みを止めず発明・発見・工夫の積み重ねが必要になる。少し話は大袈裟になったが、ここではカーボンニュートラルを目指すための策の一つとして、筆者らが開発した「無焼成セラミックス」について説明したい。焼成セラミックス製造工程におけるCO_2排出量（他の温室効果ガスもCO_2換算）の調査結果を**図8.6.2**に示す[1) 2)]。焼結工程が全体の約6割、次いで乾燥工程が約2割である。如何に焼かないことが、CO_2排出削減に効果的であるかがお分かり頂けるであろう。

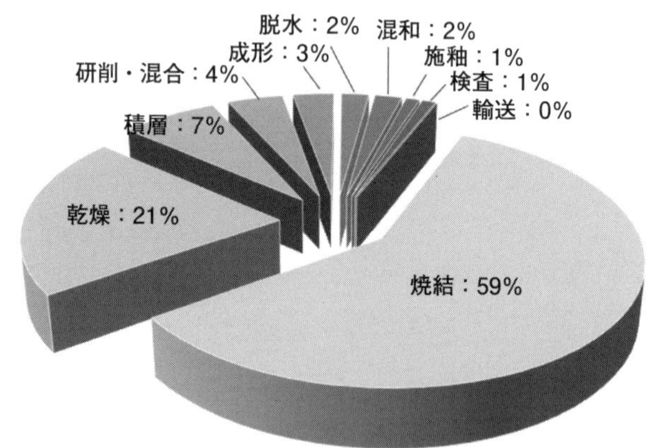

図8.6.2　セラミックス製造プロセスにおける各工程の二酸化炭素排出量

8.6.2　表面化学および粉体工学に基づく無焼成セラミックスの基本

セラミックスの固相焼結では、熱エネルギーによって成形体を構成する原料粉体の表面積を減らすように物質が移動し、ネックが形成する。そして、ネックが成長すると同時に緻密化が進行する。無焼成セラミックスは焼成工程を経ない。したがって熱エネルギーに依存しないで緻密化する方法を考える必要である。その答えは一つでは無いが、ここでは筆者の流儀である無焼成固化法について説明する。

無焼成固化では加熱による物質移動は起こらない。原料粒子の充填構造がほぼそのまま保存される。したがって、原料粉体が密に充填するような粒子径分布をあらかじめ調製しておくことが必要となる。例えば**図8.6.3**に示す様に大粒子径の間に小粒子が、さらにその間に微小粒子が入る様な密充填構造となるような粒子径分布にする必要がある。この図8.6.3は2次元モデルであるが、実施には3次元充填での試算が必要である。ここでは詳細な説明を省くが、Suzukiらの報告[3) 4)]が参考になる。

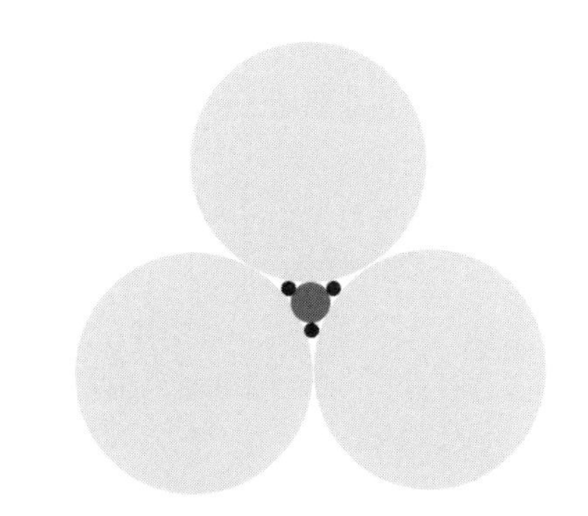

図8.6.3　無焼成固化には高粒子充填構造が必要

次に、これらの粒子径分布が設計通りの密充填構造となるように、原料粒子の凝集が起こらない様に混合・混練・成形する必要がある。これらの粒子径分布を整えること、均一に混合・混練すること、凝集を防ぐことは、これまでの粉体技術と同じである。簡単ではないが、それにならえば良い。

最後に、粒子間の結合方法を考える必要がある。そのためには、化学的に安定な原料粉体をどのように化学的に活性な状態にするかがキーとなる技術である。筆者らの戦略を次に示す。

セラミックスの原料粉体の表面は内部に対し結合の連続性が切断されている。結合は不飽和な状態である。これにより過剰なエネルギーを有している。この表面の過剰なエネルギーを小さくしようと物理的表面緩和現象、化学的表面緩和現象や吸着現象が起こる。これらによって粉体表面は幾分安定化する。シリカ粒子の場合には、表面は式（8.6.1）のように、大気中の水蒸気が化学吸着し、表面水酸基を生成することが知られている[5)]。

$$\equiv Si—O—Si\equiv + H_2O \rightarrow 2\equiv Si—OH \qquad \cdots (8.6.1)$$

図8.6.4に概念を示す様に、原料粉体の表面を緩和前の状態にもし戻すことが

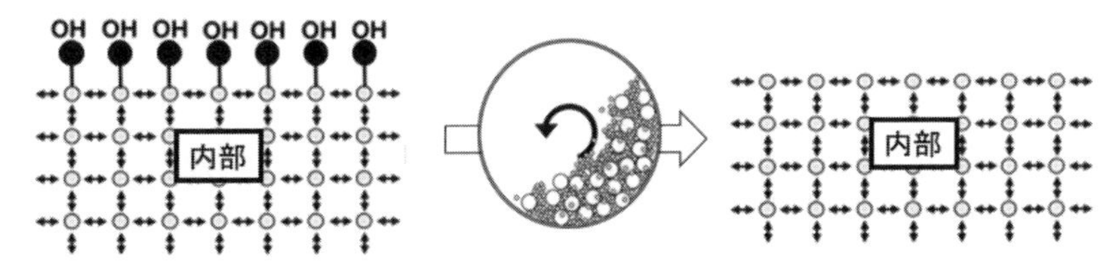

図8.6.4　緩和表面をメカノケミカル表面活性化処理により理想的な活性表面に戻すイメージ

できれば高い化学的活性が得られる。この高い化学的活性が粉体表面間を結合するための大きな駆動力になると考えた[6)~10)]。固体を粉砕し、細かくすると新しい化学的あるいは物理化学的特性をもたらすことが、メカノケミカル現象として古くから知られている[11)]。物質に粉砕、摩砕等の機械的エネルギーを作用させることで、物質は活性化する。例えば、機械的エネルギーによる結晶変態の報告がある[12) 13)]。また、粉砕限界、過粉砕といった現象[14)]もこの活性化で説明できることがある。このような方法で物質を活性化する現象を機械的活性（メカニカルアクティベーション）といい、無焼成固化体を作る上での重要かつ基本的なコンセプトとなっている。例えば、遊星ボールミルの様な高い衝撃力が負荷できる粉砕装置を使った場合、粉体に大きなエネルギーを作用でき、粉砕・破砕により粉体の新しい表面を作ることができる。これにより、無焼成セラミックスを得るための化学的高活性な原料粉を得ることができる[7)]。この場合、遊星ボールミルによる活性化は粉体全体に起こる可能性が高い。しかしながら、粉砕により原料が砕かれれば投入したエネルギーは粒子の破壊に消費される。すなわち、粒子間反応に必要な化学的表面活性を得る以上の無駄なエネルギーを投与していることになる。粒子間のみ反応すれば良いので、化学的活性は原料粉体の表面だけに起きれば良い。つまり、粉体表面だけを摩砕する程度で良いと考えている。これを考慮すれば、実験室で簡単に、かつスケールアップできる方法としては転動ボールミルがある。条件を選べば粉体に与える衝撃力を小さくし、せん断力を優勢にすることができる。またポットをセラミックスのような硬いポットでなく薄手の柔らかいポリプロピレン容器（**図8.6.5**）を使うとさらに、粉砕や破砕を伴わない表面摩砕のみを付加す

図8.6.5 転動ボールミルによる摩砕に用いたポリプロピレン容器

ることができる。この操作を、筆者らはメカノケミカル表面活性化と呼んでいる。粉砕に比べて比較的低いエネルギー投入で、無焼成セラミックスの原料粉に所望な表面活性が得られる[6)10)]。誤解が無いように再度説明するが、遊星ボールミルでも転動ボールミルでも、あるいは振動ミルやジェットミルなど他の装置でも、衝撃力よりもせん断力が優勢な条件にすることが可能ならば、表面の活性のみを得ることができる。あるいは、粉砕が起きた後に表面活性化が起きれば問題ない。

8.6.3 表面活性化された粉体表面の真実

実際の表面活性は、最表面層だけで起きているわけではないと考えている。実際には、表面層から何層あるいは何十層にもわたって機械的なメカノケミカル表面活性化された乱れた構造帯があると考えている。前述したように処理後の最表面には直ぐに化学的緩和が起こり、びっしりと表面水酸基が生成し表面水酸基密度が上がる[6)8)]。そして、さらにその上に水蒸気吸着が起きる。ただし、乱れた構造帯は、全て水和されるわけではない。乱れた構造に水蒸気がアクセスできない様な部分が存在し、活性が保たれている。表面水酸基密度が高まることで内部への水分子の侵入および化学的緩和を防いでいると考察しているが、実証はできていない。ただし、これは実際に無焼成固化の実験をしていて、活性化した原料粉体を極端な高湿度下にしない限り、その化学的活性が日、週、月の単位で保たれているという感覚と一致している。活性層である乱れの構造は確認している[9)]。例えば、シリカの場合、次のように最表面下の構造が乱れていると考えている。

$$\equiv \mathrm{Si{-}O{-}Si} \equiv \;\rightarrow\; \equiv \mathrm{Si{-}O}\cdot \;+\; \cdot\mathrm{Si} \equiv \qquad \cdots (8.6.2)$$

この予測からメカノケミカル表面活性化処理の時間と、それにより引き起こされるラジカル生成量の関係をESR(Electron Spin Resonance:電子スピン共鳴法)で測定した。**図8.6.6**にその結果を示す。メカノケミカル表面活性化の時間とラジカル生成量に関係があった。そのラジカルは400℃で長時間加熱しないと失活しないことも確認している。これらの結果から、ラジカルが存在する活性層が安定で長寿命であることが示せた。ESRによる定量がメカノケミカル表面活性の評価法として今後は主力になると考えている。興味のある方はR-Khosroshahiらの論文[9)]を参照いただきたい。また、分子動力学(MD:Molecular Dynamics)シミュレーションを用いて定性的であるが、本現象が再現できている[15)]。シミュレーショ

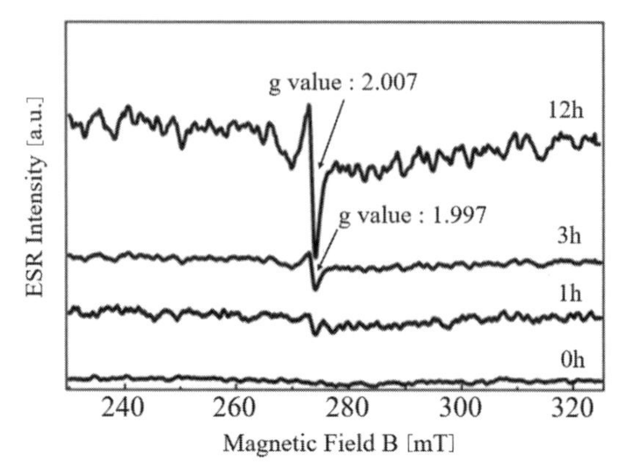

図8.6.6　メカノケミカル表面活性化（転動ボールミル処理）時間とESRシグナルの変化

ンの力をかりて固化メカニズムの解明や反応系の予測ができる可能性があると考えている。さらに、少し脱線するが、もう少し表面近傍のことについて説明をしておきたい。シリカの最表面は表面水酸基が存在し、その表面密度とタイプが、吸着や粒子間付着など粉体物性に影響する[7)]。

今回のESRによるラジカル量の評価は、その最表面の下部の活性層の評価である。金属材料でいう加工変性層にあたると思われる。その部分に化学結合が部分的に断絶した構造が存在し、ラジカルが長期に存在することが示せた。これらは分子やイオンの吸着、粒子の付着現象にも影響する可能性がある。また、溶解、誘電率、屈折などの光学特性、さらには静電気の帯電などにも影響する可能性がある。これまで同じような形状やサイズのシリカ粉体でも物性が違うことが説明できない事があったが、ESRでのラジカル評価の事例が増えることで、過粉砕や粉砕限界など古典的な問題[14)]やメカノケミカルによるSiO_2のSiO化のような還元現象[16)]など、色々な謎を解明できるキーになるのではないかと考えている。さらに材料科学的には高いエントロピー状態を作れることから、これまでにない物性を引き出すことができる[17)～21)]ので、有用材料の展開が見込まれる。話を無焼成固化に戻すと、メカノケミカル表面活性化で得られた表面活性層が溶解し、粒子間に再析出することで固化体が得られている。詳細は後述するが、粉体原料のトラブルの元で知られている粒子間固結現象[22)]が無焼成セラミックス成形体全体に起きていると考えると、粉体工学的には理解しやすいと思う。

8.6.4 表面活性化粉体の無焼成固化

ここまで、メカノケミカル表面活性化処理について説明してきた。これら活性化された原料粉体を成形し化学反応させて固化することが、無焼成セラミックスを得るために必要である。前述したように活性化された表面は成形時に大気中にさらされるので、物理的緩和および化学的緩和現象が最表面付近では即座に起きているはずである。ただし、緩和されてしまった最表面の下には活性層が残っている。よって最表面の緩和層をなんらかの溶液(たとえば水、アルカリ、酸など)を混合除去することで、活性層は一気に溶解に転じる（**図8.6.7**(a))。活性層以外も溶解する可能性はあるが、溶解速度が異なる。実際には異なるようにメカノケミカル表面活性化処理をしているのである。これにより、溶解液は溶け残った粒子間に毛管凝縮し液体架橋を形成する（図8.6.7(b))。この液体架橋には、粒子の表面が溶解された物質が含まれている。乾燥・濃縮の進行に伴い化学反応し、溶解物は再析出あるいは重合して固体へ変化する。次に乾燥に伴い、液体架橋中の不揮発成分が固体に変わり、固体架橋が形成されると考えている[10]（図8.6.7(c))。したがって、無焼成セラミックスの強度は、基本的には成形時の粒子充填状態で形成される液体架橋とそれが変換した固体架橋の強度と、その均質性に強く影響される。

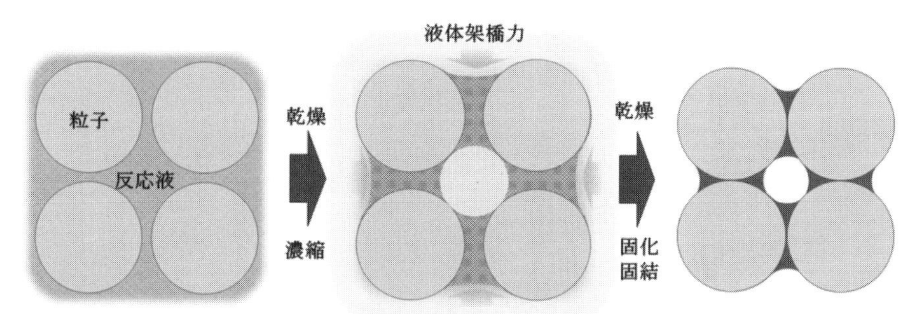

(a) 混合・混練後の成形初期　(b) 乾燥・濃縮が進んだ成形体　(c) 反応・乾燥が終了した無焼成セラミックス

図8.6.7　無焼成セラミックスの混合成形から固化まで

8.6.5 無焼成セラミックスの可能性

無焼成セラミックスは生産効率を上げるため、加熱乾燥したとしても100℃前後のプロセスである。したがって、CO_2をはじめとする温室効果ガスの排出量削減に貢献することは間違いない。もちろん、エネルギー消費が少ないので省エネに貢献する。これらは、すべて製造コスト低減につながるはずである。このようなプロセスとしての魅力だけでなく、材料としても新たな世界を拓く可能性がある。例えば、これまでのセラミックスと相性の悪かった有機物、金属、液体、電子回路などとの複合化は、従来では考えられなかったバリエーションであると考えられる。一例として無焼成セラミックスと樹脂製光ファイバーでできた複合体を**図8.6.8**に示す。また、無焼成セラミックスは3Dプリンターを使えば、所望の形状のセラミックスを得る事ができる。プラスチック性の食品保存容器のような適当な入れ物を準備すれば、簡単に無焼成セラミックスを作ることができる。現在は、既存の粉体プロセスを組み合わせることで、無焼成セラミックスに適切な量産製造プロセスを考えるフェーズにある。粉体混合、混練、成形装置メーカーの出番だと思う。

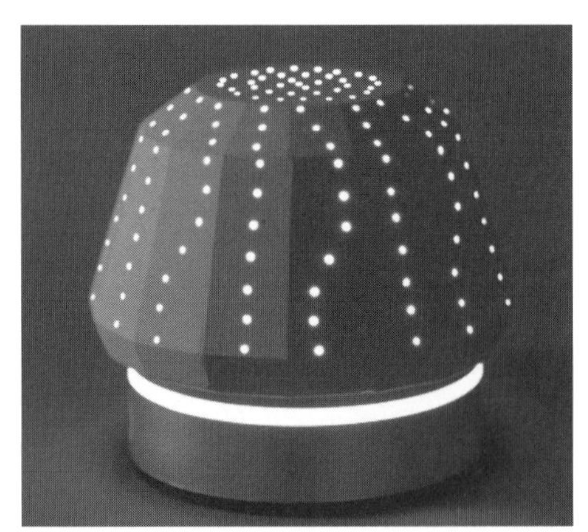

図8.6.8 無焼成セラミックスと樹脂製光ファイバーで作製した光のオブジェ

8.6.6 おわりに

カーボンニュートラル社会構築が現実的な段階になり、無焼成セラミックスの研究が注目されるようになった。粉を摩砕する技術、混合・混練する技術、乾燥・固化する技術など粉体工学の総合知が結実した成果と言える。無焼成セラミックスというセラミックスのような物を作る技術は最新と思われるかもしれないが、おそらく冒頭説明した古代メソポタミアの小麦粉でパンのようなものを作っていた人々と作業はなんら変わっていない。同じような作業で同じような現象を用いている。ちょっとした工夫が、大きく事を動かす粉体工学の底知れぬパフォーマンスを証明できたのではないかと思う。我々の研究成果やその考え方が、今日の環境問題解決や今後の粉体工学の発展の一助になることを、本稿を読んで頂いた方々の参考になることがあれば幸いある。

<参考文献>

1) 蔵島吉彦："セラミックス基盤工学研究センター年報", **3**, 37-45 (2003)
2) 半澤　茂："セラミックス基盤工学研究センター年報", **9**, 33-42 (2009)
3) M. Suzuki, H. Sato, M. Hasegawa, M. Hirota : *Powder Technology*, **118**, 53-57 (2001)
4) M. Suzuki, H. Kada, M. Hirota : *Advanced Powder Technology*, **10**, 353-365 (1999)
5) 藤　正督："粉体工学会誌", **40**, 355-363 (2003)
6) Y. Nakashima, H. R-Khosroshahi, C. Takai, M. Fuji : *Adv. Powder Technol.*, **29**, 1900-1903 (2018)
7) Y. Nakashima, H. R-Khosroshahi, H. Ishida, C. Takai, M. Fuji:*Adv. Powder Technol.*, **30**, 461-465 (2019)
8) Y. Nakashima, H. R-Khosroshahi, C. Takai, M. Fuji : *Adv. Powder Technol.*, **30**, 1160-1164 (2019)
9) H. R-Khosroshahi, T. Sato, M. Fuji : *Adv. Powder Technol.*, **31**, 2020-2024 (2020)
10) H. R-Khosroshahi, H. Ishida, M. Fuji : *Adv. Powder Technol.*, **31**, 4672-4678 (2020)
11) 久保輝一郎："色材", **14**, 706 (1972)
12) G. Simmons, P. Bell : *Science*, **139**, 1197 (1963)
13) 新井康夫："セラミックスの材料化学", 大日本図書, 68 (1985)
14) B. Beke, 浅井信義："粉体工学研究会誌", **13**, 276-284 (1976)
15) T. Sato, A. Kubota, K. Saitoh, M. Fuji, C. Y. Takai, H. Sena, M. Takuma, Y. Takahashi : *J. Nanomaterials*, Article ID8857101 (2020)
16) M. Senna, H. Noda, Y. Xin, H. Hasegawa, C. Takai, T. Shirai, M. Fuji:*RSC Adv.*, **63**, 36338- 36344 (2018)
17) H. R-Khosroshahi, K. Edalati, M. Hirayama, H. Emami, M. Arita, M. Yamauchi, H. Hagiwara, S. Ida, T. Ishihara, E. Akiba, Z. Horita, Masayoshi Fuji : *ACS Catal.*, **6**, 5103-5107 (2016)
18) S. Akramia, M. Watanabe, T-H. Ling, T. Ishihara, M. Aritad, M. Fuji, K. Edalati : *Applied Catalysis B: Environmental.*, **298**, 120566 (2021)
19) P. Edalati, A. Mohammadi, Y. Tang, R. Floriano, M. Fuji, K. Edalati : *Materials Letters*, **302**, 130368 (2021)
20) P. Edalati, X-F. Shen, M. Watanabe, T. Ishihara, M. Arita, M. Fuji, K. Edalati:*J. Materials Chem.* A, **9**, 15076 (2021)
21) S. Akramia, P. Edalatia, M. Fuji, K. Edalati : *Materials Science & Engineering R.*, **146**, 100644 (2021)
22) 近澤正敏, 中島　渉, 金澤孝文："粉体工学研究会誌", **14**, 18-25 (1977)

8.7 リサイクルの鍵を握る粉体の「磁気分離」技術

8.7.1 はじめに

昨今、循環型社会や低炭素社会等の言葉に代表されるように、持続可能な社会の実現に向けた施策の一環として様々な「リサイクル構想」が一般化しつつある。特に我が国は素材資源の大部分を海外の各種天然鉱山からの輸入に依存している一方で国際的な資源循環思想が台頭してきており、特に使用済の（廃）製品を構成する素材は「都市鉱山」として注目されている。将来的な天然鉱山の低品位化や循環型社会の促進・普及などの長期的観点から、都市鉱山の開発は今後ますます重要な資源戦略となるであろう。この都市鉱山を開発する上で、「リサイクル技術」の開発・普及は我が国にとって大変重要な位置付けとなっており、産業技術総合研究所に代表される各種研究機関を始めとして大学・民間企業で様々な技術が開発・展開されている。本項では、「粉体」と「リサイクル」を紐づける上で必須の技術である「選別」プロセス、中でも「磁力選別法」に代表される磁気分離技術について解説すると共にその適用例について紹介する。

8.7.2 物理選別法と磁力選別

混合された異種固体粒子を選り分けることを目的として「物理選別法」が用いられる。古くは金属鉱山における選鉱場や石炭鉱山における選炭場に代表されるように、各種の動・静脈産業において目的とする固体の品位や回収率を向上させるために各種物理選別技術が取り入れられてきた。物理選別法には**図8.7.1**に示すように選別対象物の粒度や性状の違いによっていくつかの方法が用いられるが、中でも磁気を用いた「磁気分離」、特に「磁力選別法（磁選）」は、選別対象物の「磁性」の違いを利用して選別を行う方法であり、選別対象粒度の範囲が広く比較的操作が簡単であることから広く用いられてきた。本項では粉粒体を対象とした「リサイクル」の分野に用いられている磁力選別機（磁選機）の代表的な機種とその適用例について述べる。

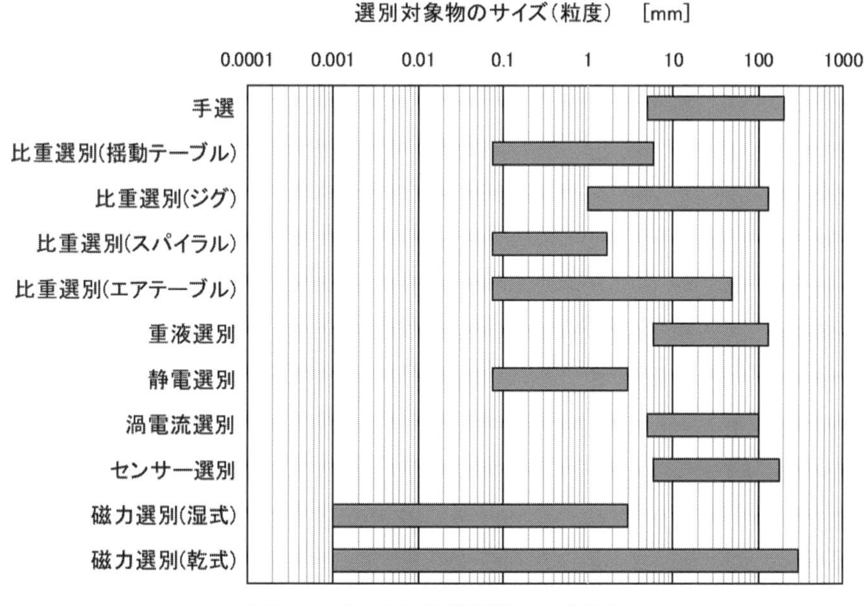

図8.7.1 代表的な物理選別法の適応粒度

8.7.3 磁選の目的

磁選の主な目的は、

(1) 選別対象物中に磁性体として混入する（鉄系）不純物を除去して目的とする対象物の純度を上げること。

(2) 選別対象物中の磁性体を有価物として回収すること。

(3) 主として鉄板・鉄片等の磁性体を除去することにより後段設備（粉砕機等）の保護をすること。

である。これらの目的を達成するために選別対象物の性状を把握して最適な機種を選定することが重要である。

8.7.4 磁選機の種類

磁選機は磁石（磁気回路）の違いにより永久磁石式と電磁石式の２種類に大別でき、さらに使用環境の違いによりそれぞれ湿式と乾式の条件下で選別可能な製品構成となっている。永久磁石式・電磁石式磁選機共に、磁選対象物の性状（サイズ、磁化率、水分等）や磁性物の混入状態・混入割合、また操業時の処理量等によって最適機種の選定が行われる。**図8.7.2**に代表的な磁選機の外観写真を、**表8.7.1**に各種業界での磁選機適用例を示す。各種磁選機により前述した選別目的を達成するためには、選別対象物に適した破砕（粉砕）方法の選択による単体分離の促進と、分級・ふるい分けによる適度な粒度調整等の前処理が磁選効果の向上に大変重要である。

図8.7.2　代表的磁選機の外観
（資料提供：日本エリーズマグネチックス㈱）

表8.7.1　各種業界での磁選機適用例

		環境・リサイクル	鉱業	窯業	鉄鋼	非鉄金属	機械	半導体	化学・プラスチック	食品	医薬品	建設・土木	ガラス・セメント	エネルギー	紙・パルプ
永久磁石	プレートマグネット	●	●	●		●	●	●	●	●	●	●	●		●
	チューブマグネット	●	●	●		●	●	●	●	●	●		●		●
	格子型磁選機	●	●	●		●	●	●	●	●	●		●		●
	磁気トラップ	●	●	●			●	●	●	●	●		●		●
	ローターグレートマグネット	●	●	●				●	●	●	●		●		●
	磁気プーリー	●	●	●	●	●	●			●		●	●	●	●
	ドラム磁選機	●	●	●	●	●	●		●	●		●	●	●	●
	永久磁石式吊下げ磁選機	●	●	●	●	●	●		●	●		●	●	●	●
	レアアース・ロール磁選機	●	●	●		●	●	●	●	●			●	●	●
	ウエットドラム磁選機	●	●	●	●	●	●	●				●			●
	渦電流非鉄金属選別機(ECS)	●		●		●							●		
電磁石	電磁石式吊下げ磁選機	●	●	●	●	●	●		●	●		●	●	●	●
	乾式振動電磁フィルター(DVF)	●	●	●		●	●	●	●	●		●	●	●	●
	湿式高磁力磁選機(WHIMS)	●	●	●	●	●	●		●				●	●	
	高磁力電磁フィルター(H.Iフィルター)	●	●	●	●	●	●	●	●	●			●	●	●

8.7.5　リサイクル業界での磁選による粉体処理の適用例

一般的に「リサイクル」から思い浮かぶ対象物は何か？を問えば、冷蔵庫やエアコン等の家電4品目を対象とした「家電リサイクル」や、「自動車スクラップ(ASR)のリサイクル」、「容器(例としてペットボトル)のリサイクル」を始めとして、元々の廃棄物（廃製品）を破砕して比較的大きなサイズ（≒10mm以上）の状態で選別プロセスに供するのが一般的なイメージであろう。最近では家電4品目以外の「小型家電のリサイクル」を促進することによりこれらの適正な処理と資源の有効活用を図ることを目的とした小型家電リサイクル法が制定され、今まで以上に「都市鉱山」の価値を高めるための各種施策が促進されている。しかしながら小型家電のリサイクルプロセスでも選別対象物のサイズは数ミリ以上のものが多く、いわゆる「粉体」と言われる粒子の粒子径よりもはるかに大きなサイズの対象物をリサイクル用原料として取り扱う場合が多いのが現状である。その理由は以下の通りである。

「選別」する上で最も重要な点の一つが「単体分離」であり、できるだけ少ないエネルギーでいかに単体分離を効率的に行うことができるか？で選別性能が大きく変化する。つまり、単体分離を促進させることを優先しすぎるあまり、むやみに粉砕して対象物を微細化することは、エネルギーとコストに負荷がかかるばかりでなく、実は選別するプロセスでも「抱き込み量増加に伴う選別ロス」が大きくなる。磁選に限らず、他の選別法を用いてリサイクルを効率的に行うために最も重要なことは「むやみに微細（微粒子）化しない」ことと「単体分離を促進させる」こと、さらに「サイズをできるだけ揃える」ことの、一見すると相反する状態（操作）をいかに効率的に行うか、ということである。これらを実現させるために、選別対象物の性状（構成物の種類・サイズ、回収（除去）したい素材の種類・サイズ等）を事前にできるだけ把握し、理想的な単体分離が可能となる前処理（破砕・粉砕・分級・ふるい分け）の条件を見出すことが重要である。

このような理由から「リサイクル」プロセスとは粗大な廃製品をむやみに「細かく」しないことが推奨されるが、その一方で元々が粉粒体であったものや、ある条件下で粉粒体に加工された物質・製品のリサイクルも多く行われている。これら粉粒体のリサイクルプロセスで、磁選による鉄系不純物の除去あるいは磁性有価物の回収は、対象とする素材の構成物によっては重要かつ有効な選別法である。以下にその一例と、これらの処理に用いられている磁選機の一例を示す。

- 一般廃棄物の焼却灰からの鉄分除去（回収）…吊下げ磁選機、ドラム磁選機
- 産業廃棄物の焼却灰からの鉄分除去（回収）…吊下げ磁選機、ドラム磁選機
- ブラスト粉からの有価金属の回収…ドラム磁選機
- 廃リチウムイオンバッテリー（LiB）粉体中の磁性体濃縮…吊下げ磁選機、ドラム磁選機、レアアースロール磁選機
- 高炉スラグ中の鉄系金属の回収…ドラム磁選機
- レアアースを含む蛍光体の種類ごとの選別回収…湿式高磁力（高勾配）磁選機
- 自然由来重金属含有土壌からの重金属の除去…ドラム磁選機

これら「粉体」リサイクルは既に一般的に知られているものから、昨今の情勢を背景として新たに開発された適用例であるが、これらの中から比較的新しい技術の詳細について以下に説明する。

(1) レアアースを含む蛍光体の種類ごとの選別回収

国立研究開発法人産業技術総合研究所は、レアアース（希土類）を含む蛍光体が複数混合しているために再利用が難しい蛍光ランプ（蛍光灯）などの蛍光体を、種類ごとに分離して再利用する技術を2011年に開発した。この技術は、蛍光体の種類ごとに「磁化率」が異なっている点に着目して実用性の高い汎用の高勾配磁選機を用い、蛍光体を分散させた液の添加剤を工夫したことで連続的に蛍光体を分離することを可能とした。**図8.7.3**に蛍光体分離用自動連続式高勾配磁選機の外観を示す。野村興産株式会社イトムカ鉱業所に本技術を用いた実証プラントが設置・運用されている。

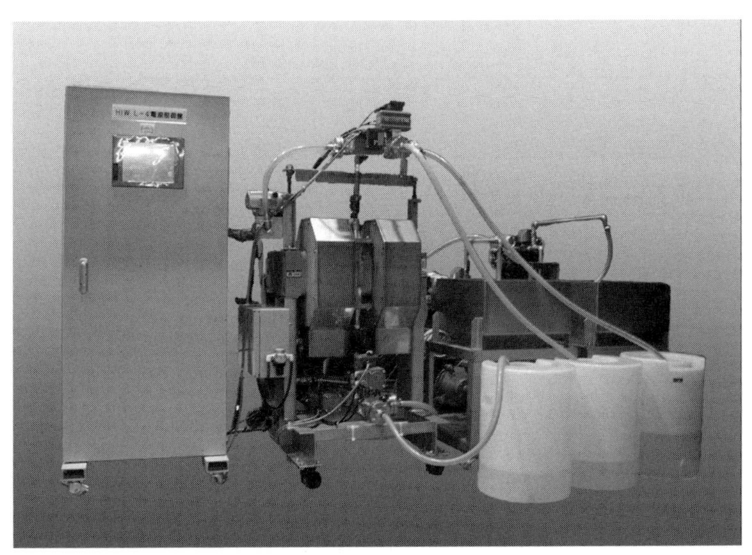

図8.7.3　自動連続式高勾配磁選機
（資料提供：国立研究開発法人産業技術総合研究所　大木研究室）

この技術のポイントは以下の通りである。

① 再利用が難しいさまざまな色が混合した蛍光体廃棄物に適用可能な技術であること。

② 低コストで汎用の高勾配磁選機を用い、連続的に蛍光体を分離できることを実証したこと。

③　高効率照明などに使用されるレアアースを含む蛍光体の使用量低減に期待できること。

（国立研究開発法人産業技術総合研究所ウェブサイトより引用。詳細については**図8.7.4**：QRコードから同所ウェブサイトに接続して情報参照のこと。）

図8.7.4　産業技術総合研究所プレスリリースQRコード
（資料提供：国立研究開発法人産業技術総合研究所）

⑵　自然由来重金属含有土壌からの重金属の除去

DOWAエコシステム株式会社は、自然由来の重金属含有土壌からヒ素や鉛を始めとする6種類の重金属を浄化する技術を開発した。土壌に含まれる低濃度のヒ素や鉛などの重金属類を特殊加工した「鉄粉」に吸着させ、乾式磁選によって重金属が吸着した鉄粉を選別することにより低濃度の重金属含有土壌を浄化する技術である。DOWAエコシステムはこれを「自然由来重金属含有土壌の浄化に適した乾式磁力選別処理工法（Dry Magnetic Extraction Method、DME工法）」として特許を取得した。重金属除去後の土壌は環境基準を満足する「浄化土」として再利用が可能となった。DME工法の特徴として、特殊加工した鉄粉を使用することで水を使わない「乾式プロセスの処理」が可能となったことである。これにより大幅なプロセスの簡略化とコスト削減を可能としたことに加え、以下の特徴を持つ。

- 対応可能物質（効果確認済）：As、Pb、Cr^{6+}、F、Se、CN
- 対応可能濃度：各物質とも溶出量で概ね10倍程度。
- 処理フローが単純で、運転管理が容易であること。
- 用水、排水が不要（メンテナンス、清掃時の洗浄水は別途必要）。
- 粘性土壌にも処理量不変で対応可であること。
- オフサイト（場外処理施設）、オンサイト（現地）両方での処理が可能。
- 従来の洗浄処理と比較して濃縮土壌の発生量が少ないこと。

（DOWAエコシステムウェブサイトより引用。詳細については**図8.7.5**：QRコードから同社ウェブサイトに接続して情報参照のこと。)

図8.7.5　乾式磁力選別処理　DME工法説明QRコード
(資料提供：DOWAエコシステム㈱)

本技術は、地盤改良や道路・橋脚等の公共施設建設時を始め各種建造物建設時の土壌掘削時に発生し得る自然由来低濃度重金属含有土壌の処理・再利用に効果を発揮するものであり、今後さらなる展開が期待されている。

8.7.6　おわりに

「粉体」と「リサイクル」をキーワードとして、「磁気分離（磁選）」技術を用いたリサイクルの現状と各種磁選機の紹介、加えてリサイクルを目的とした選別プロセスでの注意すべきポイントを紹介した。

選別対象物の単体分離の度合いと粒子径分布で選別効果は大きく異なるため、効果的な選別を行うためには選別プロセスに供するまでの前処理工程にて選別対象物に適した破砕（粉砕）方法の選択による単体分離の促進と、分級・ふるい分けによる適度な粒子径の調整が磁選効果の向上に大変重要である。

磁選によるリサイクルの適応分野は今後も拡大する可能性を有しており、時代の要求に沿ったさらなる技術の発展に期待したい。

8.8 粒子複合化を利用した持続可能な社会に向けてのアプローチ

8.8.1 はじめに

既に第2章の図2.4.1で説明したように、粒子の複合化デザインを利用することによって、様々な材料開発に展開することができる。そこで本節では、まず、この手法を用いた材料開発の例として、持続可能な社会に貢献する省エネルギー化を支える基盤材料である、高温用の高性能断熱材料の開発に向けた研究事例を取り上げる。さらに、持続可能な社会を実現するためには、開発された多様な材料の使用後のリサイクルについても考えていく必要がある。そこで、ここでは、粒子複合化を応用したリサイクルの事例として、繊維強化プラスチック材料の廃材を100%利用して、高機能建材を作製することを目指した、新しい循環利用プロセス開発への取り組みについて紹介する。

8.8.2 粒子複合化技術を用いた高温用高性能断熱材料の開発

図8.8.1は、粒子複合化デザインによる高性能断熱材料の製造プロセスである[1)]。一次粒子径が数nmから数十nmの粒子は、樹枝状（デンドライト状とも言う）の凝集構造を形成することが多いが、この凝集構造に機械的作用を施すことにより、図にみるようにその内部に100nm以下の気孔を持つ凝集体を作製することができる。気孔径が数十nmに達すると、粒子と同様に気孔においても、特異な性質が発現する。例えば、ナノ気孔を持つ多孔体では対流伝熱が抑制されるために、高性能断熱材料として利用できる。しかし、ナノ粒子集合体のみを加圧成形する

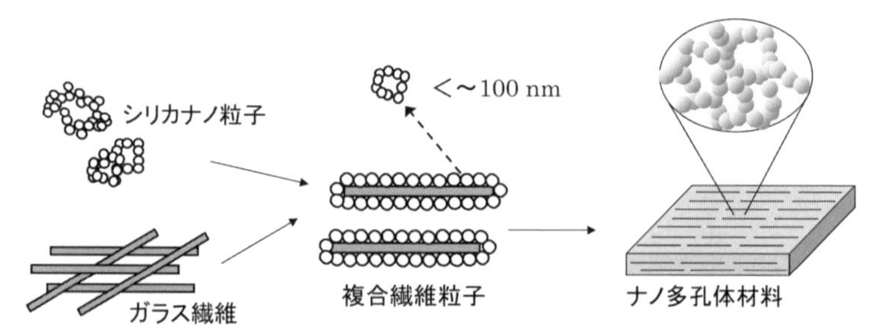

図8.8.1　粒子複合化デザインによる高性能断熱材料の製造プロセス[1)]

表8.8.1　シリカ／ガラス繊維複合粒子の加圧成形体の諸特性[1)]

サンプル	密度［kg/m^3］	空隙率［%］	熱伝導率［W/(m・K)］	
			@100℃	@400℃
＃1	459	81.2	0.0266	0.0269
＃2	485	80.1	0.0266	0.0282

ことによってバルク材料を作製することは、極めて困難である。

そこで筆者らは、ガラス繊維粒子表面にナノ気孔を持つ凝集体を複合化して得られた複合繊維粒子集合体を、加圧成形により集積させることで、軽量で強度の高い断熱材料を開発することに成功した。**表8.8.1**は、図8.8.1の方法で作製されたシリカ／ガラス繊維複合粒子の加圧成形体の密度、空隙率、並びに熱伝導率を示したものである[1)]。表に示すように、材料の熱伝導率は極めて低く、400℃まではその値がほぼキープされている。また成形体密度は、加圧時の圧力により変化するが、空隙率は80%以上に制御可能であり、極めて軽量であることが分る。

一方**図8.8.2**は、各種断熱材料の熱伝導率と温度との関係を示したものである[2)]。温度が高くなると、ふく射伝熱が支配的になるため、図に見るように温度とともに

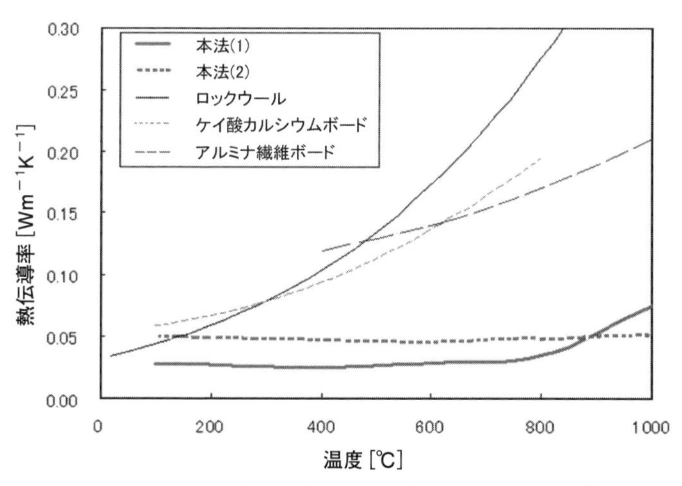

図8.8.2　各種断熱材料の熱伝導率と温度との関係[2)]

に熱伝導率は大きく増大する。そこで、高温でも適用可能な断熱材料を開発するため、ここではシリカナノ粒子とガラス繊維の複合粒子集合体に、さらに炭化ケイ素微粒子を分散させて加圧成形することにより部材を作製した[3]。その結果、図にみるように800℃程度まで超低熱伝導率を有する高性能断熱材料を開発することができた。またここでは示さないが、得られた成形体はガラス繊維で補強されているので、機械加工により任意形状に加工可能であった。以上の研究成果を基礎として、高温用の高性能断熱材料が開発され、既に実用化されている。

8.8.3 繊維強化プラスチック材料の循環利用プロセス開発への取り組み

繊維強化プラスチック材料は、軽量、高強度、耐候性などの優れた特徴を有することにより、これまで幅広く利用されてきた。現在は、宇宙・航空産業、自動車、船舶、鉄道、建設産業等に幅広く利用されている。さらに、移動体軽量化による省エネルギー・二酸化炭素削減への期待から、今後、さらなる需要の増加が期待されている。しかしながら繊維強化プラスチック材料は、その再生利用に大きな課題を抱えている。

例えば、最も汎用的なガラス繊維強化プラスチック材料（以下、FRPと略す）の例をみると、その利用量の増加とともに廃棄量も年々増加の傾向にある。試算によれば、国内だけで年間約45万トンの廃棄物が発生するとも報告されている[4]。ここで、FRPのミクロ構造の一例を**図8.8.3**に示す。これは浴槽用に使用されているFRPの断面を、二つの方向から走査型電子顕微鏡（SEM）により観察したものである。図に見るように、FRPはガラス繊維とマトリックスから構成され、ガラス繊維が二次元に配向している様子が観察される。ここでマトリックスには、主に熱硬化性樹脂と難燃性の無機フィラーなどが使用されていることから、その

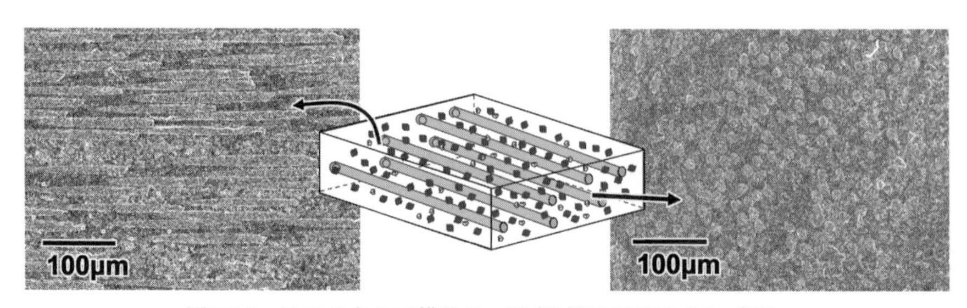

図8.8.3　FRPのミクロ構造の一例（浴槽用のFRPサンプル）

リサイクルは極めて困難である。したがって、これらの廃棄物の先進的なリサイクル方法として、産業界を中核として、溶剤による分解[5]や超臨界による分解[6]などが、これまで活発に研究されてきた。しかしながら、ガラス繊維の再生にまでリサイクルするのに多大なエネルギーを要することや、副産物の生成、再生ガラス繊維の強度や樹脂の着色など、多くの問題点を抱えている。したがって、リサイクル率は、全体の1～2%程度に留まっている現状にある。一方リサイクルされないFRP廃材は､最終的に埋め立てや単純焼却により処分されることになる。このことは、石油資源の浪費、廃材焼却による二酸化炭素排出量の増大、埋め立て処分場の増大など、資源・環境・エネルギーの観点からみて、大きな社会問題であると思われる。

8.8.4 粉体技術をベースとした新規循環プロセスの提案

そこで筆者らは、FRPの循環再生利用に資するために、これを高機能建材用原料へと転換し、かつFRP廃材の再生利用に要する費用の大幅な削減を可能とするワンポットタイプのプロセスを確立するための研究開発を進めた。そして、このようにして再生した原料の成形により、軽量・高強度で断熱性等に優れた繊維強化多孔質高機能建材を開発することを目指した。以下に、そのコンセプトの概要を説明する。

図8.8.4に、FRP廃材の新規循環利用プロセスのコンセプトを示す[4]。従来提案されているリサイクル技術においては、FRPボードの粗粉砕品から、元のガラス繊維原料などに戻すことに主眼が置かれてきた。しかし筆者らは、それとは別のアプローチを考えた。すなわち、まずFRP廃材を構成しているガラス繊維とマトリックス界面とを、熱エネルギーなどを用いない低コストプロセスで選択的に分離するとともに、それぞれの表面に安価なナノ粒子を多孔質状に均質複合化することにより、複合粒子を作製する。そして、得られた複合粒子を型に充填して、それを成形することにより、ガラス繊維強化型のナノ多孔質部材を開発しようと言うものである。その結果、ナノ気孔の特徴である超低熱伝導性の機能を有し、軽量で、かつ繊維強化による高強度、易加工性を備えた高機能建材を開発することを目指した。

次に、本コンセプトを実現するためのワンポットプロセス開発に必要な、二つの要素技術について説明する。まず**図8.8.5**は、ガラス繊維と樹脂マトリックス

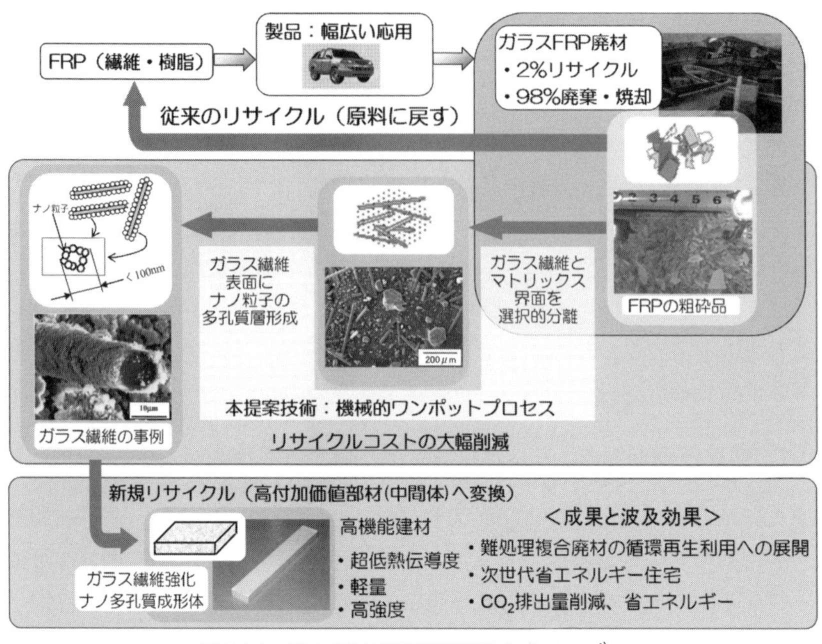

図8.8.4　FRP廃材の新規循環利用プロセス[4)]

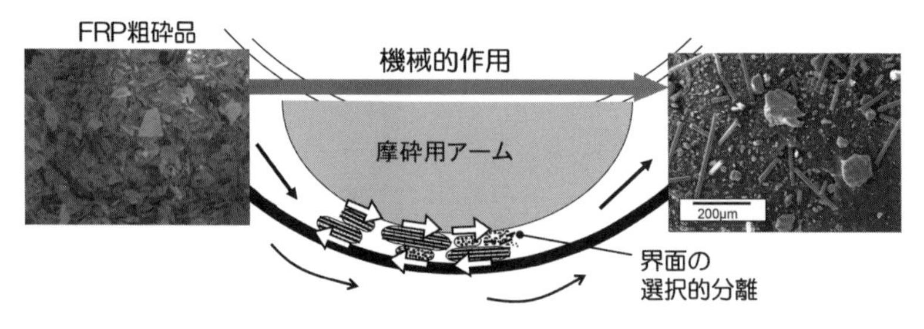

図8.8.5　FRP中のガラス繊維と樹脂マトリックス界面の選択的分離プロセス

界面に強いせん断力を作用させることにより、両者を選択的に分離するための機械的原理を示したものである。ここでは容器が回転することにより、FRPサンプルは、ガラス繊維の配向面にほぼ平行な状態で容器内面に固定されるとともに、容器と摩砕用アーム間の狭いせん断ゾーンに導入される。その結果、ガラス繊維と樹脂マトリックス界面に強いせん断作用を与えることが可能になるため、図の右側の写真にみるように、両者を容易に分離することができる。また、この方法で分離された樹脂マトリックスは、せん断ゾーンでの機械的処理が繰り返し行われるとともに、次第にその形状が球形化するので、粒子全体としての流動性向上にも寄与する。

一方、粉砕機として汎用されている衝撃力を主体とする機械的原理をFRPの分離に適用すると、ガラス繊維と樹脂の分離は起こらず、ガラス繊維は樹脂とともに細かく粉砕されてしまい、良好な両者の分離ができないことが分かった。このことは、選択的分離を行う際には、図8.8.5に示すように、両者の界面にせん断力を効果的に作用することが極めて有効であることを示している。

次に、もうひとつの要素技術の概要は、既に図8.8.1に示したように、ナノ粒子をガラス繊維やマトリックス粒子表面に多孔質状に複合化するものであり、機械的な粒子複合化手法の応用事例のひとつである。FRPから選択的に分離されたガラス繊維表面に対しても、このようなナノ粒子の多孔質層の複合化は可能であると考えられる。そこで、実際に図8.8.4に示したプロセスによって成形体を作製し、その熱伝導率を測定した結果を**図8.8.6**に示す[7]。ここでは室温近くで使用される高機能建材を目指しているため、熱流計法によって40℃での熱伝導率を測定した。図から分かるように、成形体の見かけ密度は極めて低く軽量である。また、成形体は、加工するには十分な強度を有していた。さらに熱伝導率を

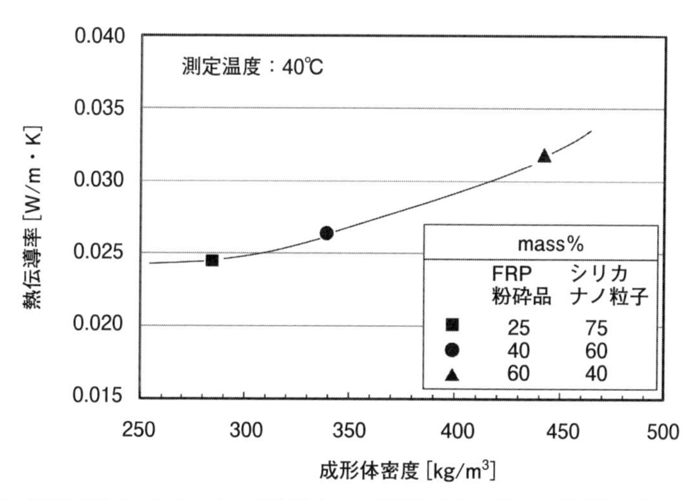

図8.8.6　循環利用プロセスによって作製された成形体の熱伝導率と成形体密度との関係[7]

見ると、添加するシリカナノ粒子が40%以上ではあるが、その値は室温の建材として使用するには十分低い値であり、添加率の増加とともに、熱伝導率は低くなる。まだ予備実験的段階ではあるが、このような考え方をさらに発展することによって、今後、FRPの廃材を100%循環利用するプロセスが確立するものと期待される。

以上ここでは、先進材料の循環利用に向けた試みとして、既に社会に普及しているFRPを取り上げ、そのリサイクルの問題点を述べるとともに、粉体工学的視点に基づく新しい循環再生利用への取り組みについて紹介した。この考え方は、複合材料のリサイクルを、粒子界面の「接合」と「分離」と言う観点からとらえたものであり、材料の新しい循環利用の一つのアプローチとして、今後さらに発展することが期待される。なお、本稿で紹介した研究成果の一部は、環境省の循環型社会形成推進科学研究費補助金（平成20～21年度）により実施されたものであり、ここに記して謝意を表する。

<参考文献>

1) H.Abe, I.Abe, K.Sato, M.Naito：*J. Am. Ceram. Soc.*, **88**, 1359-1361 (2005)
2) 内藤牧男, 牧野尚夫, 多々見純一, 米屋勝利："入門粉体材料設計", 220-228, 日刊工業新聞社 (2011)
3) 大村高広, 伊藤素男, 阿部勇美, 阿部浩也, 内藤牧男："粉体工学会誌", **46**, 806-812 (2009)
4) 内藤牧男, 牧野尚夫："粉体技術が挑む究極のエネルギーと環境調和", 157-164, 日刊工業新聞社 (2010)
5) 前川一誠, 柴田勝司, 岩井　満, 遠藤　顕："日立化成テクニカルレポート", **42**, 21 (2004)
6) 真継　伸, 宮崎　敏博, 矢野　宏："パナソニック電工技報", **57**, 30 (2009)
7) 近藤　光, 阿部浩也, 井須紀文, 三浦正嗣, 森　梓, 大村高広, 内藤牧男："粉体工学会誌", **47**, 768-772 (2010)

おわりに

粉体技術は産業界の地下水に例えられるように、多種多様な産業とつながりを持ち、各々を支える重要な基盤技術と認識されています。粉体は食品、医薬、各種工業材料、セラミックス、資源など古くから利用されてきましたが、近年粉体技術はさらに多くの産業で利用され品質の高度化、商品の機能化、材料の微細設計などで粉体技術への注目が増しています。

10数年前に(一社)日本粉体工業技術協会が主催する粉体工業展内での企画行事として、展示会の参加者向けに粉体基礎技術の講習会を実施致しました。定員が200名の会場に入りきれないほど大盛況でした。参加企業には粉体に縁のないと思える大企業や商社なども含まれていました。その後もこの企画は続いており、今なお多くの参加者があると聞いています。

粉体工学会でも会員企業向けに粉体に関する講師との質疑応答を重視した「粉体塾」を企画し、募集したところ定員の倍近い応募があり、2回に分け実施しました。このことは職場において粉体に携わる機会が増えていること、粉体に興味を持った人、また仕事として粉体を使いこなさなければならない人などが、粉体技術のニーズの高まりとともに増えていることを示唆しています。

初めて粉体に携わる人にとっては、粉体は気体、固体、液体とは異なった性質を持った厄介なもののように思われています。粉体工学に関する研究書籍は「一般社団法人粉体工学会」を中心として、粉体の基礎から専門分野までの専門書、ハンドブック書なども出版されています。そのほかにも各種の単位操作のハンドブックやトラブルシューティング書が発行されています。

これらの本も入門書としてはハードルが少し高く、また出版されてから年数がたち、入手できるものも少なくなっています。これらの専門書が出版された時代は多くの大学で粉体に関わる研究講座があり、研究論文の発表と粉体についての基礎知識のある学生を輩出しました。それらの研究や卒業生が日本の産業基盤の一つである粉体技術を発展、成長させ、ナノテクノロジーを使った材料開発、電池材料などの最先端の産業を支えています。

前記したように粉体技術は、これからも日本の産業に必要不可欠な技術です。今粉体に興味を持っている方が、粉体を使いこなすための「考えるヒント」になる本の必要性を痛感しました。

このことを「一般社団法人粉体工学会」の会合でご指導いただいている大阪大学 内藤牧男教授に相談したところ賛同をいただきました。そこで2024年に創業100周年を迎え、長年粉体に携わってきた㈱徳寿工作所の記念事業として感謝の意味を兼ね「粉体技術」の本の創刊を企画し、内藤牧男教授に本の監修をお願いしました。この本を手に取っていただくと理解いただけると思いますが、監修をお願いした内藤教授の熱意が伝わってきます。本の構成を含め読みやすく、また理解しやすくする工夫がされている本になりました。

「粉体を使いこなすための生きた知識」を多くの人たちに身に着けていただき、日本の産業の発展に貢献することを願っています。

最後に本書の発行にあたり定年を迎える時期と重なり多忙の中、情熱を持って監修していただいた大阪大学内藤牧男名誉教授をはじめ執筆、編集に献身的ご協力いただいた編集委員、執筆者に深くお礼申し上げます。また発行に当たりご尽力頂いた日本工業出版㈱に感謝申し上げます。

株式会社徳寿工作所　取締役会長　谷本友秀

索引

【あ】

【か】

【さ】

【た】

【な】

【は】

【ま】

【や】

【ら】

【英数】

基礎と現場から学ぶ **最新粉体技術**

2024年　2月 20日　初版発行

定価：本体2,700円＋税

編　　著　内藤　牧男
発 行 人　小林　大作
発 行 所　日本工業出版株式会社
https://www.nikko-pb.co.jp
本　　　　社　〒113-8610　東京都文京区本駒込 6-3-26
TEL：03-3944-1181　FAX：03-3944-6826
大 阪 営 業 所　〒541-0046　大阪市中央区平野町 1-6-8
TEL：06-6202-8218　FAX：06-6202-8287
振　　　　替　00110-6-14874

Printed in Japan

落丁・乱丁本はおとりかえいたします

ISBN978-4-8190-3514-9 C3053 ¥2700E